THiNKr
新思

新 一 代 人 的 思 想

Edward D. Melillo

蝴蝶效应

虫胶、蚕丝、胭脂虫红如何影响人类文明，
塑造现代世界

[美] 爱德华·梅利洛 著　王瑜玲 译

中信出版集团 | 北京

图书在版编目（CIP）数据

蝴蝶效应：虫胶、蚕丝、胭脂虫红如何影响人类文
明，塑造现代世界/（美）爱德华·梅利洛著；王瑜玲
译. -- 北京：中信出版社，2023.7
　书名原文：The Butterfly Effect
　ISBN 978-7-5217-5562-6

　I. ①蝴⋯　II. ①爱⋯②王⋯　III. ①昆虫−通俗读
物　IV. ① Q96-49

中国国家版本馆 CIP 数据核字 (2023) 第 059236 号

蝴蝶效应：虫胶、蚕丝、胭脂虫红如何影响人类文明，塑造现代世界
著者：　　[美]爱德华·梅利洛
译者：　　王瑜玲
出版发行：中信出版集团股份有限公司
　　　　　（北京市朝阳区东三环北路 27 号嘉铭中心　邮编　100020）
承印者：　宝蕾元仁浩（天津）印刷有限公司

开本：880mm×1230mm　1/32　　印张：9.25
插页：8　　　　　　　　　　　　字数：196 千字
版次：2023 年 7 月第 1 版　　　印次：2023 年 7 月第 1 次印刷
京权图字：01−2020−4505　　　书号：ISBN 978-7-5217-5562-6
　　　　　　　　　　　　　　　定价：72.00 元

版权所有·侵权必究
如有印刷、装订问题，本公司负责调换。
服务热线：400−600−8099
投稿邮箱：author@citicpub.com

给我的儿子，

西蒙·泽夫·梅利洛

看着你成长，

对我来说是一种快乐

我们的宝藏就在我们知识的蜂巢中。我们总是在途中奔忙，像天生就有翅膀的生灵，像精神蜂蜜的采集者。

—— 尼采《论道德的谱系：一篇论战檄文》

目　录

前 言

对昆虫的恐惧是现代社会最普遍的忧虑之一。房东们担心白蚁或木蚁大军破坏墙壁和地板，酒店经理们担心臭虫横行，父母们担心虱子会伤害他们毫无防备的孩子那娇嫩的头皮。寨卡病毒、西尼罗病毒、黄热病、疟疾和登革热等由蚊子传播的疾病的暴发有力地提醒人们，这些飞来飞去的害虫会对人类造成毁灭性的影响。

在食品生产领域，昆虫也扮演着类似威胁者的角色。果蝇、舞毒蛾、蚜虫、蝗虫、步甲和棉铃虫会造成农作物减产，破坏生产力。为了阻止这些昆虫的不断入侵，全世界的农民每年在杀虫剂上的花费超过 160 亿美元。尽管使用杀虫剂能对此起到遏制作用，但是昆虫每年仍会摧毁发展中国家高达 25% 的商品和服务。经济学家已经开始衡量这些生物对一个国家经济生产力的影响，而经济生产力是衡量现代化的一个关键指标。[1]

在大众的想象中，昆虫并非善类。西方文化中多把蟑螂、苍蝇、蛆虫和跳蚤看作污秽、腐烂和道德堕落的代名词。和在其他西方语言中看到的一样，我们从英语里也能看出人们对虫子的厌恶，比如掉进油膏里的苍蝇、肚子里的蝴蝶、裤子里的蚂蚁、帽了里的蜜蜂。[*]从酒鬼（barfly，字面意思是"酒吧里的苍蝇"）在廉价旅馆（fleabag，字面意思是"跳蚤袋"）里发酒疯（buzz，发出嗡嗡声）到系统里顽固的漏洞（bug，意为虫子），捕食性昆虫侵扰了我们日常用语的环境。[2]难怪这么多好莱坞编剧会把一大群令人毛骨悚然的大型爬虫类定成大反派。

但本书并非追寻昆虫（无论是意象里还是现实中）在历史上造成的有害影响，而是会带你踏上一段不同的旅程。笔者不仅追溯了人类和昆虫之间漫长的生产关系，还通过一系列令人惊奇的发现揭示了人类对这些六条腿生物的依赖。正如事实证明的那样，这些微小的生物是许多促使现代世界充满活力的商品的活工厂。我们日常生活中的许多物质都因昆虫而得以制造：织物、染料、家具清漆、食品添加剂、高科技材料、化妆品以及医药原料。

当我们咬一口富有光泽的苹果、享用一勺草莓味的酸奶、聆听斯特拉迪瓦里小提琴发出的洪亮音符、观看时装模特走猫步、种植牙齿或者做美甲时，我们就置身于昆虫的创造物之中。紫胶虫（*Kerria lacca*）、家蚕（*Bombyx mori*）和胭脂虫（*Dactylopius coccus*）的分泌物作为虫胶、蚕丝和胭脂虫红的原材料，生产出奇迹般的产品，这一个个微型实验室颠覆了我们许多期望，暴露出我们理解上的局限性，并揭示了我们与同一星球上的其他"居民"之间被遗忘的联系。

---

[*] 这里列举的四个例子都是英语俚语。flies in the ointment，指虽小却搅动了全局的东西或事情。butterflies in our stomachs，通常指（对将要做的事）感到非常紧张，觉得很心慌。ants in our pants，通常指一个人很紧张，坐立不安。bees in our bonnets，通常指一个人对某个念头或想法很痴迷。——译者注

　　　蝴蝶效应：虫胶、蚕丝、胭脂虫红如何影响人类文明，塑造现代世界

昆虫也以令人惊讶和不可预测的方式维持着许多我们认为绝对现代的制度。研究实验室、农业综合企业和开拓性的初创公司都把它们的成功投注在了与这些会飞的小生物的关系上。黑腹果蝇（*Drosophila melanogaster*）在过去的一个世纪里，对绘制人类基因组和获得其他许多有关基因的突破起到了至关重要的作用。蜜蜂、蝴蝶、甲虫和苍蝇作为传粉者，确保了世界上四分之三的有花植物和三分之一的粮食作物能够繁殖和生存。[3] 蟋蟀、蚱蜢和粉虱已经成为廉价的蛋白质来源，这对未来全球粮食供应的前景至关重要。所有这些例子都表明，六条腿的昆虫对于未来人类在地球上的生存，与它们对于害虫防治公司、化学品制造商和编剧的末日景象一样，都是不可或缺的。

然而，无脊椎动物并不是这个故事中唯一的主角。几千年来，印度、中国、墨西哥和其他地方的人们首先具备了让昆虫与人类建立关系的基础知识。养殖昆虫既需要对昆虫的日常需求有深刻的认识，也需要对如何培育出它们赖以生存的寄主植物有详细的了解。因此，处于世界政治和经济权力中心边缘的农村社区出现了大航海时代里业余的昆虫学家和植物学家。从 16 世纪开始，欧洲帝国的管理者就无法理解在世界许多地方维持昆虫商品生产的复杂的当地知识。[4]

殖民地间对这些它们不理解的产品的争夺常常引发国际阴谋。1777 年，法国植物学家尼古拉 - 约瑟夫·蒂埃里·德·梅农维尔（Nicolas-Joseph Thiéry de Menonville）乔装成一名古怪的医生，溜进新西班牙总督区（墨西哥），偷偷带走了数百只胭脂虫。欧洲人看重这些昆虫分泌的染料，但西班牙在近三个世纪里一直垄断着胭脂虫红的生产。这个胆大妄为的法国人将昆虫装进海运箱，走私到法属圣多明各（现在的海地）。1780 年，蒂埃里死于"恶性高热"，这种娇弱的动物也没能活下来，但蒂埃里的生物剽窃行为证明，胭脂虫的养殖在西班牙美洲殖民地以外还有未来。

这一插曲让人想起了世界历史上类似的昆虫盗窃案。在公元552 年，查士丁尼皇帝说服两名聂斯脱利派僧侣将蚕卵放在他们的竹手杖里，然后将它们从中国带到东罗马帝国。这些经非法运输的蚕的后代吐出了韧性十足的丝，蚕丝成为拜占庭经济的基础，在接下来的六百五十多年里，拜占庭的经济严重依赖于丝绸。就像其他许多历史的转折点一样，关于昆虫生命的故事揭开了人类历史上那些扣人心弦的情节，而这些历史鲜为人知。

人类和昆虫形成的亲密无间的伙伴关系，比双方敌对互动的历史更引人注目。本书的书名来自混沌理论的先驱爱德华·洛伦茨（Edward N. Lorenz），1972 年 12 月 29 日，他在波士顿举行的美国科学促进会第 139 次会议上发言。洛伦茨的演讲主题是："可预测性：巴西的一只蝴蝶扇扇翅膀会引起得克萨斯州的一场龙卷风吗？"[5] 这是混沌行为的特征，也就是说，小的因素可以产生大的、广泛的影响。他的演讲催生了"蝴蝶效应"一词。在接下来的篇幅中，我将探索来自无脊椎动物昆虫纲下的微小生物是如何影响我们现代世界的每一个角落的。

不知不觉中，我已花费了大半生时间来筹备本书的写作。我和蝴蝶的联系始于我 11 岁的时候。1984 年的夏天，我在马萨诸塞州伍兹霍尔的少儿科普学校上了一门昆虫学课程。上课的第一天，当地一位名叫贝基·拉什的博物学家诱导一只君主斑蝶（黑脉金斑蝶，学名 *Danaus plexippus*）落在一块西瓜上，吸引了一群闹哄哄的孩子过来，把它团团围住。这只娇嫩的蝴蝶把它的喙伸进果肉中，吸了一大口。我立刻认同了除人类之外的生物体也有解渴的冲动这一说法，而在那一刻之前，我顽固地认为这种生物体是异类。

20 年后，我对物种间的亲缘关系有了类似的认识。2003 年的秋天，我住在加利福尼亚州的伯克利。为了换换环境，我沿着太平洋海岸高速公路驱车前往冷清的圣克鲁斯大学城。当我沿着城市海滨的木板路散步时，我收到一份传单，上面是天然桥州立海滩的君主斑蝶保护区的导览广告。不知不觉间，我被一位年轻讲解员带领着走上了一条木栈道。她带着我们六人小组来到了一处峡谷，那里一片隐蔽的桉树林中至少栖息着 10 万只君主斑蝶。这些勇敢的昆虫每年都要从遥远的落基山脉出发，历经 900 英里[*]的朝圣之旅来到这里，而这里是位于加利福尼亚海岸的君主斑蝶越冬的数十处地点之一。一簇簇毛茸茸的蝴蝶如同集市上挂着的折扇，由黑、橙、白三种颜色组成的翅膀沐浴在午后的阳光下，整棵树被团团围住。这景象令人着迷。

其他作家对昆虫的日常生活也表达了类似的又爱又恨的情感。在 1974 年的《廷克溪的朝圣者》（*Pilgrim at Tinker Creek*）一书中，美国作家安妮·迪拉德（Annie Dillard）写道："光天化日之下，在

---

[*] 1 英里≈1 609 米。——编者注

我们的眼前，［它们］如谜一般。即便我们可以观察到每一处细节，但它们仍难以捉摸……地球将其能量的绝大部分奉献给了这些在草地上嗡嗡作响和跳跃的生灵。它们的所得是最大的，为什么？"[6]

迪拉德认为，昆虫是地球上最迷人、最广泛的居民之一。除了海洋之外，几乎每一种生态系统——从茂密的热带雨林、偏远的山区，到潮湿的沼泽、干旱的沙漠——都是昆虫的家园。科学家们甚至发现了一种不会飞的蠓，它们顽强地生活在南极洲的冰冻地貌之上。这种微小的蚊虫被称为南极蠓（*Belgica antarctica*）[7]，它们的体液类似防冻剂，可以承受严寒和低至零下 48.89 摄氏度的温度（你家里冰箱的最低温度大概只有零下 15 摄氏度）。它们通体的紫红色有助于这个冰川幸存者最大限度地吸收可利用的阳光。

我为本书所做的研究也涉及不同的领域。我翻阅了梵文史诗、中国民间故事、玛雅传说、西非谚语、16 世纪莫卧儿王朝的帝国报告、法国钻石商让 - 巴蒂斯特·塔韦尼耶（Jean-Baptiste Tavernier）的信件、约翰·史密斯船长的弗吉尼亚日记、德国出生的昆虫学家玛丽亚·西比拉·梅里安（Maria Sibylla Merian）精美的昆虫画作，还欣赏了爱德华·格里格（Edvard Grieg）和尼古拉·里姆斯基 - 科萨科夫（Nikolai Rimsky-Korsakov）受昆虫启发创作的音乐。《留声机》杂志的年鉴、杜邦公司的广告小册子、12 世纪日本短篇故事集、蕾切尔·卡森《寂静的春天》（1962）初版的批注也都是我灵感的源泉。

《蝴蝶效应：虫胶、蚕丝、胭脂虫红如何影响人类文明，塑造现代世界》的第一部分探究了在过去的 3 000 年里，不同的文化是如何理解我们这些六条腿的表亲的。人类在不同的时间和地点，对昆虫的看法大相径庭，但许多群体和个人寻找到理由用足够的欣赏和好奇心来缓和他们对这些虫子的恐惧和厌恶。在前现代世界经历了鼎盛期的两种昆虫产品——蜂蜜和铁胆墨水——显示了我们长期以来对微不足道的六条腿的昆虫所创造的物质的依赖。虽然蜂蜜仍作为一种香料和调味品，提醒我们与蜜蜂世界的联系，但它已不再是全球甜味剂市场的主要参与者。而铁胆墨水呢，除了在博物馆和档案馆里，我们在其他地方几乎见不到它的踪影。

与此相反，我描述的另外三种昆虫产品——虫胶、蚕丝和胭脂虫红——在古代的本土人类文化中居于核心地位。它们最终都成为欧洲帝国经济的主要贸易商品。最后，我记录了20世纪中叶人们对这些产品日渐浓厚的兴趣，并解释了为什么它们在今天的全球经济中仍然是至关重要的商品。

虫胶、蚕丝和胭脂虫红的久远历史是与传统现代性描述相反的叙事。在19世纪和20世纪期间，工业工程师合成了这三种昆虫分泌物的替代品，化学公司积极地推广它们：乙烯基用于代替虫胶，锦纶用于代替蚕丝，苯胺染料用于代替胭脂虫红。第二次世界大战后，科学家、政策制定者和技术官僚宣告"合成时代"迎来了顶峰。[8] 然而，许多这些天然产品的人工合成替代品被证明结构不稳定或对人体有害。最近，这三种昆虫的分泌物开始重新成为广泛交易的全球商品，这不仅表明人们长期以来对某些养殖昆虫制造的产品的依赖，还表明人们长期对"天然"物质的依赖。

尽管合成技术的推动者做出了大胆的预测，但处于合成时代的实验室和工厂从未垄断日常生活所需物质基础的生产。相反，人类（经常是无意识地）依赖于其他有机体的生产能力来获取许多这类物质。看似前现代的生产手段依然存在，认识到这一点，便能看到技术现代性这座光彩夺目的大厦中的裂缝。

第二部分通过探索昆虫对人类影响最深的现代世界，笔者扩展了这些论点。首先，笔者将谈到 19 世纪末哈佛大学的昆虫学家查尔斯·威廉·伍德沃思（Charles William Woodworth）的调查，然后再来看看 20 世纪生物学家托马斯·亨特·摩尔根（Thomas Hunt Morgan）在他位于哥伦比亚大学的"果蝇房"中进行的染色体实验，不起眼的果蝇在遗传研究中已经是出类拔萃的模式生物。

2017 年，科学家杰弗里·C. 霍尔（Jeffrey C. Hall）、迈克尔·罗斯巴什（Michael Rosbash）和迈克尔·W. 杨（Michael W. Young）因借助果蝇发现了调控昼夜节律的分子机制而获得了诺贝尔生理学或医学奖。[9] 昼夜节律是指遵循一天 24 小时为周期的身体、精神和行为的变化。果蝇在生理上与人体的明显差异隐藏了二者深层的基因相似性。事实上，研究人员已经发现，近四分之三的人类致病基因和果蝇具有相似的结构和进化起源——遗传学家将其称为"同源物"。

同样，如果没有数万亿只六条腿的传粉者的辛勤劳动，全球农业也会陷入停滞。无论是野生的昆虫还是养殖的昆虫，它们通过促进有花植物的繁殖，让不计其数的水果、坚果、蔬菜和饲料作物（比如紫花苜蓿），以及世界各地的农村或无人区的树木、草和灌木得以生生不息。昆虫和花朵之间非同寻常的共同进化发展关系，使地球上错综复杂的食物网得以正常运转。

昆虫本身也是一种食物来源。家蟋蟀（*Acheta domesticus*）是一种被广泛宣传的未来全球粮食安全的解决方案。拥有像"大蟋蟀农场"（Big Cricket Farms）和"Bugsolutely"*这样响亮名号的初创公司已经从微软巨头比尔·盖茨和亿万富翁企业家马克·库班等科技领域杰出人物那里获得了可观的投资。虽然食用昆虫（entomophagy）[10]可能会让很多读者觉得是一个新奇（且令人反胃）的事物，但它们并不像看起来那样古怪或创新。几千年来，世界上绝大多数的文明以六条腿的虫子为食。在全球范围内，至少有 20 亿人经常食用昆虫。事实上，研究人员编目的常见食用昆虫已经超过了 1 900 种。

这些昆虫深深融入了我所谓的"现代性蜂巢"——实验室科学、农业企业和食品安全体系——它们分节的躯干、易碎的外骨骼和抽动的触角都让我们回溯至史前时代。这种矛盾存在于"现代"的核心含义之中。

我们这个时代的一大特点就是低估了非人类生物体对于维持生物圈所起的基本作用。哈佛大学的生物学家爱德华·威尔逊曾说："即使明天全人类都消失，昆虫也一只都不会少……在两三百年内，世界的生态系统将会恢复到一万年前的平衡状态。但是如果昆虫都消失了，陆地环境将会陷入混乱。"[11]威尔逊的论断挑战了地球依赖人类的观念，生物圈更需要昆虫而不是我们人类。

事实上，生命科学现代革命的关键发现之一是，一个有机

---

* Bugsolutely 是一家致力于做昆虫零食的初创公司。——译者注

体的大小并不一定反映其进化的复杂性或其生态重要性。正如查尔斯·达尔文在《人类的由来》（1871）一书中指出的那样，"由于昆虫体形很小，我们往往低估了它们的外表。让我们想象一下，如果将身披光亮的青铜色铠甲、头顶大角的雄性南洋大兜虫（Chalcosoma），放大到马的体形或狗的体形大小，那么它将是世界上最令人生畏的动物之一"。[12] 在阿默斯特学院上环境史课时，我总是告诉学生们，当地著名诗人埃米莉·狄金森（Emily Dickinson）对微不足道的虫子在造物主的伟大计划中的重要性无比追捧。她的诗句令人信服："造一个草原只需要一株三叶草，一只蜜蜂。"（To make a prairie it takes a clover and one bee.）[13]

数千年的环境适应和文化适应造就了我们与昆虫之间复杂的关系。纵观历史，这些大胆的虫子经常出现在我们的民间故事中，它们有的为我们的花朵授粉，有的却糟践我们的田地。它们有的是我们获得食物的基础，有的却吞噬我们的建筑地基。生活在文明世界的人们害怕昆虫，认为它们是疾病的传播媒介，视它们为神圣之物，并无休止地在实验室的显微镜下解剖它们。

昆虫身上有很多矛盾之处。这些虫子虽然在显微镜下看起来都微不足道，但它们一旦组成群体就会迸发毁灭性的力量；虽然你可能只要大手一挥就能让它们粉身碎骨，但它们却是地球上适应性进化的典范；虽然它们是致命疾病的传播媒介，但它们也产出了一些全世界最耐用的产品。即便如此，昆虫并不仅仅是受人类操控的生物。除了带来植物学上和机械上的隐喻，昆虫还改变了（并在继续塑造着）我们的生存方式，对此我们应该感谢它们。

变

形

记

PART 1: METAMORPHOSES

第 1 章 系统中的虫子

1944 年 11 月，迪卡唱片公司发行了一首由旗下歌手埃拉·菲茨杰拉德和墨迹斑斑乐队合作的单曲[1]——《每个人的人生里总会落雨》（"Into Each Life Some Rain Must Fall"），该曲一举登顶美国著名的公告牌音乐排行榜，从此开启了"爵士乐第一夫人"与传奇音乐制作人米尔特·加布勒（Milt Gabler）长达数年的合作，成为音乐史上的一个里程碑。在这一音乐里程碑的一个世纪之前，奥斯曼帝国苏丹阿卜杜勒－迈吉德一世创办了海雷克皇家地毯加工厂[2]，专为他建在博斯普鲁斯海峡沿岸的多尔玛巴赫切宫供应精致的丝绸地毯。这些奢华的地毯采用了有史以来最精细的编织手法，每平方英寸*能达到 3 000~4 000 结。再往前大约 60 年，时间来到 1781 年 10 月 19 日，不列颠冷溪卫队的查尔斯·奥哈拉（Charles O'Hara）准将披上了他那件与众不同的猩红色制服，大步走上弗吉尼亚约克敦的战场，将查尔斯·康华里（Charles Cornwallis）中将的军刀交

---

* 1 英寸≈2.54 厘米。——编者注

给了美国大陆军少将本杰明·林肯（Benjamin Lincoln）。[3]

令人难以想象的是，这三个横跨三个世纪、看似毫不相关的事件，却有一个惊人的共同点，那就是它们都仰赖着昆虫养殖的巨大生产力。埃拉·菲茨杰拉德每分钟78转唱片上的虫漆、被织进苏丹的丝绸地毯的丝线，以及用来给准将的制服上色的胭脂虫红，都来自一些微小的无脊椎动物分泌物，并已进入全球商业流通领域。[*]在印度东北部、奥斯曼帝国以及墨西哥南部的乡村地区，男男女女都在勤恳地养殖紫胶虫、家蚕和胭脂虫，这些虫子的分泌物为以上产品提供了原材料。

正是昆虫与人类之间的伙伴关系造就了埃拉·菲茨杰拉德的虫胶唱片、苏丹阿卜杜勒－迈吉德一世的丝绸和查尔斯·奥哈拉准将制服上的胭脂虫红。我们在不知不觉中也继承了这种关系。数千年来，这些六条腿的虫子既是我们亲密无间的伙伴，也是我们鬼鬼祟祟的室友。普通人的家庭中寄宿着大量昆虫。2017年，加利福尼亚州科学院的昆虫学家米歇尔·特劳特温（Michelle Trautwein）和她的同事进行了一项横跨五大洲、历时5年的调查，其范围涵盖了从市区高层建筑到乡村平房等各类住所，他们得出结论："我们的生活完完全全与和我们同住在一起的昆虫密不可分……从秘鲁乡间的农舍到巴黎的公寓，你曾住过的每一个地方都充斥着这些小生命。"[4]

在一项相关调查中，一组科学家戴着头灯和乳胶手套，在北

---

[*] 昆虫属于节肢动物门，是一类外裹一层壳、长有节肢和身体分节的无脊椎动物。与大众的观念不同，严格说来，蜘蛛、蜈蚣和马陆并不是昆虫。

卡罗来纳州罗利的50户家庭中进行了彻底的调查。[5]他们搜寻了厨房角落、供电线或水管等通过的槽隙、地下室、壁橱和空调通风口，从中发现了一万多种昆虫，以及无数的蜘蛛、蜈蚣、马陆和其他节肢动物。这些神出鬼没的动物无所顾虑地和它们毫无防备的人类房主住在一起。

尽管这些发现会激起一些人的好奇心，也会引发另一些人的担心，但它们对昆虫学家和进化生物学家来说并不出乎意料。在地球上的每个角落，昆虫都一直与我们为伴。我们一起吃饭（有时，我们互相以对方为食），我们一起四处行动，有时我们还共享床铺。这种与昆虫的不间断的互动贯穿于人类的各项活动之中。1748年春天，16岁的乔治·华盛顿跟随一个经验丰富的野外调查团队长途跋涉，穿过谢南多厄河谷的葱茏森林。这位初出茅庐的学徒、未来的美国总统沮丧地发现，他的床上经常只是"铺了一小堆稻草，没有床单，除了一条破旧的毯子外别无他物，而毯子上布满了重量是其两倍的害虫，像虱子和跳蚤等"[6]。

尽管华盛顿的描述让人想起了几千年来虫子啃咬被褥的情景，但他的一些欧洲祖先并不认为与虱子和跳蚤同处一个屋檐下是件让人烦心的事情。有时，让这些六条腿的虫子寄宿在人身体上的行为是神圣的象征。在中世纪极为臭名昭著的一次暗杀之后，害虫和美德的结合被生动地展示出来。1170年12月29日，侍奉英格兰国王亨利二世的四名骑士在主教座堂祭坛的石板台阶上谋杀了坎特伯雷大主教托马斯·贝克特。贝克特的遗体那夜被留在冰冷的教堂里。第二天，侍从们为了准备葬礼，从他身上将衣服一一脱下，分别是一件披风、一件亚麻布祭服、一件羊毛大衣、几件斗篷、一件本笃会长袍和一件衬衣。最里面的一层是"用粗毛布做成的紧身衣，这在英国还是第一次见到。无数的寄生虫（虱子）附在死去的主教身上，寒冷刺激了它们的活动，他那件粗毛布紧身衣随着虫子的活动而上下翻动，如同锅中的沸水一般，（与此同时）旁观者中时而爆发出哭声，时而又传出笑声，他们悲伤的是失去了一位领袖，高兴的是得到了一位圣人"[7]。贝克特会搭上虫子的翅膀飞往另一个世界。

在基督教虔诚的编年史中，贝克特这种被虫子寄宿的现象并不罕见。英国哲学家大卫·休谟（David Hume）讲述了天主教圣人罗伯特·贝拉明（Robert Bellarmine）是如何"耐心而谦恭地让跳蚤和其他可恶的害虫在他身上觅食的。我们会上天堂，他说，这是对我们历经痛苦的回报。但是这些可怜的人啊，只会享受当下"[8]。这些例子重新诠释了"整洁近于虔诚"这句格言。对正直的人来说，肮脏的身体为大量神圣的六条腿的虫子提供了一个安全的避难所。

从宗教到世俗生活，昆虫也是我们表达欲望的渠道。在伊丽莎白时代的英国圣公会牧师约翰·多恩（John Donne）的诗作《跳蚤》中，带有情色意味的诗句展示了这一形象。一个年轻人被一只长着翅膀的虫子迷住了，这只虫子叮他的肉，然后又跳到他爱恋的女人身上去叮。诗节中充满了肉欲的意象："它先叮我，现在又叮你，我们的血液在它体内融合。"[9]这对男女的体液在这只昆虫的体内汇合。这只虫子的内脏变成了他们的"婚床……躲藏在黔黑的富有生命的墙院里"。正如一句古老的格言提醒我们的那样，邀你吃饭就是为了求爱。

此类场景无论是真实的还是虚构的，都让物种之间的界限变得更模糊。我们无法脱离昆虫单独存在。这种习惯性的亲密关系有助于解释为什么虫子经常被用作决心、生产力和适应力的象征。公元前7世纪，古代日本有个别称叫作"秋津洲"（意为蜻蜓洲）。"秋津洲"是"蜻蜓"和"岛屿"两个词结合到一起的产物。这个名字是由神武天皇起的，他把古代大和国比作交尾的蜻蜓。在日语中，蜻蜓也被称为"勝蟲[10]"，意为"必胜虫"，因为蜻蜓捕食能力强，相当勇猛。[11]它们被塑在剑柄上，绣在披风上，刻在胸前的铠甲上，醒目地展示在头盔上，以象征一名武士战场上的坚韧和家庭生活中的和睦。*

昆虫的行为为犹太教、基督教和伊斯兰教等亚伯拉罕系宗教提供了类似的灵感源泉。在《箴言》（6∶6）中，贤明的所罗门王建议："懒惰人哪，你去察看蚂蚁的动作，就可得智慧。"《古兰经》（16∶68-69）的经文宣称："你的主曾启示蜜蜂：'你可以筑房在山上和树上，以及人们所建造的蜂房里。然后，你从每种果实上吃一点，并驯服地遵循你的主的道路。'"

时间再推后一点，蚂蚁和蜜蜂被人们视为辛勤劳动的典范。英国的曼彻斯特曾是工业革命时期的纺织制造中心，该市的议会纹章上就出现有勤劳的蜜蜂，而市政大厅的平台被称为"the Bees"（意

---

* 日语"勝蟲"中的"蟲"字，在英语中没有合适的对应词。"蟲"的概念包罗万象，包括"细菌""微生物""昆虫""人的精神"。它的多种含义与日语科学术语中的"昆虫"形成鲜明对比。

18世纪日本武士的头盔，带有蜻蜓造型。蜻蜓被称为"必胜虫"，象征着战争中的勇猛与和平时期的沉着

为"蜜蜂"）。[12] 同样，莫桑比克商业协会联合会颁发"年度最佳企业家奖"时提到，"之所以要制作一座蚂蚁雕像，是因为这种昆虫因不知疲倦地工作而享有盛名"[13]。出于同样的原因，美国海军工程营（C.B.）被称为"Seabees"（意为"海上蜜蜂"），他们也将蜜蜂看作坚持和勤奋的象征。美国海军工程营在为太平洋战区的盟军行动安装军事基础设施方面，发挥了不可或缺的作用，他们的口号是"先把困难的事做了，那么做不可能的事只需再花上点时间"[14]。

蜂巢甚至为理论经济学家提供了一个现成的模型。荷兰出生的哲学家和政治经济学家伯纳德·曼德维尔（Bernard Mandeville）因其两卷本的《蜜蜂的寓言：私人的恶德，公众的利益》[15]而扬名。1705年，曼德维尔首次将这个比喻以寓言诗的形式发表，后于1714年，他又在其基础上加以更为深刻的阐述，出版了一本书。曼德维尔的观点颇具争议，他使用社会蜂巢这一延伸隐喻，得出正是个人的恶行，如傲慢、追求奢靡的行为，带来普遍的财富和社会福祉。

独裁者和政治家也依赖昆虫的形象。拿破仑·波拿巴建立帝国后，选择徽章时并没有用波旁王朝王室的象征——鸢尾花，而是选择了足智多谋的蜜蜂。[16]同样，普鲁士政治家奥托·冯·俾斯麦也希望有和昆虫一般严谨的生活："如果我能选择再活一次，我想成为蚂蚁。你看，这些小家伙生活在一个完美的政治组织下。为了过一种有益的生活，所有的蚂蚁必须劳作；每一只蚂蚁都勤勤恳恳，服从纪律，秩序井然。"[17]

铁血宰相在蚁群中见到的精确性从社会网络向下延伸到个体解剖结构的层面。昆虫的身体是形式与功能的完美结合。英语中的"昆虫"一词来源于拉丁语insectum，它从希腊语 ἔντομον（éntomon）直译过来，意思是"切片"。事实上，所有的昆虫都是从幼虫或若虫期发育成成虫的，成虫的躯体由头、胸和腹三部分组成。三部分结构是它们最明显的特征之一。

此外，昆虫还有坚韧的半透明外骨骼，为它们的身体提供坚硬的外部支架。这样的结构对体形小的生物有很多好处。外骨骼和骑士的盔甲一样，可以作为对抗敌手的保护罩。但外骨骼不会随着它们的成长而变大。为了适应长大，昆虫会蜕去旧的甲壳，长出新的甲壳。最开始，新长出的甲壳是具有延展性的，如同湿漉漉的混凝纸一样，一段时间后，壳会变硬。因为引力对体形小的昆虫作用很小，所以这种进化策略是有效的。然而，要是把昆虫放大到人的体形，它的身体很快就会被自身外壳的重量压扁。这种刚性护套之所以能起作用，是由于其有内置的弹性点。所有昆虫都有三对有关节的腿，而这差不多定义了昆虫所属的更大的节肢动物门，这一类别下还包括蜘蛛、螨虫、蜈蚣、马陆和甲壳动物（如螃蟹、龙虾、小龙虾等）。节肢动物的希腊语是 arthro（意为关节）和 pod（意为脚或腿）的结合。

一对颤动的触须是昆虫身上最容易辨认的特征之一。这些延长了的传感器给了昆虫空前的灵活性。君主斑蝶那纤细的探针发挥了不可思议的作用。在哥白尼革命之前的 1.5 亿年里，迁徙中的君主斑蝶就形成了以太阳为中心的生存方式。它们接收太阳发出的信号，用触须上的内部探测器作为太阳罗盘，引导它们在秋季离开美国北部和加拿大南部。[18] 这种内置的导航系统可以让它们向南飞行 2 500 英里，一直到达墨西哥中部的越冬地。

昆虫的运动由一对复眼引导，欧洲顶尖的机器人工程师团队将其称为"集成了光学和神经的设计杰作"[19]。这些多面的球体由许多微小的小眼组成，即一组由支持细胞和色素细胞包围的光感受器。它们使昆虫能够感受到的波长范围大大低于人类肉眼所能感受到的波长范围。在电磁波谱的低端，蜜蜂能够分辨人类看不见的紫外线。*半球形复眼还能让昆虫有近 360 度的视野，这让它们在追赶猎物或逃离捕食者时占据明显的优势。

对许多昆虫来说，灵活的捕猎动作和惊心动魄的特技表演都是在空中完成的。大多数成虫有两对翅膀，其特征是有柔韧的膜质组织，并由坚硬的翅脉作为支撑。昆虫是唯一会飞的无脊椎动物。昆虫的翅膀可以把它们带到高处，为它们提供保护，帮助它们吸引配偶，并及时警告潜在的捕食者。[20] 如蝴蝶家族成员中的蛱蝶科（Nymphalidae），它们甚至使用翅膀上凸起的翅脉作为耳朵。有翅昆虫非凡的灵活性和机动性让它们可以去往各种栖息地，接触各类食物来源，这是地球上大多数动物（包括我们人类）所望尘莫及的。也有一些昆虫没有翅膀。无翅昆虫包括跳尾虫和蠹虫。[21] 某些蜘蛛（昆虫的蛛形纲表亲）可以织出网，形成一个"气球"，并让这个"气球"充当降落伞。这样它们就可以乘风而行，从而避开捕食者或挪动位置。

就科学事业而言，将人类与其他物种区分开来似乎是一项相对简单的任务。然而，当我们开始研究如何进行分类时，事情就变得复杂多了。大约 2 500 年前，柏拉图试图解答"人是什么？"[22] 这一问题。他回答："有两只脚，没有羽毛的动物。"犬儒派哲学家第欧根尼对此开了个玩笑，他把一只鸡身上的毛拔光，再把这只咯咯直叫的秃毛鸡带到雅典的柏拉图学园，宣布道："这就是柏拉图

---

* 1993 年 5 月 23 日，大卫·布莱尔的电影《蜂蜡，或在蜂蜜中发现电视机》成为第一部在互联网上播放的电影。布莱尔的经典之作是对意识、死亡和语言的超现实思考，想象通过一只蜜蜂的眼睛所看到的世界。

所说的人！"面对这样的嘲笑，柏拉图别无选择，只能修改他的定义，加了条"有宽而平的指甲"的限制项。

柏拉图的学生们试图给这种"拍脑袋"的描述增加一定的精确性。[23] 亚里士多德写于公元前 4 世纪的《动物志》是西方世界已知的第一部对昆虫进行系统分类的著作。这位古希腊哲学家对昆虫的观察在当时是准确的，但也存在一些错误。例如，他认为一些昆虫可以通过露水、木头、腐烂的泥土或粪便自发地繁殖。四百年后，罗马自然哲学家老普林尼（Pliny the Elder）将他 37 卷本《博物志》（*Historia naturalis*）中的第 11 卷献给了昆虫。在评论这些多样而又微小的"被造者"时，老普林尼写道："在大自然的所有作品中，昆虫最充分地展示了它无穷无尽的创造力。"[24] 1601 年，菲利蒙·霍兰翻译了老普林尼的作品，并将"insect"一词引入了英语世界。[25]

霍兰这个简洁的称号出现在昆虫研究的非凡创新阶段。阿尔布雷希特·丢勒于 1505 年绘制的《鹿角虫》，是欧洲历史上被临摹得最多的自然研究作品之一。丢勒是很有影响力的德国艺术家，他创作的这幅水彩画因在空白背景下细致描绘了一只威风凛凛的甲虫而成为标志性作品。事实上，早期现代"自然研究"[26] 的实践者——专注于单个物种，并完全脱离其所处的环境——就是在忠实地模仿丢勒的技法。

16 世纪 90 年代，荷兰眼镜制造商札恰里亚斯·詹森和他的父亲汉斯·詹森共同设计并制造了第一台复合式显微镜。[27] 通过在一根不透明的管子顶部和底部分别放置凸透镜，二人发现，此设备可以让物体看起来比原来的大 3~9 倍。这项发明在科学界引起了一场视觉上的革命。研究人员从此进入了以前看不到的微观世界。昆虫通常是显微观察下最容易有新发现的观察对象。事实上，最早的显微镜被称为"跳蚤眼镜"[28]，就是因其在研究微小的生物方面大有用处。

显微镜让当时尚不为人关注的昆虫解剖学得以建立起来。1669年，意大利生物学家马尔切洛·马尔皮吉（Marcello Malpighi）使用这种新工具首次完成了对昆虫的系统解剖。他借助 17 世纪原始的显微镜，取出了蚕极其微小的内脏，这是一项了不起的成就。经过数月的艰苦研究，马尔皮吉的健康状况每况愈下，但他最终获得了丰硕的成果。他回忆道："到了第二年秋天，我饱受发烧和眼疾之苦。然而，我对工作仍旧充满热情，大自然中许多意想不到的奇迹展现在我面前，我无法用言语来表达。"[29] 在马尔皮吉揭开一系列谜团的30 年后，一位杰出的德国科学家、艺术家和探险家跨越大西洋进入了未经人类踏足的昆虫世界。玛丽亚·西比拉·梅里安并非家喻户晓，但她应该被铭记。梅里安是现代昆虫学的奠基人之一。[30]

1699 年，52 岁的玛丽亚和她 21 岁的女儿多罗西娅从阿姆斯特丹一个繁忙码头的跳板登上了一艘庞大的商船，这艘船将横渡大西洋去往苏里南。[31] 玛丽亚变卖了她自己的 225 幅画作，以此来资助整趟探险，她们的旅行是历史上第一次由个人自费去美洲的纯科学探险。这两位女性蔑视了社会规范，在没有其他同伴和赞助的情况下踏上了海外之旅。她们放弃了舒适的中产阶级生活，在接下来的两年里，她们漫游在热带雨林中，在那里绘图、填色，并为当地大量的昆虫和植物编目。

从地图上看，南美洲的形状如同一个"拳头"，而苏里南共和国（现称）位于"拳头"的关节上，夹在南美洲东北海岸的圭亚那和法属圭亚那之间。1667 年，荷兰开始殖民统治时，苏里南成为荷兰属地的一部分，曾被称作荷属圭亚那。* 虽然当地的原住民如阿拉瓦克人（Arawak）、蒂里约人（Tiriyó）、瓦亚纳人（Wayana）、加勒比人（Carib）和阿库里奥人（Akurio）对苏里南的地形极其熟悉，但在 17 世纪的欧洲地图上，苏里南还是一个神秘的空白点。这里有殖民者梦寐以求的热带商品，比如糖、咖啡、可可和棉花，所以这一空白之地很快就被填补了。为了实现经济上的愿景，荷兰西印度公司将成千上万的非洲奴隶送到这里，这些非洲奴隶都生活在极其残酷的条件下。正如历史学家查尔斯·拉尔夫·博克瑟（Charles Ralph Boxer）所说："在苏里南，人类对人类的不人道几乎达到了极限。"殖民者对未完成工作定额的奴隶施加极端的酷刑，对不服从主人的奴隶实行严酷的公开鞭笞，将逃跑的奴隶处以死刑，这些都是这套野蛮制度下最臭名昭著的例子。[32]

与这种不加约束的残忍形成鲜明对比的是殖民地环境的纯粹之美。[33] 苏里南的热带气候和未经人类踏足的广阔森林使它成为全世界生物多样性的热点区域之一，是缤纷生命的生态仙境。从 16 世纪开始，人们对这里超凡脱俗的大自然的描述传回了欧洲。关于色彩绚丽的大蓝闪蝶、长有鸟类般羽翼的毛茸茸的灰色飞蛾，以及银圆大小的铜绿色甲虫的故事，早在梅里安启程穿越大西洋之前，

---

* 1978 年，在苏里南独立三年后，后殖民政府将该国的官方英文名从"Surinam"改为"Suriname"。

就已经唤起了她的想象力。梅里安是第一批被苏里南昆虫吸引到这里的外国科学家之一。保护生物学家 E. O. 威尔逊也在其于 1984 年出版的著作《亲生命性》（*Biophilia*）[34] 中，用诗意的文字描述了苏里南之行如何深刻地影响了他职业生涯的早期阶段。

在帕拉马里博的家庭花园中，低矮的木薯和矮壮的菠萝"像野草一样好养活"，起初，她们二人在灌木丛之中追逐毛虫和长着翅膀的猎物。1700 年，大约有 700 名欧洲人在殖民地的首府安家。梅里安雇用的一名临时工将这座城镇描述为"种植园主的集会场所，殖民地大臣发出命令、民众接受命令的地方。轮船从这里驶向各地"[35]。正在驶离的轮船船舱里装着太妃糖色的圆锥形原糖块，这是由 8 500 名在苏里南的甘蔗地里劳动的非洲奴隶制造的。在接下来的一个世纪里，这种受到强迫的劳动力规模将膨胀超过 600%。[36] 人们对种植园无法忍受的条件的不满经常演变成叛乱。就在荷兰殖民边界之外的森林里，由逃亡奴隶组成的马隆社区十分兴盛。这些叛乱者定期袭击他们前欧洲主人的定居点，以获取枪支和补给。

当玛丽亚和多罗西娅冒险走出城市的边界时，她们发现在这处具有张力的自由和奴役之间的疆界，也有许多让人惊奇的生物。在非洲奴隶和美洲原住民助手的陪同下，她们二人划着独木舟沿苏里南河逆流而上，对沿途遇到的非凡动植物进行取样和描绘。未知领域的诱惑吸引着梅里安进入丛林深处，她说："这片森林中长满了蓟和荆棘，我让助手拿着斧头走在前面，他们为我劈开一个口子，我勉强可以走过去，然而，这依旧相当麻烦。"[37] 丛林中回荡着欧洲人闻所未闻的"交响乐"，蜘蛛猴的假声和白喉巨嘴鸟的响亮叫声形成和声。头顶上高耸的树冠有时超过160英尺*，使得玛丽亚和多罗西娅丧失了比例感和方向感。在缠绕的藤蔓和盘绕的树枝［这些植物有"甜豆"和"橘子酱盒子"（美洲格尼帕树的果实）这样梦幻的名称］下，她们二人遇到了黄褐色的、碟子大小的狼蛛——哥利亚食鸟蛛（*Theraphosa blondi*）。它们是世界上最大的蛛形纲动物，会在黄昏出现，猎食不走运的蚯蚓、蟾蜍、蜥蜴或老鼠当晚餐。事实上，"食鸟蛛"这个名号就是来自玛丽亚的一幅画，画中一只巨大的蜘蛛正在吞食蜂鸟。

梅里安描绘了超过90种动物和60种植物。昆虫是她们研究的重点。梅里安的画作生动地描绘了深红色的毛虫在咀嚼闪闪发光的叶子，娇弱的蛾子产下一颗颗珍珠般的卵，敏捷的蝴蝶从兰花的花粉管中吮吸花蜜。最终，玛丽亚和她的女儿将这些图画从她们套着皮革封面的研究日记，转移到一种用上好的小牛皮制成的牍皮纸上。

苏里南地处热带，其炎热的气候和不同的动物群影响了玛丽亚的健康。她在昆虫世界中有过几次糟糕的经历，比如有一次她被一只疟蚊（*Anopheles*）咬了一口。她在给同行的博物学家约翰·乔治·沃尔卡默（Johann Georg Volkamer）的信中写道："我几乎不得不为此付出生命的代价。"[38] 她开始遭受一阵又一阵的发烧的折磨，梅里安原本五年的旅行计划被迫缩短。她和多罗西娅于1701年6月18日离开苏里南，随身带走了一个名副其实的"发现

---

* 1英尺≈30.48厘米。——编者注

博物馆"。在她们的行李中，瓶瓶罐罐里装着用白兰地精心保存的蝴蝶，以及各种蛇、鬣蜥和一条小鳄鱼；箱子里装着盛开的花苞和圆鼓鼓的蛹；圆盒子里装着成千上万个精心制作的昆虫标本。所有的标本并非都用于研究。梅里安是一位精明的商人，她通过向私人收藏家出售艺术品和来自异域的标本来资助自己的科学事业。

回到荷兰四年后，玛丽亚出版了她的代表作《苏里南昆虫变态图谱》(*Metamorphosis insectorum Surinamensium*)。这本书配有60幅铜版画，开篇就清晰地阐述了作者的写作方式[39]：

> 我将所有有蛹的昆虫，包括白天飞舞的蝴蝶和夜间出现的蛾子归为一类。第二类是蛆虫、蠕虫、苍蝇和蜜蜂。我保留了所有植物的本土名称，因为在美洲，当地人和印第安人仍然在使用它们。[40]

玛丽亚选择保留美洲原住民的术语是为了宣传她的发现具有异国特色，但这也是有意识地保留了传统的生态知识，而这些知识在许多殖民环境中会被殖民者忽视。

从各方面来说，梅里安的书都具有开创性。她创作的不同寻常的画作不仅以其鲜艳的色彩和惊人的细节令观者目不暇接，同时，她将昆虫的各个变态阶段放在一幅图中展示，这是史无前例的。*[41]

---

* 与梅里安同时代的荷兰人扬·斯瓦默丹（Jan Swammerdam）也促进了人类对昆虫生命阶段——卵、幼虫、蛹和成虫——的认识。他的工作帮助纠正了不同发展阶段的昆虫（如毛虫和蝴蝶）是不同的生物体这一广为流传的观点。（Cobb 2000）

原德国 500 马克纸币上的昆虫学家玛丽亚·西比拉·梅里安的肖像。52 岁的玛丽亚和她的女儿去了荷兰殖民地苏里南，她们在那里花了两年的时间描绘和采集昆虫。玛丽亚于 1705 年出版了她的著作《苏里南昆虫变态图谱》，其中包含她创作的多幅画作，这本书彻底改变了人们对昆虫及其生命阶段的认识

此外，玛丽亚作品的创新之处还在于以昆虫的寄主植物为背景，来展示一只昆虫的整个生命周期。在此之前，她的大多数男性同行将这些虫子描述为孤立的对象，只选取昆虫某一时间点的样子，而且也缺乏生态背景描述。现代昆虫学家分析了梅里安的绘画后表示，他们能够确定她描绘的蝴蝶和蛾子中 73% 所对应的属和 66% 所确切对应的种。

追随梅里安坚定的脚步的科学家们[42]发现，昆虫有大脑、心脏、消化道、生殖器官、肌肉和神经细胞，昆虫器官的功能与人类器官的功能相当。研究人员还证明了人类行为和昆虫行为存在惊人的相似之处。蜜蜂和蚂蚁的行为模式与人类的性格有一定的匹配和相似性。一些侦察蜂和外向性格的人一样喜欢求刺激，而另一些

待在离蜂巢更近之处的蜜蜂则和不那么爱冒险的"宅男"一样。[43]
类似地，捕食白蚁的马塔贝勒蚁（*Megaponera analis*）[44]援救受伤
的伙伴，把它们带回巢穴，让它们在巢穴中恢复健康。这种利他行
为极大地降低了战斗死亡率，并保持了蚁群的社会结构。

尽管昆虫和人类有着相同的显著特征，但二者的历史却大为
不同。早在大约 4.8 亿年前，昆虫的进化就开始了，这比人类出现
在地球上的时间要早得多。[45]2017 年，人们在摩洛哥杰贝尔依罗地
区的稀树草原上发现了最早的现代人类——智人（*Homo sapiens*）
的化石，但智人只有约 30 万年的历史。[46]

放眼当时地球上范围更广的生物世界，小体形昆虫的出现
是一个相对新的现象。大约在 3 亿年前，巨脉蜻蜓（*Meganeura
monyi*）[47]在这里繁衍生息。这些庞然大物的翼展有两到三英尺，
体形和小鹰一样大。它们有着锋利的下颚和多刺的前腿，无疑是史
前天空中令人生畏的捕食者。食肉鸟类的进化和大气中含氧量的降
低是它们数量减少的原因。

事实上，呼吸方式一直是昆虫体形的主要限制。[48]昆虫不像脊
椎动物那样依靠循环系统将氧气输送至体内的细胞，而是通过被称
为"气孔"（spiracle）[49]的成对小孔呼吸。气孔与错综复杂的微小
的气管相连，大多数昆虫通过简单地打开或关闭气孔来被动地给细
胞充氧，这意味着昆虫体内的每个细胞都必须靠近气管才能获得氧
气。因此，昆虫的身体很大一部分是用来容纳细小的气管的。例
如，六月鳃角金龟（*Phyllophaga*）身上的气管系统占其身体体积
的 39%，你可以在门廊的灯上，在后院的烧烤架附近，在炎热的

夏夜里的纱门上看到它们的身影。

相反，体形小给昆虫带来了许多优势。大多数昆虫可以快速进入繁殖期，这保证了它们在数量上可以快速增长，并适应新的或变化的环境。任何一个有过发现衣橱里满是飞蛾幼虫的不愉快经历的人都可以为此做证，虫子在各种有利于小体形生物的生态位中茁壮成长。用俄罗斯著名生物学家谢尔盖·切特韦里科夫（Sergei Chetverikov）的话来说，"通过不断缩减身体的尺寸"，昆虫实现了"形态的无穷变化，从而在自然界的总体平衡中占据了极重要的地位。因此，它们小小的身体变成了它们的力量"[50]。

这种适应策略的成功体现在我们星球上昆虫的数量上。昆虫学家马克·莫菲特指出："亚马孙平原 1 公顷土地上的蚂蚁数量比整个纽约市的人口数量还要多。"科学家们认为，在任何一个特定的时刻，地球上都生活着数量令人难以置信的昆虫——足足有 10 的 19 次方（10 000 000 000 000 000 000）这么多。[51]这意味着，到 2020 年，地球上人与昆虫的数量之比是 1 比 13 亿。1833 年，英国著名昆虫学家约翰·奥巴代亚·韦斯特伍德（John Obadiah Westwood）发表了第一份对地球上昆虫物种数的评估："如果我们说有 40 万种，可能也不算太离谱。"[52]现在人们对昆虫的物种数的平均估值有 550 万。[53]

昆虫是地球上数量最多的陆地生物之一。它们的数量占地球上动物总数的 80%。仅象甲科就囊括了惊人的 6 万种甲虫，超过了所有哺乳动物、鱼类、爬行动物和鸟类的物种总和。[54]英国出生的印度生物学家 J.B.S. 霍尔丹（J.B.S. Haldane）曾经和几位神学家一起聊天，后者问他，研究地球上的生命可以得出什么关于造物主本性的结论。据说霍尔丹的回答是："对甲虫情有独钟。"[55]

与如此巨大的多样性相匹配的是惊人的适应性。石油蝇（*Helaeomyia petrolei*）[56]生活在加利福尼亚州南部会渗出原油的石油坑中，它的幼虫以被困在天然沥青坑的黏性沥青中而死去的昆虫为食。夏威夷虫（*Nysius wekiuicola*）[57]栖息在处于休眠期的冒纳凯阿火山上，这座海拔为 13 800 英尺的火山在数千英里外耸立在太平洋上，山顶上冰雪覆盖，生存条件恶劣。这种微小的昆虫以其他死于冰冷风暴中的微小生物的尸体为食。昆虫甚至能够完成长距离的远洋航行。1988 年 10 月，有科学家惊奇地观察到一群沙漠蝗虫从西非穿越大西洋到达加勒比，全程长达 5 000 英里。[58]

然而，这些进化上的成功故事并没有给昆虫带来普遍的赞誉。在欧美文化中，从公元前 5 世纪到 19 世纪末，昆虫在存在之链（对自然世界等级制度的理解）中一直处于动物世界的最底层。[59]被比作昆虫常常意味着遭受苦难。1849 年冬天，《伦敦新闻画报》（*The Illustrated London News*）的一名记者报道，他发现爱尔兰马铃薯大饥荒中绝望的受害者住在一个搭着顶的浅坑里："坑的上方盖着枝条和草皮，形状就像一个倒扣的碟子。它很像非洲森林里的蚁丘，虽然蚁丘没有那么大。"[60]这不是昆虫第一次，也不是最后一次作为贬义的象征。

在 20 世纪，数百种"吸血动物"——主要是蚊子、蜱虫、苍蝇、虱子和跳蚤——主导了关于昆虫如何塑造世界历史的著述。[61]美国医生汉斯·辛瑟尔（Hans Zinsser）在 1935 年出版的《老鼠、

夏威夷虫是这个星球上生命力最顽强的生物之一，它在海拔 13 800 英尺的休眠火山冒纳凯阿冰冷风暴覆盖的山顶上生存下来，靠的是吃其他死于冰冷风暴中的微小生物

虱子和历史》（*Rats, Lice and History*）一书中通过调查虫媒传染病对人类的影响，开创了这类研究。辛瑟尔关注的是"这些凶残的小东西，它们潜伏在黑暗的角落里，偷偷接近我们"[62]。随后，英国博物学家约翰·克劳德斯利－汤普森（John Cloudsley-Thompson）在 1976 年出版的《昆虫与历史》（*Insects and History*）一书中，几乎将全部内容都集中在对昆虫的破坏性影响的叙述上：从古代的瘟疫到当代的疟疾、斑疹伤寒、伤寒和黄热病的暴发。[63]

时间更近一些，在《蚊子帝国》（*Mosquito Empires*，2010）一书中，历史学家约翰·麦克尼尔（John McNeill）证明了昆虫深刻地改变了早期现代地缘政治环境。从 17 世纪到第一次世界大战期间，按蚊和伊蚊，即疟疾和黄热病的高流动性的传播载体，摧毁了

　蝴蝶效应：虫胶、蚕丝、胭脂虫红如何影响人类文明，塑造现代世界

入侵军队，遏制了帝国的扩张，并助力了美洲沿海地区的反殖民革命。历史学家蒂莫西·C. 瓦恩加德（Timothy C. Winegard）在《命运之痒：蚊子如何塑造人类历史》（*The Mosquito: A Human History of Our Deadliest Predator*，2019）一书中，对历史上由蚊子传播的疾病使人类面临的大规模死亡和遭受的苦难进行了细致的分类，进一步扩展了这一论点。

昆虫传播的疾病还影响着人类经验。100 多种按蚊可以传播疟原虫（*Plasmodium*），这种寄生虫会导致人类感染疟疾。在严重病例中，疟疾会引起发热、寒战、呼吸困难和器官功能障碍；如果不及时治疗，可能会危及生命。据世界卫生组织估计，2017 年，全世界有 43.5 万人[64]死于疟疾，大多数死者生活在非洲。与此同时，2015—2016 年，携带寨卡病毒的埃及伊蚊（*Aedes aegypti*）和白纹伊蚊（*Aedes albopictus*）导致 60 个国家有出生缺陷的婴儿和患神经系统疾病的人数目暴增。[65]

昆虫虽然传播疾病，造成浩劫，但它们也是人类军队的有力武器。《波波尔·乌》（或称玛雅创世书），记录了前哥伦布时期中美洲的基切人（K'iche）是如何朝那些攻击他们在哈科伊茨（在今天的危地马拉高地）的山地大本营的敌人释放一群黄蜂的。[66]几个世纪后，在北美，南部同盟军中有许多人声称联邦军故意引入橙黑相间的卷心菜斑色蝽（*Murgantia histrionica*），让它们吞噬南方的农作物。[67]同样，在 20 世纪三四十年代，日本占领中国东北三省期间，臭名昭著的秘密细菌战部队——731 部队——试图通过在中国北方投放传播鼠疫的跳蚤来削弱当地的抵抗力量。[68]

然而，在激烈的战斗中，也有些昆虫在营救我们。在 1799 年拿破仑·波拿巴的叙利亚战争中，拿破仑的医生观察到当地的蝇蛆能够在不伤害好肉的情况下吃掉坏死组织，从而加快战场上士兵伤口愈合的速度。在《战地手术回忆录》（*Memoirs of Military Surgery*）一书中，拿破仑的战地外科医生多米尼克·让·拉雷（Dominique Jean Larrey）写道："虽然这些虫子制造了一些麻烦，但它们缩短了大自然发挥作用的时间，使伤口加速愈合，结痂脱落。"[69] 今天，法医昆虫学家继承了 18 世纪战地医生的工具箱。现代犯罪现场研究人员可以根据腐尸上昆虫的发育阶段，来估计受害者的死亡时间和尸体被发现的时间间隔。[70]

在其他情况下，昆虫是促进生态经济改革的决定性因素。亚拉巴马州恩特普赖斯的居民把他们长期在经济上的成功归功于棉铃象甲（*Anthonomus grandis*）。[71] 在 20 世纪的大部分时间里，这种吃棉花的甲虫肆虐整个美国和拉丁美洲，无情地吞噬着大片经济作物。然而，在 1919 年，恩特普赖斯眼光长远的农民对他们的土地进行了多样化改革，在棉铃象甲的侵扰达到顶峰之前种植了花生、马铃薯、甘蔗和高粱。那一年，他们成功地提高了农作物的生产能力。为了庆祝，那里的居民制作了一尊 13 英尺高的希腊妇女大理石雕像，她身着长袍，把一个 50 磅*重的铁棉铃象甲举过头顶。虫子以意想不到的方式让当地人受益。

但是"昆虫"（insect）是什么时候变成"虫子"（bug）的

---

* 1 磅≈0.45 千克。——编者注

呢？在昆虫学家的词典里，"真正的虫子"属于半翅目昆虫。[72] 这个类群中的物种包括蚜虫、知了，以及名字就带有暗示性的叶蝉（leafhopper，意为叶子跳虫）、蜡蝉（plant-hopper，意为植物跳虫）和盾蝽（shield bug，意为盾虫），它们都有刺吸式口器和特殊的前翅——"半鞘翅"。然而，在日常用法中，"bug"和"insect"是可以互相替换的。英语单词"bug"来自阿拉伯语 baq 或 bakk[73]（قب），这是黎凡特人在口语中对臭虫的称呼。13 世纪的伊斯兰法学家伊本·卡里坎（Ibn Khallikān）曾说："有 3 个 'b' 折磨我们：bakk（臭虫）、burguth（跳蚤）和 barghash（蚊蚋）。这是 3 种最骇人的被造物，个个穷凶极恶，我没法排序。"现代英式英语保留了这些特点。在英国，"bug"通常是"臭虫"的意思。[74]

"bug"这个词的内涵在工业革命时期扩大了。托马斯·爱迪生是最早使用"bug"一词来描述电子硬件故障的工程师之一。正如这位多产的发明家在 1878 年给他的同事的信中所写的那样："第一步是有了一种直觉，随后灵感爆发，然后困难就来了——这个东西不运转了，原来是有 '虫子'（Bugs）——就像这样的小错误和困难出现了，接下来是数月的密切关注，要想验证在商业上最终能否成功，就必须不断学习和劳动。"[75] 在这里，就像在许多其他例子里一样，昆虫进入了隐喻的领域。

"系统漏洞"（bug in the system，本意为系统中的虫子）这个表达在半个多世纪后才得到广泛使用。20 世纪 40 年代，美国计算机程序员格雷丝·默里·霍珀（Grace Murray Hopper）检查出哈佛大学主机的故障，是缘于一只被困在机电设备继电器里的飞蛾。霍珀把"罪魁祸首"的尸体贴在笔记本上,并在当天的记录中写道:"发现第一只真正的虫子。"(First actual case of bug being found.)[76]在这个例子中,de-bugging(原意为除虫,现引申为从计算机程序中排除错误)完全是字面上的意思。

在其他时候,臭虫在大众的想象中具有真正的威胁性。现代欧美人对这些生物的态度大体上仍然是厌恶的。[77]哈里·约翰斯顿(Harry Johnston)在《英属中非》(*British Central Africa*,1897)中承认他"对昆虫种族一边倒的仇恨"[78],还说:"我很奇怪,我们的精神病院里主要装的难道不是因为研究这个可怕的物种而患上痴呆的昆虫学家吗?"30年后,美国流行月刊《现代机械》(*Modern*

计算机程序员先驱格雷丝·默里·霍珀在哈佛大学主机的机电继电器中发现了一只被困的飞蛾,帮助普及了"系统漏洞"这个说法

　　　　蝴蝶效应:虫胶、蚕丝、胭脂虫红如何影响人类文明,塑造现代世界

Mechanix Magazine）告诫其读者："在由巨型昆虫统治的世界里，最后剩下的人类沦为奴隶，是某一类小说家最喜欢使用的手法之一。神奇吗？完全不是……事实上，所有过去的历史都表明，如果当下的文明走向终结，它将会终结于某个没有解决的粮食问题，而昆虫将是一个促成因素，因此它们可能是幸存者。"[79] 由成群的六足生物引发的世界末日场景，在西方文化中反复出现。[80]

不幸的是，人类对昆虫的厌恶常常和历史上一些最可怕的罪行相联系。种族灭绝领导者和他们的追随者经常把受害者称作虫子，以贬低他们的人性，因为他们认为这些群体并非属于人类，应该被清除。在 1846 年至 1873 年的加利福尼亚印第安人种族屠杀期间，杀人犯有时称加利福尼亚的印第安人为"虱子"，称后者的孩子为"虱卵"。[81] 同样，纳粹德国党卫队领队海因里希·希姆莱（Heinrich Himmler）在 1943 年 4 月宣称："反犹主义就像灭虱一样。消灭虱子不是意识形态的问题，而是一个跟干净整洁有关的问题。"[82] 希姆莱是大屠杀的主要策划者之一，他将犹太人等同于令人厌恶的虫子，并批准了"最终解决方案"。

在影视剧方面，昆虫也被视为邪恶的对手。诺贝尔奖获得者、比利时剧作家莫里斯·梅特林克（Maurice Maeterlinck）说："一些昆虫和这个世界的习惯、道德和心理学截然不同，它们仿佛是天外来客，比我们更残暴、更活跃、更无情、更凶狠、更可恶。"[83] 相关电影则包括《狼蛛》（1955）、《致命螳螂》（1957）、《变蝇人》（1958）、《夺命狂蜂》（1974）、《异形大作战》（1977）、《杀人蜂》（1978）、《小魔星》（1990）、《变种 DNA》（1997）、《八脚怪》（2002）、《黑色蜂群》（2007）、《蚁群》（2008）。而《害虫横行》（2009）里的蛛形纲动物和昆虫，被认为是对人类造成浩劫的"邪恶节肢动物"[84]。好莱坞甚至采用了仿生学——模仿非人类的系统来解决人类的问题——作为把昆虫变成坏蛋的策略。在 1979—2017 年的《异形》系列电影中，潜伏的异形有一个以寄生蜂为原型的生命周期，而寄生蜂将卵产在活的毛毛虫体内。[85]正如《异形》的编剧丹·奥班农（Dan O'Bannon）在 2003 年解释的那样："小说不是我唯一的灵感来源。我还用现实生活中的寄生虫来模拟外星人的生命周期。寄生蜂以一种完全令人作呕的方式对待毛毛虫，我建议那些厌倦了做好梦的人去研究一下这个。"

　　相反，当编剧推崇昆虫时，他们通常会把这些生物的身体拟人化。在皮克斯 / 迪士尼 1998 年的计算机动画电影《虫虫危机》中，一只名叫菲力的蚂蚁招募了一队巡回马戏团的虫子，试图从一群邪恶的蚱蜢手中拯救自己的蚁群。编剧兼联合导演安德鲁·斯坦顿（Andrew Stanton）回忆了他与皮克斯动画工作室艺术部门关于昆虫身体结构的对话。设计团队花了几个小时讨论善良的蚂蚁和恶毒的蚱蜢的物理属性。最后，他们决定抛开现实主义风格，使故事中的主人公更加拟人化："我们去掉了颚部和毛茸茸的分节，但仍然试图保持设计质量和纹理，让你觉得自己看到的还是一只昆虫。我们希望人们喜欢这些角色，而不是被它们恶心到。"[86]邪恶的蚱蜢身上有 6 个附肢、带刺的外骨骼和显眼的翅膀。而艺术家们将蚂蚁设计成用两条腿直立行走，有一对手臂，面部光滑。大荧幕上"被开化"的昆虫角色先驱是迪士尼公司于 1940 年上映的《匹诺

　　　　蝴蝶效应：虫胶、蚕丝、胭脂虫红如何影响人类文明，塑造现代世界

曹》（*Pinocchio*）中的蟋蟀吉米尼，它穿戴整齐，身着燕尾服，戴着大礼帽和歌剧手套，穿着前端带有黄色护套的黑色漆皮鞋。

　　昆虫也以深刻的物质方式塑造了人类历史。虽然我们常常通过荧幕和书籍看到令人毛骨悚然的外星人或憨态可掬的小昆虫，实际上这些六条腿的虫子从人类诞生之初就生活在我们中间，它们创造的物质让文明焕发活力，并为人类的表达提供了新的途径。

　　长期以来，昆虫一直是甜蜜体验的传递者。通过给果树授粉和产蜜，蜜蜂满足了许多动物对糖天生的渴望。人类从石器时代就

在 1940 年上映的《匹诺曹》中，迪士尼公司为了让蟋蟀吉米尼更受观众喜爱，于是调整了它的五官，去掉它的触角和翅膀，把它变成用两条腿行走的动物，还给它穿上人类的正式服装

开始采集野蜂蜜了。已知的最古老的采蜜描述出现在西班牙巴伦西亚的蜘蛛洞（Cuevas de la Araña）的一幅壁画中，这幅壁画已有8 000年历史。[87] 人们用深红色的优美线条描绘了两个人沿着悬崖上的绳索攀爬，从一个隐蔽的蜂巢中采集黏稠的蜂蜜。一群蜜蜂在附近嗡嗡飞舞。人们在非洲南部也发现了类似的远古壁画，它们证明了最纯正的蜂蜜是人类普遍的追求。

几千年前，北非人驯化了蜜蜂属（Apis）。养蜂业至少可以追溯到古埃及法老奈乌瑟拉·伊尼[88]统治时期。在他那座建在尼罗河畔华丽的太阳神庙里，有一幅图画描绘了工人为移走蜂巢而向蜂巢内部喷烟的场景。随后，养蜂业在整个地中海地区蓬勃发展。养蜂这一行为在古希腊非常普遍，以至于一些城邦对其开始有了管制。希腊散文家普鲁塔克写道，雅典政治家梭伦宣称："想要养蜂的人，必须把自己的蜜蜂与另一养蜂人的蜜蜂相隔300英尺以上。"[89]

在中世纪的欧洲，蜂蜜一直是最受人们关注的物料，无论国王、王后、贵族还是平民。英格兰13世纪的《森林宪章》（Charter of the Forest）重新确立了可以进入皇家属地的权利，并授予自由人"在森林里采集蜂蜜"[90]的权利。采蜜的特权是个人自主权的特征之一。

蜂蜡在中世纪的欧洲也是一种令人觊觎的材料。[91] 这种坚硬且柔韧的物质经常被用来充当货币。从13世纪到16世纪，在俄罗斯、德国、英格兰和苏格兰，村民和市民用蜂蜡来支付房租是很普遍的。蜂蜡从不变质，而且有数之不尽的用途。中世纪的工匠们用它来密封船体、涂抹家具表面、制造化妆品、制作金属铸件和陶瓷的模具。

最重要的是，它点亮了夜晚。蜂蜡的熔点高达63摄氏度。用蜂蜡制成的蜡烛在被点燃时仍然是直立的。人们在阿尔卑斯山北部发现了迄今最古老的蜂蜡蜡烛。这些蜂蜡蜡烛是德国莱茵河上游一个墓地中的陪葬品，历史可追溯到六世纪或七世纪。

养蜂业在美洲是独立发展的。早在欧洲人跨越大西洋之前，玛雅人和阿兹特克人就用中空的原木作为蜂巢，饲养本地的无刺蜂——玛雅皇蜂（*Melipona beecheii*）。在这些先进的中美洲文明中，玛雅皇蜂的蜂蜜和蜂蜡具有广泛的药用、烹饪和宗教用途。《门多萨法典》详细记录了1519年西班牙人入侵墨西哥后几十年里的阿兹特克文化，其中提到阿兹特克皇帝蒙提祖马二世（Montezuma II）从乡村的臣民那里获得的贡品中有数百瓶"小罐蜂蜜"。自此之后，征服者们极大地发展了这一惯例。从1549年到1551年，西班牙人从尤卡坦半岛上的173个城镇掠夺了近25吨蜂蜡和超过23吨的蜂蜜。[92]

在世界各地，无数社会依赖蜂蜜作为甜味剂、药物和仪式用品。在澳大利亚的东北角，阿纳姆地的雍古人（Yolngu）已经花了几千年的时间来磨炼获取野生澳大利亚无刺蜂（*Tetragonula carbonaria*，也被称为糖袋蜂）蜂巢的技艺。[93]雍古语中的"糖袋"从广义上说，不仅指蜂蜜和蜂巢中的蜜蜂，也指蜂蜡和幼虫。对于成功的猎手来说，"糖袋"就是一顿甜蜜、富含脂肪和蛋白质的大餐。除了具有营养价值，"糖袋"还承载着深刻的象征意义，渗透在歌曲、舞蹈、亲属关系、祖先联结和宗教物品中。

在其他环境中，蜂蜜也提供给人类进入新意识领域的途径。

蜂蜜酒是一种由水、蜂蜜和天然酵母酿制而成的发酵酒精饮料，我们在许多民间传说中都可以见其踪影，以至于它的起源已无法追溯。[94]然而，有一点是清楚的，那就是它在古代历史里的中心作用。Mádhu[95]（梵语，意为蜂蜜）是英语单词"mead"（蜂蜜酒）的梵文词根，这个词在《梨俱吠陀本集》（一本创作于公元前1500年到前1200年之间的印度诗歌集）中出现了300多次。在印度次大陆之外，蜂蜜酒在古罗马和中世纪的欧洲广受欢迎。在盎格鲁－撒克逊史诗《贝奥武夫》（*Beowulf*）[96]中，丹麦女王在典礼上用精心制作的蜂蜜酒来巩固敌对氏族之间的政治联盟。9个世纪后，著名人类学家克劳德·列维－斯特劳斯（Claude Lévi-Strauss）描述了蜂蜜酒的消费在巴西马托格罗索地区的卡杜维奥和博罗罗部落[97]中扮演的重要社会角色。直到今天，我们仍然可以在节日和庆祝活动中见到各种各样的蜂蜜酒，如埃塞俄比亚的"特杰"（tej）和芬兰的"西马"（sima）。然而，早在12世纪欧洲的一些地区，蜂蜜酒被一些有力的竞争对手取代了，这些对手包括更容易被大规模生产的葡萄酒、谷物啤酒或啤酒花啤酒。

蜂蜜的式微绝不是突然发生的。一直到15世纪，跨大西洋的奴隶贸易以及随后的甘蔗生产全球化出现，精制糖取代了蜂蜜，成为世界上最主要的甜味来源。[98]随后的发展，包括18世纪甜菜根糖的发现和第二次世界大战后高果糖玉米糖浆的发明，又进一步稀释了蜂蜜在全球甜味剂业务中的份额。*蜂蜜仍然是一种常用的添

---

* 20世纪90年代中期开始，甘蔗和甜菜分别占美国制糖产量的约45%和55%。（United States Department of Agriculture Economic Research Service 2018）

加剂，一种常见的食材，以及传统食谱中的配料，但现在它在全球甜味剂市场上的份额不足1%。虽然许多品种的蜂蜜美味而芬芳，让人想起传粉昆虫、花朵和人类之间的联系，但蜜蜂已不再是世界上唯一的甜味捍卫者了。

"honey"这个词所传达的内涵更加隽永。至少从1600年起，欧洲作家就开始用"honey"来表达感情，英国剧作家约翰·马斯顿（John Marston）曾创作了悲剧《安东尼奥的复仇》，在这部剧的开头，威尼斯公爵问他的仆人："你能不能用甜言蜜语（honey）来安慰我？"[99] 少儿书籍因为这些联想而蓬勃发展。1926年，A. A. 米尔恩向世界介绍了一只名叫维尼的泰迪熊[100]，它对"hunny"（蜂蜜的另一种表达）的迷恋是它最可爱的特点之一。

食品行业也接受了这个比喻。尽管随着时间的推移，真正的蜂蜜在制造商的产品中的作用已经大大减弱。蜂蜜坚果麦圈[101] 是美国最畅销的早餐麦片之一，它主要采用蔗糖来增加甜味（不含坚果，只有杏仁调味）。在配料表中，蜂蜜仅位列第五，排在全谷物燕麦、蔗糖、燕麦麸和改性玉米淀粉之后。

同样，另一种由昆虫制成的产品——铁胆墨水，从古代一直到现代早期都影响着人类文化。[102] 这种不可擦除的防水物质在过去两千年里一直是欧洲最重要的墨水。一些栎属没食子栎（*Quercus infectoria*）会对瘿蜂科的黄蜂幼虫分泌的化学物质起反应，产生五倍子，一种胡桃大小的硬脆瘤状凸起物。这些虫瘿既是成熟瘿蜂栖息的地方，也是它们的食物来源。在某些真菌的作用下，虫瘿释放单宁酸。制墨者收集虫瘿，将它们晾干，发酵，再让富含单宁的颜料与硫酸铁、水和黏合剂混合，制成耐用的墨水。最后一种成分通常是阿拉伯树胶，一种从阿拉伯金合欢树中提取的硬化的淡粉色汁液。

在铁胆墨水出现之前，古罗马和埃及人使用的是碳素墨水，碳素墨水通常是煤灰和水的混合物，再加入植物色素。随着时间的推移，这些墨水虽然能保持长时间不褪色，但很容易被弄脏，用这种墨水写出的文字很容易被擦除掉。书写技术在 5 世纪开始发生变化。420 年，来自迦太基（现突尼斯的一座城市）的拉丁诗人马蒂亚努斯·卡佩拉（Martianus Capella）最早使用铁胆铁墨水写了一份食谱。他把他用于书写的墨水配方称为 "gallarum gummeosque commixtio"，也就是五倍子和树胶的混合物。* 到 12 世纪，铁胆墨水在欧洲和中东地区完全取代了碳素墨水。西方文化中许多最重要的文献，包括基督教最早的《新约圣经》抄本（西乃抄本）、《大宪章》、《独立宣言》、歌德著名的戏剧《浮士德》和莫扎特的歌剧《魔笛》，都是用铁胆墨水写成的。伦勃朗和凡·高用这种丰富的、柔滑的色彩作画，莎士比亚用这种昆虫做成的颜料书写十四行诗和戏剧。正如《第十二夜》中聒噪的托比·贝尔奇爵士所言："把你的墨水里掺满怨毒。"

遗憾的是，铁胆墨水在长时间暴露于潮湿、富氧的环境后会变得不稳定，久而久之，下面的纸张就会被腐蚀和损坏。[103] 这一缺点不仅对文化遗产保护提出了重大挑战，还成为导致铁胆墨水式

---

* 除非特别说明，否则所有引自其他语言的资料均由作者释义。

蝴蝶效应：虫胶、蚕丝、胭脂虫红如何影响人类文明，塑造现代世界

微的因素之一。另外，铁胆墨水还有个缺点，就是它无法适配欧洲15世纪出现的金属印刷机。更厚的油基油墨、更稳定的合成颜料和染料的问世开启了印刷的新时代。

承认昆虫在甜味制造和文字印刷的历史中如此重要意味着什么呢？人类总是从他们与非人类世界相连的错综复杂的网络获得启示。[104] 然而，忘记这种相互依赖的关系是一种现代才有的趋势。在蜂蜜和铁胆墨水的案例中，为我们的自我表达开辟新途径的物质来自被我们经常视为害虫、"外星人"和异物的小小生物。

与这两种昆虫产品不同的是，虫胶、蚕丝和胭脂虫红历史渊源由来已久，并没有在走向现代的进程中没落。尽管它们在20世纪中叶曾经短暂地消失在人们的视野中，但近几十年又有了强劲的复苏。埃拉·菲茨杰拉德的虫胶唱片传出的婉转音符，苏丹阿卜杜勒－迈吉德一世的丝绸地毯上光亮的丝线，以及准将奥哈拉那用胭脂虫红染成的耀眼的猩红色军官制服，都远非只是一个个停留在过去时代的文物。相反，这些物件一直提醒着我们与昆虫之间存在的紧密关系。

第 2 章 虫胶

　　找到"旋"（groove）*的感觉是爵士乐手梦寐以求的状态。正如著名的鼓手查利·珀西普（Charli Persip）所描述的那样："当你进入旋的状态时，你可以毫无压力且毫无痛苦地跟着节奏——你不能慢半拍或赶拍子。这就是为什么人们把这种状态称为旋。这就是节奏所在，我们一直在努力寻找它。"[1] "旋"这个术语来自"咆哮的 20 年代"，它的另一含义是"凹槽"，和一种昆虫的分泌物有关。[2] 在早期的每分钟 78 转虫胶唱片中，唱针和凹凸的坑纹之间的紧密配合决定了回放的质量。虫胶来自微小的紫胶虫的琥珀色树脂分泌物，它是第一代留声机唱盘的关键成分。虽然听起来很奇怪，但这种生长于南亚的昆虫生产的胶状物质与人类共同制造了一种传播录制音频的开创性媒介。

---

* 旋，是起源于非裔美国人音乐的术语，指音乐、音乐演奏或其他音乐性质的表演所含有的动感，尤其是"摇摆乐"，也指带来这样感觉的音乐成分。在爵士乐中，节奏组互相配合产生的规律可称作"旋"。在西方流行乐里，"旋"的存在已成为关键，它在莎莎舞曲、朋克摇滚、灵魂乐等风格中呈现。——译者注

　　蝴蝶效应：虫胶、蚕丝、胭脂虫红如何影响人类文明，塑造现代世界

数十亿的昆虫体内分泌的黏性物质是如何成为声音文化全球化的载体的呢，这个奇妙的故事跨越了大洋，也跨越了千年时光。虫胶首次引起人们的注意是在古印度梵文史诗《摩诃婆罗多》[3]中，它在里面是一种易燃物。这首惊心动魄的史诗，充满了内讧和宫斗的情节，难敌（Duryodhana，指两个长期不和的皇室派系之一的领袖）试图谋杀他的表亲，他设陷阱把般度族一家困在一座用虫胶建造的易燃的房子里，但后者挫败了他的阴谋，通过一个秘密通道逃到了安全的地方。

　　难敌使用的易燃的"虫胶"一词来自梵文单词 laksha[4]，意思是"十万"，指的是大量紫胶虫聚集在某些树木的树枝上。就像蚕丝和胭脂虫红一样，寄主植物是促进人与昆虫产生关系的有机媒介。数千年来，印度和东南亚其他地区的农民在三种树上饲养紫胶虫——久树（*Schleichera oleosa*）、紫矿（*Butea monosperma*）和滇刺枣（*Ziziphus mauritiana*）。[5]这些树的树枝培育了两种紫胶虫，即库斯米（*kusmi*）品系和兰吉尼（*rangeeni*）品系。库斯米品系是指在久树上生长的紫胶虫，而兰吉尼品系则是指在紫矿和滇刺枣上生长的紫胶虫。

　　紫胶虫的生命轨迹取决于它的性别。雄性紫胶虫在出生后的头几周里，刺吸式口器和触角会退化。仿佛被漫游的天性所驱使，它们会长出腿和翅膀，飞出去寻找配偶。与之形成鲜明对比的是，没有翅膀的雌性紫胶虫在 6 个月的生存期中都一动不动。它们定居在寄主的枝条上，会长到苹果种子那么大。嫩枝的汁液滋养着这些忙碌的虫子，它们在树枝周围分泌的物质形成脆弱的胶壳。这些胶壳就像具有防护性的顶罩一样，保护着它们成千上万只幼小的猩红色后代免受捕食者、紫外线和恶劣天气的伤害。

人们每年分两次采收珍贵的虫胶，将它们从树枝上刮下来。然后，人们将原胶研磨成粉末，再经过滤、清洗、干燥，制成颗粒虫胶。此时，这种被称为"种子胶"的物质，会再一次被熔化和过滤。工人们将加热的虫胶（形似加热后的太妃糖的黏稠物质）拉伸成浴巾大小的长方形薄片，最后把它们敲碎，变成硬币大小、贝壳状的薄片，这是它们的英文名"shellac"的由来。还有一种饼干大小的虫胶，被称作"纽扣虫胶"。这种物质十分珍贵，制造 1 磅纽扣虫胶需要用到 14 万只紫胶虫的分泌物。

纵观印度历史，虫胶一直被疗愈师和工匠奉为至宝。阿育吠陀是世界上最古老的自我修复系统之一，实践者将虫胶过滤后与其他物质混合，制成酊剂和药油，用于治疗从关节炎到溃疡等一系列疾病。[6] 手工工匠把虫胶作为精致的手镯饰品和仪式用的陶土娃娃的涂料，油漆工人用虫胶给建筑物和家具上漆。这些应用通常会得到官方批准。1590 年，注重细节的莫卧儿皇帝阿克巴一世（Akbar I）颁布法令，规定在公共建筑的门上用虫胶上漆时，某些颜色要采用特定的比例。[7]

同一时期，印度虫胶出现在世界舞台上。虫胶的推销员夸赞虫漆的独特光泽和由未经过滤的色素所赋予的亮红色。1596 年，记录东印度贸易路线的荷兰编年史家林索登惊叹于"桌子、靶子、立方体、盒子，以及上千种这样的物品，都以不同方式涂上了各种颜色的虫漆；人们惊叹于它们的美丽和明亮的色彩，这些都离不开虫胶"[8]。在欧洲工匠的作坊里,他们将虫胶、虫胶色素与其他昆虫的分泌物混合在一起。17世纪的威尼斯染色手册列出了一些配方,其中描述了如何"用虫胶树脂给丝绸染色"(a tingere seta con gomma di lacca)[9]。

到了17世纪,意大利、英国、中国和日本的商人从印度的森林中进口了大量的虫胶。1676年,法国探险家、钻石商人让-巴蒂斯特·塔韦尼耶(Jean-Baptiste Tavernier)访问印度东北部的阿萨姆邦(位于东喜马拉雅山南麓)时,对虫胶产品的许多用途发表了评论:"树上形成的虫胶是红色的,人们用它来染白布和其他东西,当提取出红色素后,他们就用虫胶来给橱柜和其他类似的物品上漆,以及制造西班牙蜡。虫胶大量出口至中国和日本,用于制造橱柜。就这一点来说,这里的虫胶是整个亚洲最好的。"[10]

虫胶的另一个优点是方便。相比其他材料而言,虫胶几乎不用做多少加工工作,就可以应用于许多物品表面。17世纪英国一篇关于家具制造的论文中建议,工匠们只需将1.5磅的印度虫胶与1加仑*的"烈酒"(酒精)混合,再将混合物沉浸24小时。[11]工匠们得小心翼翼,以免被醉人的酒气熏倒。接下来,将这些液体过滤,再把它们涂在木头、灰泥、陶瓦或其他材料上,可以起到防水、保护和增色的作用。

与蜂蜜和铁胆墨水相比,虫胶的受欢迎程度并没有随着现代的到来而式微。在每分钟78转的唱片彻底改变音乐世界的整整两

---

* 1加仑(英)≈4.546升。——编者注

个世纪之前，虫胶塑造了 18 世纪的声景。在 17 世纪末和 18 世纪初，来自意大利北部城市克雷莫纳的两名制琴师开始用虫胶给他们制作精良的弦乐器上漆。安东尼奥·斯特拉迪瓦里和朱塞佩·瓜尔内里制作的小提琴、中提琴和大提琴，因其无与伦比的音质而成为世界上最令人梦寐以求的乐器。最近有研究人员对一把 1734 年制作的斯特拉迪瓦里古董小提琴和一把 1736 年制作的古董大提琴进行了科学分析，他们发现虫胶是这两样乐器表面的关键成分，也是构成它们独特音质的重要因素。[12] 这种像纸一样薄的昆虫分泌物改善了雕刻琴身采用的云杉木和枫木部分的共鸣。虫胶还能保护这些脆弱的乐器免于受潮和因反复使用而产生磨损。这些深受欢迎的乐器所发出的丰富、沉郁的低音和明亮的高音，至少在一定程度上意味着是南亚森林里昆虫的产物。

克雷莫纳著名的制琴师和他们的欧洲同行是从做国际贸易的商人那里获得虫胶的，这些商人的生计依赖于来来往往的巨型商船，也就是所谓的东印度公司商船。这些船只航行于连接伦敦与印度次大陆、东印度群岛和中国的海上航线，海上危机四伏，船只均由重兵把守，其重量相当于 12 头蓝鲸，船上配备武装护航，以抵御掠夺者。[13] 在熙熙攘攘的加尔各答码头，英国东印度公司的装卸工人将成千上万个装满虫胶的木箱，装上开往亚丁港和塞得港 [14] 等港口的东印度公司商船。这些货物随后运往欧洲港口。这些船只就如同漂浮的集市，船上载满了昂贵的货物，包括花椒混合香料、丁香、肉豆蔻、肉桂、靛蓝染料、棉花、丝绸、茶叶、咖啡、糖、虫胶和硝石（火药的关键成分）。

一小部分英国商人在殖民时期的海上贸易中成了暴发户，这引起了他们同胞们的不满。"Nabob"（意为暴发户）成了一个贬义词，意指那些从印度回到伦敦，用新赚来的财富取得政治地位的人。* 英国剧作家塞缪尔·富特（Samuel Foote）创作于1772年的讽刺戏剧《拿伯》（*The Nabob*），让这个词流行起来。两个世纪后，理查德·尼克松（Richard Nixon）的演讲稿撰写人威廉·萨菲尔（William Safire）重新启用了这个称呼，以瞄准另一个目标。1970年，尼克松的副总统斯皮罗·阿格纽（Spiro Agnew）与媒体的关系恶劣，他斥责记者是一群"喋喋不休的否定论者"（nattering nabobs of negativism）[15]。

早在这个不和谐的政治时刻到来之前，一群盎格鲁的暴发户就已经通过将南亚农民的日常生活与欧洲大都会的手工业者的生活联系起来，从而积累了巨额财富。虫胶对这些网络的维护和发展至关重要。几个世纪以来，虫胶一直是印度农村的林地社区居民的经济支柱。1908年，英国殖民地官员、植物学家乔治·瓦特爵士（Sir George Watt）曾经说过："虫胶已经渗透印度的农业、商业、艺术、制造业、家庭和宗教情感以及企业之中，其程度之深，几乎无法被普通的观察者所理解。虽然农业和林地社区更为贫穷，但因为人们可以通过收集原料获得收入，所以生活还能勉强过得去。"[16] 到1928年，印度各地饲养紫胶虫的人口至少有75万。

在饲养紫胶虫的人中，许多是阿迪瓦西人（Adivasis，字面

---

* Nabob 是 nawāb 的英语化，nawāb 在乌尔都语中用于称呼莫卧儿帝国（1526—1857）的穆斯林总督。

意思是"原始居民"），他们是古印度河流域文明各民族的后裔，3 500 年前，中亚游牧部落横扫印度，他们的祖先逃到了印度次大陆上丛林茂密的山地。阿迪瓦西人由 200 多个不同的原始部落组成，使用 100 多种语言，长期以来，他们一直依赖印度次大陆的森林过活，森林是他们获取食物、药物和适销产品的来源。[17]虫胶就是其中可持续采收的产品之一。另一种是东印度乌木树（*Diospyros melanoxylon*）的叶子。工人们将这些柔韧的叶子卷在烟草外面，制作成比迪烟。比迪烟是一种廉价的香烟，自 20 世纪初开始便一直是印度流行文化的支柱。阿迪瓦西人通常也会从长叶马府油树（*Madhuca longifolia*）*上采收麻花花、有药用价值的树皮、可食用的果实和富含油脂的种子。麻花花是一种传统蒸馏酒的主要成分，这种酒营养价值高，也被赋予了精神意义。虫胶长期以来扮演着与东印度乌木树叶和麻花花类似的角色，是数百万阿迪瓦西人的重要收入来源。

奇怪的是，虫胶在印度历史上占有中心地位，但这并没有让西方对虫胶的起源有更深的理解。1563 年，葡萄牙医生加西亚·德奥尔塔（Garcia da Orta）发文声称，虫胶是一种飞蚁的排泄物。16 世纪的一些欧洲人还把虫胶误认为是一种树木产出的红色染料，这种树在缅甸被称为 lakka，在马来半岛被称为 laka。同样，17 世纪著作等身的法国学者克劳迪乌斯·萨尔马修斯（Claudius Salmasius）认为，"lac"这一名称来源于希腊语中的"红木"。即

---

* 通常也被称作"麻花树"。——译者注

使是生活在印度虫胶生产区的外国科学家也对这种树脂及制造它的六足昆虫感到困惑。英国的詹姆斯·克尔（James Kerr）医生在1781年的《伦敦皇家学会哲学学报》上发表了一篇描述紫胶虫的文章，他承认自己无法区分紫胶虫的雄虫和雌虫，并且认为是鸟儿将紫胶虫移居到了树枝上。仅仅十年后，在同一份杂志上，苏格兰外科医生、植物学家威廉·罗克斯伯勒（William Roxburgh）似乎并没有读过克尔的论文，在提到紫胶虫时，他使用了错误的学名——*Chermes lacca*。[18]

在输出给遥远的消费者的过程中，人们对虫胶有过一系列混乱的介绍，这些进一步地造成了理解上的困惑。在1813年的一篇关于染色的论文中，美国内科医生、化学家爱德华·班克罗夫特（Edward Bancroft）将虫胶染料描述为一种新奇的东西，尽管它已经是一种很成熟的殖民地商品了。同样，直到1915年，北美工业化学手册的作者还认为他有必要告诉读者，"虫胶并不是紫胶虫咬食树木而使树木渗出的树脂，它和松香的产生方式不一样。虫胶其实是紫胶虫的分泌物，是紫胶虫吸收了吞食的树液之后的产物，如同蜂蜜和蜂蜡是蜜蜂改造花蜜后的产物一样"[19]。甚至连"漆"（lacquer）这个术语都让人困惑。19世纪和20世纪的欧洲工匠会使用"漆"来指代虫胶，但他们在讨论其他清漆，比如漆树（*Rhus verniciflua*，正名 *Toxicodendron verniciflum*）[20] 的汁液时，也会使用这个词。

人们对于虫胶的不甚了解，在某种程度上也反映了帝国时代通信速度的迟缓，在那个时代，来自远方的暴政仍然统治着商业，限制着信息的流动。这并非比尔·盖茨所预言的互联网时代的"无摩擦资本主义"[21]。在新闻要通过帆船漂洋过海的时代,"一帆风顺"可以决定数据传输的速度。

往更深层次上说,这些误解代表了殖民者们在智力认知上的失败。"帝国的监督"是历史上最尖锐的矛盾之一。当官僚和商人急于从"愚昧无知的异国"这一陌生的环境和复杂的文化中获取价值时,他们往往忽视了自己所看到的东西。本书所探讨的三种昆虫商品——虫胶、蚕丝和胭脂虫红——都是极其难以制造的。生产这些商品需要人们对昆虫的生命周期、区域气候类型、潜在的捕食者和最佳采收方法有深入的了解。不仅如此,要制造这些令人垂涎的产品,还需要对这些昆虫的寄主植物有深刻的了解。这些昆虫学上和植物学上的细微特征与世代积累的智慧交织在一起,通常由长者口口相传给下一代。

无论殖民者是否理解虫胶的起源,虫胶还是成了无数产品的原料。用作家具清漆、制帽匠给毛皮圆顶帽加固的材料,抑或作为塑料的前身,虫胶对于18世纪和19世纪的匠人来说都是必不可少的。欧洲和北美的匠人曾表示"找不到任何替代品"[22]来代替"永久而美丽的虫胶","如果我们没有了虫胶,那些精美的抛光家具就不会那么赏心悦目了"。

在18世纪的新英格兰地区,工匠们经常购买虫胶的原始前身——"印度粗虫胶",并将其用作硬木的最后涂层。用那个时代两家顶尖的家具制造商的话来说,虫胶能保护木材,确保"隔绝潮湿的空气,不会发霉生虫,不会随时间腐坏"[23]。然而,对许多人来说，粗虫胶的价格往往过于昂贵。因为商人在将虫胶运往北美殖民地之前，要先从印度运至英国，而英国会对虫胶征收高额的进口税。

在1776年第二届大陆会议通过《独立宣言》后，美国商人不再受英国对远东商品的垄断支配。美国市场开始直接接收亚洲（主要来自中国和印度）的产品。由于虫胶变得可获得，并且具有可延展性，19世纪的匠人们将这种昆虫商品作为照片盒的主要原料。这些有弹性的容器保护了由革命性的新技术而催生出的精致照片。

1839年，法国人路易-雅克-芒代·达盖尔（Louis-Jacques-Mandé Daguerre）透露了一项奇妙发明的细节，这项发明将永远改变视觉表现形式。那一年，这位浪漫主义画家、版画家兼法国科学院的杰出成员分享了他的发明。他以自己的名字将一种摄影方法命名为"达盖尔银版摄影法"[24]，整套程序执行起来比较复杂，人们需要准备一块高度抛光的镀银铜板，以便在一个大型的木制暗箱中产生直接的正像。再用碘蒸气处理镀银铜板，让其对光敏感，要能在镜头下曝光十几分钟。最后，达盖尔银版摄影法的摄影师会用汞蒸气来显影，再用氯化钠来定影。因为这个过程没有底片，所以每一张用达盖尔银版摄影法拍出来的照片都是独一无二的。为了保护精致的、独一无二的达盖尔银版摄影法所用的铜板，以及下一代照片，也就是所谓的安布罗摄影法照片和铁板摄影法照片，制造商们用虫胶、木纤维和染色剂制作出了乌木色的"联合牌照片盒"[25]。这些精巧的盒子上雕刻着各种精致的图案，从宣扬爱国的图案到一些华丽的场景，如抓着一束箭的雄鹰，或者令人神魂颠倒的少女和希腊神话中史诗般的战争。19 世纪 50 年代，摄影师塞缪尔·佩克（Samuel Peck）为他与康涅狄格州沃特伯里的斯科维尔制造公司联合制造的"联合牌照片盒"，在美国申请了专利。除了为第一代照片提供便携式盒子外，这种虫胶容器本身也成了收藏品。

大约在同一时间，一位名叫威廉·津瑟（William Zinsser）的移民企业家夜以继日地工作，推广漂白虫胶制成的半透明木器清漆。津瑟曾在一家进口和加工印度原料的德国虫胶厂担任工头，他于 1848 年欧洲革命期间移民到美国。[26] 在曼哈顿的工作室里，津瑟发明了一种用化学方法去除虫胶色素的新方法。他把自己研发的新产品命名为"白色法国清漆"。津瑟最初在纽约新兴的移民区向说德语的家具制造商和木匠同行推销他的快干亮光漆。而后，这种创新产品很快在美国国内大受欢迎。在地下室或车库中工作的业余修理工只需一把漆刷和一块抹布，就可以使用津瑟的清漆，让纹理细密的木材立即焕发光泽。

1896 年，埃米尔·贝利纳（Emile Berliner）发现了虫胶在唱片工业的用途，此后虫胶进入了起居室，成为更多消费者口中的词汇。[27] 和津瑟一样，贝利纳也是一位德裔发明家，他于 19 世纪中叶来到美国。贝利纳发现，温热的虫胶可以被塑形，通过机器把它压成唱盘，用于广播和家庭音响录放音。虫胶是一种天然的热塑性塑料，加热时变软，而在室温下呈固态。此外，虫胶能很好地与填料和染料混合。由于其良好的物理性质和数量上相对充足，虫胶成为新兴的唱片工业中一种很有前途的材料替代品。19 世纪 70 年代，托马斯·爱迪生发明了第一个留声机系统，这种机器使用的是厚重的棕矿物蜡圆筒——被称为"爱迪生金模唱片"，唱筒转动时，唱针贴着唱筒外表面精细的槽纹上下振动，将声音传递到喇叭口。这些蜡质唱筒体积大、价格昂贵，而且难以储存。尽管有大量的广告吹捧"爱迪生留声机以其清亮的音色而闻名"[28]，但发明家们还是在寻找一种替代材料，以期能够将音乐表演传播到公众的客厅里。

1887年，贝利纳为留声机申请了专利，他确信他的相对较轻便的虫胶唱片[29]会取代爱迪生笨重的蜡质唱筒。留声机制造商接受了这一发明，并很快开始将数千种录音压制到10英寸和12英寸大小的唱片上。不同厂家生产的唱片转速不同，但大多数唱片的转速为每分钟75~80转。最终，每分钟78转成了行业标准。

到1900年，虫胶唱片取代了蜡质唱筒（以及寿命很短的硫化橡胶唱片），成为商业音乐复制的首选媒介。虫胶是一种复合材料中的黏合剂，这种复合材料中还包括石灰粉、润滑剂和磨料，以防止唱针打滑。早期的每分钟78转唱片槽纹粗糙，会让其表面产生像煎培根时发出的噼啪声一样的噪声。唱片的生产推动了虫胶需求的增长。仅在1920年，美国就从东南亚进口了价值2 300多万美元的虫胶（共11 568吨）。[30]

如此大量的虫胶来自大片的无花果树和金合欢树以及它们的昆虫群落，这一切都受到印度北部、泰国、缅甸和马来半岛的村民的精心照料。在20世纪30年代以前，农民依靠传统手法将采收的虫胶转化为高品质的虫胶。工人们靠手工将紫梗进行碾磨、筛分和清洗，最后得到成堆的待熔化的琥珀色虫胶颗粒。1924年，美国女演员、旅行作家伊丽莎白·布劳内尔·克兰德尔（Elizabeth

一个产于 19 世纪 60 年代的虫胶"联合牌照片盒",它展示了虫胶的
众多用途之一——坚硬但有延展性。这些照片盒保护着脆弱的、独
一无二的达盖尔银版摄影法照片,并且盒子本身就成为收藏家的收
藏品

Brownell Crandall)生动地描述了接下来的过程:"混合物被放进
10~12 英尺长、2 英寸宽的细长的布袋里。两名操作员将这些像蠕
虫一样的袋子置于炭火上方,同时双手拧袋子,熔化的虫胶慢慢渗
出并滴落在地板上。"[31] 克兰德尔接着说:"熔化的虫胶滴到地板上,
人们用菠萝叶把它压扁。还没等它凝固,又有一个人把它捡起来,
接着把它拉扯成薄片——两只脚各踩一边,再用牙齿和手把虫胶往
上拉扯。"克兰德尔描述的是 20 世纪 20 年代典型的虫胶生产工艺。

　　　　　蝴蝶效应:虫胶、蚕丝、胭脂虫红如何影响人类文明,塑造现代世界尽管随着 20 世纪的远去，这种让人精疲力尽的生产程序的某些方面已经机械化了，但许多虫胶出口商仍然认为手工制作的虫胶比机器制作的虫胶质量高得多。[32] 直到今天，印度数千家本地虫胶厂的工人们仍然在使用名为 "bhatta" 的烧炭黏土烤炉来熔化虫胶，并且还在继续用手拧布袋这种方法收集滴下来的熔化虫胶。

　　从 bhatta 熔炉中流出的原料被唱片公司压制成第一代虫胶唱片。每分钟 78 转虫胶唱片时代的先驱艺术家们是一个多元化的群体。他们的音乐既包括 20 世纪 20 年代年轻的路易斯·阿姆斯特朗（Louis Armstrong）和"国王"奥利弗的克里奥尔爵士乐团（King

1925 年哥伦比亚唱片公司出品的每分钟 78 转虫胶唱片片。在 20 世纪上半叶，南亚和东南亚的昆虫及其人类耕种者生产的这种树脂是世界上第一个广泛传播的录音媒介的关键组成部分

Oliver's Creole Jazz Band）的铜管乐，也包括 20 世纪 30 年代由芬兰作曲家罗伯特·卡亚努斯（Robert Kajanus）指挥的让·西贝柳斯（Jean Sibelius）那令人心潮澎湃的交响乐演奏。这些声音里程碑标志着一个新时代的开始，这个时代给了以前不可重复的表演一个新生。用 20 世纪最伟大的指挥家之一布鲁诺·沃尔特（Bruno Walter）的话来说，那就是"录音是能让表演中的音乐家不朽的唯一形式"[33]。随着这种声音再现带来的转变，音乐界经历了一场革命。

虽然每分钟 78 转虫胶唱片为艺术家和听众带来了无数新的声景，但它也以意想不到的方式限制了人们的音乐才能。伊戈尔·斯特拉文斯基（Igor Stravinsky）1925 年的《A 大调小夜曲》（*Serenade in A for Piano*）就是这一悖论的例证。这位俄罗斯出生的作曲家对他的《A 大调小夜曲》的 4 个乐章都做了调整，以适应一张 10 英寸、每分钟 78 转的虫胶唱片 3 分钟的时间限制。斯特拉文斯基回忆道："在美国，我曾委托一家留声机公司录制我的一些音乐。这就提出了一个问题，我创作的音乐长度应该由唱片的容量决定，以避免剪辑和改编的麻烦。我就是这么创作《钢琴小夜曲》（*Sérénade en la pour Piano*）的。"*[34]

同样，20 世纪二三十年代的爵士音乐家们也将他们天马行空的舞曲精简，以适应虫胶唱片有限的容量。美国新奥尔良传奇鼓手"宝贝"沃伦·多兹（Warren "Baby" Dodds）并不是唯一一个表达对这些限制他创作自由的条条框框不满的人。在讲述他和他的兄

---

* 斯特拉文斯基的《钢琴小夜曲》标题中的 "la" 是唱名（solfège）中的一个音节，这是西方音乐中的一种技法，每个音阶都有一个对应的音节。最有名的唱名是 do、re、mi、fa、so、la、ti。

弟约翰尼的乐队录制唱片时，沃伦·多兹说："我们不能像跳集体舞那样，加入许多伴舞，即便是独舞，也必须有确切的时间限制。"具有讽刺意味的是，多兹在现场演奏时，比他的节拍被刻在虫胶唱片深深的凹槽中时更能找到"旋"的状态。[35]

每分钟 78 转虫胶唱片还面临着其他挑战。由于这些唱片的表面如此脆弱，它们会面临不寻常的老化问题。一台典型的维克多留声机上的追踪装置给钢针以每平方英寸 5 万磅向下的压力，在虫胶唱片上耙出凹槽，就像农夫在松软的土地上犁地一样。美国新奥尔良 J&M 录音室的创办人柯西莫·马塔萨（Cosimo Matassa）回忆道，在 20 世纪 40 年代，"点唱机里每周都会有损坏的流行唱片，因为虫胶很稀有，唱片的用料粗劣……一张唱片在播放 100~110 次之后，就不能再用了。所以流行唱片可以一直重制再销售"[36]。对音乐公司来说，这是一笔意外之财。消费者很难避免再次回购。这也使许多昆虫群落得以存续，它们的人类主人也能以此为营生。

连续购买唱片的人经常会惊讶地发现，他们的听觉习惯依赖于虫子本身。1937 年，有人在《大众力学》（*Popular Mechanics*）杂志上发表了一篇文章，他将生产虫胶的紫胶虫称为"拉卡先生和拉卡夫人"[37]，他解释说，这些生物"仍然在虫胶产业中保持着世界垄断地位。如今，当需要真正的虫胶时，人们仍然必须依赖一只虫子"。然而，这一昆虫产业也未能免受地缘政治动荡的影响。第二次世界大战期间，虫胶的供应量经历了一次剧烈的收缩。[38]德国潜艇袭击盟军商船，日本入侵马来半岛、泰国、中南半岛和缅甸，扰乱了这种珍贵产品的全球供应链。1942 年 4 月，美国战时生产委员会开始对虫胶进行定量供应。虫胶是 20 世纪中叶，用于制造船只和飞机上绝缘电线和木制部件的主要防水材料的原料。

物资短缺推动了一场横跨大西洋的战时回收运动，在近 30 年前就预示了第一个"地球日"的到来。1943 年，在一场名为"新唱片靠你!"的运动中，唱片公司联盟敦促那些所有者退回他们不想要的每分钟 78 转虫胶唱片，用于再加工。在英国的《留声机》杂志上，迪卡唱片公司、哥伦比亚唱片公司和帕洛风唱片公司的代表宣布："由于战争条件，政府发现有必要节约虫胶和其他制造唱片所必需的材料，对这些材料的使用进行最严格的限制。"他们继续劝告民众："能否进一步保持足够的唱片供应将取决于公众是否有归还不想要的旧唱片的善意和意愿，因为只有通过这种方式，唱片制作才能继续。"[39]1946 年 5 月，美国虫胶价格达到 45 美元／吨，是战前平均价格 14 美元／吨的 3 倍多。[40]

第二次世界大战后，黑胶唱片（LP）的兴起预示着唱片技术新时代的开端，也宣告了虫胶在唱片行业长达半个世纪的统治地位的终结。1948 年，哥伦比亚唱片公司推出了每分钟 45 转、7 英寸加长播放的"乙烯基"唱片（迷你专辑，EP）。此后不久，美国胜利唱机公司也推出了每分钟 33 又 1/3 转、12 英寸的黑胶唱片。通过合成氯乙烯和乙酸乙烯酯的共聚物创造的新唱片比用虫胶制作的唱片更坚硬、更光滑，这使得制造商可以在唱片上压下更多的凹槽。每分钟 78 转的虫胶唱片上每英寸有 85 条凹槽，而较新的 EP 和 LP 上，每英寸平均有 224~260 条凹槽。这一创新通过延长播放时间，减少背景噪音，提高唱片的耐久性，改变了音乐收听体验。

"高保真"时代来临了。

即便如此，从虫胶到乙烯基的转变也不是一蹴而就的。直到1953年，《纽约时报》还报道称，前一年美国每分钟78转虫胶唱片的总销售额为8 970万美元，比EP和LP加在一起的总销售额高出600多万美元。[41] 然而，这是每分钟78转虫胶唱片在美国胜过乙烯基竞争对手的最后一年。1958年，美国国内停止了每分钟78转虫胶唱片的商业生产。

回顾音乐技术史，虫胶唱片长达70年的鼎盛时期可以说是空前绝后的。从19世纪90年代虫胶唱片问世，到1962年百代唱片公司将其最后一批每分钟78转虫胶唱片从产品目录中撤下，[42] 这些脆弱的凹槽唱片曾经占据了世界各地乐迷的书架。随后出现的声频技术——包括黑胶唱片、盘式录音带、八音轨匣式录音带、盒式磁带、光盘、数码音频磁带和MP3（动态影像压缩）——的商业寿命都要更短。

每分钟78转虫胶唱片的退场并没有削弱虫胶在全球的影响力。虫胶在第二次世界大战后经历了全面的复兴。事实上，虫胶在美国政治术语中的地位从未减弱。2010年的中期选举中，民主党在全美各地的国会选举和州长选举中受挫，士气低落，当时就用到了其中一个表述。美国总统奥巴马在败选后对记者团发表讲话时表示，他要为民主党在选举中处于劣势承担全部责任："我并非建议每一位未来的总统去经受惨败（shelllacking）……就像我昨晚那样。"[43] 奥巴马使用的这个词语至少可以追溯到20世纪20年代。虫胶极有可能与让人烂醉如泥的酒精有着广泛联系，它能把一个项目搞砸

（或者让工作中的工匠丧失清醒的头脑），因此北美的体育记者在描述拳击比赛和棒球比赛时也使用了这个词。1923 年 6 月 25 日，这个形容失败的流行词第一次出现在康涅狄格州《哈特福德新闻报》的头条上："芝加哥小熊队以 2 比 0 大败（shellac）辛辛那提红人队，卢克的连胜终结。"英语有很多变写方式。在 20 世纪 20 年代，受昆虫启发的表达——"处于最佳状态"（being in the groove）和"被打得落花流水"（getting shellacked）几乎同时出现在快乐—痛苦光谱的两个极端。

"自动点唱机"（jukebox）是另一个与虫胶有关的能引起共鸣的词，这个词也是在哈莱姆文艺复兴、时髦女郎和地下酒吧的时代被创造出来的。"juke"一词——暗示混乱或邪恶的事物——来自古勒人，是生活在南卡罗来纳海岸、佐治亚和佛罗里达东北部的非洲奴隶后裔使用的一种英语和西非方言的混合语。在 19 世纪，"juke house"[44] 或 "juke joint" 最初指的是旅馆或妓院，而"jukebox"指的是自动点唱机。1889 年 11 月 23 日，这种所谓的"投币机"（还未被称为自动点唱机）首次在旧金山的皇家宫殿酒店亮相。它的制造商是太平洋留声机公司，这个装置包含一个橡木柜，里面放着一台爱迪生 M 级电子留声机。顾客往里投一枚五分硬币，就可以收听到内部单个蜡筒奏出的音乐。由于这台装置没有扩音功能，所以它用类似听诊器的橡胶管充当简陋的耳机，看起来就像儒勒·凡尔纳（Jules Verne）的历险记里幻想出来的东西。

到了 20 世纪 20 年代末，一款新一代投币留声机（如今里面放满了成堆的 78 转虫胶唱片）让美国各地的路边餐馆和舞厅门庭若市。自动点唱机也被保龄球馆这种典型的美国文化机构所接纳。事实上，在20世纪上半叶，美国的十瓶保龄球道上随处可见虫胶的身影。除了用于制作在唱机转盘上旋转的虫胶唱片，这种昆虫的分泌物还被涂在木质的保龄球道上——球道需要频繁地涂上清漆，以保证保龄球平稳地滚动。正如一位来自美国威斯康星州的工人回忆的那样："每当晚上我们给保龄球道涂上虫漆之后，我们都必须小心地关灯，以免灯光产生的热量引起火灾。"[45]当保龄球馆的老板们为这样的灾难性场景担惊受怕时，他们不太可能联想到难敌那一点就着的虫胶房子。

20世纪40年代，美甲开始流行起来。美国女演员丽塔·海华丝（Rita Hayworth）敏锐的时尚嗅觉极大地推动了这一趋势。她标志性的红唇和与之相配的红指甲，出现在《碧血黄沙》（1941）等电影中，给化妆品行业创造了奇迹。快干型虫胶是当时制作红指甲油的主要原料，也是第一个商业化的气雾发胶的主要成分。那时的美国人给头发喷上用虫胶制作的发胶，给指甲涂上一层用虫胶制作的指甲油，跟随着虫胶唱片发出的洪亮的音符翩翩起舞，用着涂了虫漆的球道打保龄球，一投全中。

战后，随着新一代人造替代品的出现，虫胶的全盛时期戛然而止。从20世纪50年代开始，乙烯基唱片、聚氨酯木材清漆、丙烯酸指甲油和一系列其他合成物使虫胶失去了世界领先的原始塑料的地位。

然而，就在虫胶似乎已经要淡出人们的视野之时，这种古老的昆虫分泌物再次占据了全球消费者日常生活的中心位置。在20

世纪后期，人们发现，这种昆虫分泌物的许多合成替代品不仅对人体有毒，对环境也有害，这为虫胶在许多场所的重新出现打开了一扇门。只要你在北美逛一逛任何一家药房、情趣用品店、超市或便利店，你都能亲眼看到这一点。在制药产品中，虫胶可以制成一种肠溶片的包衣，以延缓药物在人体胃酸环境中的溶解速度；虫胶是一种更受欢迎的家具和甲板清漆；虫胶能让柑橘类水果和苹果的表皮防水，并保持鲜亮的色泽；虫胶不仅能给糖果增加光泽，还能增强指甲油、发胶、眼线笔和睫毛膏的干燥性能；虫胶出现在假牙和牙齿填充物的成分表上，而且越来越多地被用作尸体的无毒防腐剂。

毫不夸张地说，虫胶无处不在，从我们的头发、牙齿到指甲和胃（甚至在人死后）都能找到它的身影。无论我们是否意识到这一点，我们都在"旋"的状态里，跟着紫胶虫生命周期的节律而舞动着。

第 3 章 蚕 丝

全世界的歌剧爱好者都能感受到普契尼的歌剧《蝴蝶夫人》的魅力。"她轻盈如羽毛，翩翩飞舞，又如蝴蝶，时而盘旋，时而停歇。"[1]然而，人们不太熟悉的是莫丝（蛾"Moth"的音译）夫人的审美理想。*对当代西方人来说，蚕蛾成虫那羽毛状、感知气味的触角看起来很古怪，甚至令人起鸡皮疙瘩。然而在其他时间和地域，这些弯弯的昆虫触角则是人类欲望的缩影。谚语有云："蛾眉皓齿，伐性之斧。"[2]同样，现存最古老的中国诗歌总集《诗经》也用昆虫的特征来描述一位贵妇人的脸："螓首蛾眉，巧笑倩兮，美目盼兮。"[3]纵观中国的历史，女人的蛾眉[4]的吸引力是一个永恒的主题。中国人也用蛾子月牙形的触角给起伏的山峦命名，中国四大佛教名山之一的四川峨眉山便得名丁此。[5]这类关于蛾眉的联想可能会让现代读者觉得古怪。就像美的标准有起有落一样，昆虫在

---

* 蛾和蝴蝶都属于鳞翅目。区分它们的一种方法是，蛾的触角是羽状的或锯齿状的，而蝴蝶的触角是棒状的，像一根长杆，末端膨大，也称锤状触角。另一个区分二者的显著特征是，蛾的翅膀像帐篷一样，可以隐藏它们的腹部；而蝴蝶的翅膀通常在背部是合拢竖立的。（Scott 1986: 95）

一只蚕蛾成虫

人类历史上的际遇也是如此。

家蚕比任何其他典型的农场饲养的家畜都驯化得更加完全。"蠕虫"这个名称其实是一种误用。它实际上指的是蚕的幼虫阶段。在这个阶段，蠕虫得完全依赖人类才能生存。像大多数昆虫一样，蚕经历四个发育阶段，即卵、幼虫、蛹，最后变态成成虫。在最后的变态之后，奶油色的蚕蛾从羊毛质感的茧中钻出，眼睛看不见，也不会飞，这是数千年来人类大量选择性繁殖的结果，以至于它们无法靠自己生存。在家蚕六周生命的最后阶段，它们的成虫会进行交配，此时它们是不进食的。就像酒吧里的老顾客一样，雄蛾笨拙地扇动着翅膀，被合格的配偶发出的信息素信号所吸引。

蝴蝶效应：虫胶、蚕丝、胭脂虫红如何影响人类文明，塑造现代世界

然而大多数家蚕并不能成长到生命的高潮——传宗接代。相反，它们的生命会在架在火上的热锅中黯然结束，此时蚕蛹仍被包裹在茧中。蚕茧浸在热盆汤中，蚕农用手从蚕茧上抽丝，将这些令人垂涎的丝线卷绕于框架上。煮茧这一步去掉了包裹在蚕丝上的胶质，蚕蛹此时已经死去，而蚕丝将开始一段新的旅程，进入人类生产者和消费者构成的复杂网络之中。

　　超越物种界限的复杂关系总是改变着不同物种双方的生活。这一点对于蚕和人类之间持久的联系来说尤其正确。许多文明已经调整了它们的习惯、传统和神圣的仪式，以满足这些挑剔的生物的需要。用于描述跨界的词语——驯养（domestication），暗示着人类向蚕发出的进入家中（domus，拉丁语的意思是“家”）的邀请。最终，蚕跨过门槛，与人类同伴同床共枕，占据炉边的首选位置，进入无数的寺庙。19世纪50年代，爱尔兰旅行作家玛贝尔·沙曼·克劳福德（Mabel Sharman Crawford）讲述了托斯卡纳妇女如何把蚕卵塞进衬衫里，并在周日带着它们去教堂，为这些未来的“纺线工”保暖。[6]在地球的另一端，19世纪美国西部的摩门教徒也做过同样的事情。一位叫普丽西拉·雅各布斯（Priscilla Jacobs）的殖民地移民，在犹他州北部的帐篷里参加礼拜仪式时，脖子上挂着一个袋子，里面装着未孵化的蚕卵。当圣礼还在进行时，蚕的幼虫开始孵化，这让雅各布斯吓了一跳。她匆匆告辞，赶回家去照顾她那四处蠕动的“孩子们”。[7]

　　意大利的天主教徒和北美的摩门教徒从最早掌握了养蚕技术的中国农民那里继承了差不多5 000年的、由来已久的惯例。中国人在用竹条编织成的浅托盘上养蚕，把蚕的幼虫当作新生婴儿一样呵护。这种尽心尽力的呵护在养蚕的规矩中得到了生动的体现，这些规矩代代相传：

> 蚕卵在蚕纸上时必须保持凉爽；在蚕卵孵化出幼虫后，需要给它们保暖；蚕在蜕皮期间，不能喂食；在蚕睡眠的间隙，必须喂给它们充足的桑叶；蚕室中应该保持黑暗，注意保暖；在蚕蜕皮后，蚕室要保持凉爽并允许充足的光线照射；在蚕蜕皮后的一段时间里，应该少喂它们，当家蚕完全长大时，应该随时喂食桑叶；蚕卵应该挨着放，而不是堆在一起。[8]

在寒冷的夜晚，中国的蚕农家庭经常把他们的卧室让给家蚕，他们甚至睡在谷仓里，以便珍贵的家蚕能在温暖和舒适的环境中休养。与家蚕生活在同一屋檐下的蚕农甚至放弃了吸食烟草和吃大蒜，因为他们担心强烈的气味会干扰家蚕幼虫的生长和茧的生产。中国古代的养蚕手册甚至建议用鸡毛给刚孵化的昏昏欲睡的蚕挠痒痒，以刺激它们的发育。

这幅人类与昆虫合作的挂毯是用长长的、闪闪发亮的蚕丝编织而成的。蚕吐出来的丝有着无与伦比的美。一条成熟的蚕的两个唾液腺会分泌一对连续的丝状物（"蚕丝"），长度可达900多米。[9]蚕丝由一种被称为"丝心蛋白"的极具弹性的蛋白质组成，外层包裹着一种称为丝胶蛋白的胶状化合物。蚕用这些黏性纤维制作成茧，这一过程体现了十足的耐心和细致。七八厘米长的蚕以写 8 字的姿势转动头部三四天，以每分钟 10~15 厘米的惊人速度释放出蚕丝，每小时可以产 9 米长。蚕先制作一个有弹性的"吊床"，把身体固定在最近的稳定表面上，然后交错织出一层层网，构造出它的保护支架。丝胶蛋白暴露在空气中会变硬，和聚苯乙烯泡沫塑料的黏性相当。菱形的丝网将在 3 周的变态过程中为黄褐色的蛹提供庇护。

除了少数一些被人类选中进行交配的品种以外，家蚕的变态之路就到此为止了。蚕农将新鲜的蚕茧浸泡在热水中，杀死蚕蛹，冲洗丝胶蛋白，让缠绕在一起的丝蛋白松开。*按照这些步骤，他们"抽出"长长的丝纤维，将它们缠在一起，少则两股，多到十股，最后变成一根用于编织的粗线。由于蚕丝的特点是蛋白质分子排列紧密，因此生产出来的丝线虽然非常柔软，却极具弹性。在适当的条件下，可以既有钢的抗拉强度，又有橡胶的柔韧性。从横截面上看，蚕丝呈现三角形的棱柱状结构。这种不同寻常的结构使丝绸织物可以从不同角度折射入射光，产生惊艳的视觉效果。与织物世界中更粗糙的短纤维——棉花、亚麻和羊毛不同，蚕丝光滑轻盈，是一整根长而连续的丝线。在这些方面，蚕丝也优于其他奢侈的动物纤维，如羊驼毛、马海毛和小羊驼毛。蚕丝的非凡特性增强了它的吸引力。数千年来，蚕的唾液腺的这一分泌物推动着政府的

---

* 在一些文化中，蚕蛹是一种食物，而在另一些文化中，蚕蛹会被做成堆肥或扔掉。2002 年，印度安得拉邦的一名政府官员开发了"无暴力和平丝"（Gajanan 2009: 421–24）。这种生产蚕丝的方法可以让蚕蛾在工人抽丝之前孵出。

政策，激发着诗人的灵感，刺激着帝国的野心。

发现蚕丝独特特性的是黄帝之妻嫘祖，她也因此受到赞誉。相传，公元前 2640 年，嫘祖在泡茶的时候，桑树树枝上挂着的一个蚕茧意外地掉进了她的杯子里。热茶把茧的纤维解开了，她拉出了蚕丝的一头，这条丝线长到足以从花园的一端拉到另一端。嫘祖认识到桑叶是蚕喜欢的食物，于是便种植了一片白桑（*Morus alba*）林，并开始培育蚕来获取珍贵的丝。她还发明了织布机来编织这些丝线。从此，中国有了养蚕的传统。[10]

这个传说经历了数不清的转述。杰弗里·尤金尼德斯（Jeffrey Eugenides）在他于 2002 年出版的小说《中性》（*Middlesex*）中，描绘了一条独创的（和虚构的）4 000 年历史轨迹：从掉进嫘祖杯子中的蚕茧到落在艾萨克·牛顿面前的苹果。"不管怎样，"他写道，"意义都是一样的：无论蚕丝还是万有引力，伟大的发现都是意外之财。只有在树下闲逛的人才会碰上。"[11] 尽管有这种抒情的对称，但是苹果和"蚕"却朝着两个不同的方向发展；成熟的水果掉落到地上，但蚕丝优雅地反抗着地心引力的诱惑。它的隐喻性和自身轻盈的浮力在《丝绸降落伞》一书中得到了生动的展示。作者约翰·麦克菲（John McPhee）记录了对自己与母亲的关系以及青春逝去的沉思。故事的结尾是作者对自己小时候最喜欢的橡皮球玩具的感人描述。当把这个橡皮球丢出去的时候，它就会裂成两半，释放出一个小小的丝绸降落伞伞衣："就像这样打开，无一失败。它总是会飘回你的身边——如此美丽、如丝一般，再一次丢出去，又飘回你的身边。即使你不爱惜它，用力地拍打它，它还是会优雅

相传黄帝之妻嫘祖发明了养蚕取丝。中国江苏省的苏州丝绸博物馆里放着一尊嫘祖像，她的右手托着一堆蚕茧，展示了在中国历史上蚕和人之间五千年的关系

地、轻盈地飘回到你身边。"[12]

　　考古学家现在可以证实，在嫘祖因为泡茶而获得顿悟的至少3 000年前，丝绸的失重感和优雅就已经开始搅动人类的精神了。人们在黄河中游地区的仰韶村落遗址发现了一个大约5 650年前穿着丝织衣物的孩子。这种用从野桑蚕（*Bombyx mandarina*）的蚕茧

上精心收集而成的轻薄细丝编织而成的丧服[13]，对古人来说一定是极其珍贵的。即使生活在被一个死亡的幽灵笼罩着每个角落的时代，失去一个年轻人也会带来悲痛。由于在新石器时代，人们的生存条件艰苦，物资供应不足，能用野生蚕丝手工编织出这样一件珍贵的陪葬品，足以彰显孩子的早逝所留下的悲痛印记。

丝绸的价值随着其声名远播而水涨船高。虽然我们不习惯把蚕和丝绸看作货币，但是丝绸（和蜂蜡一样）作为交换媒介经历了一个漫长的全盛时期。我们不难从中国早期的历史中找到一些精心策划的案例。在汉朝，政府使节用无数闪亮的丝绸织物贿赂往西北地区，意欲劝服敌人不要攻击汉朝脆弱的边境城镇。接受这些巨额贿赂的是草原上的游牧民族联盟——匈奴人。汉朝丝绸外交所起到的作用是一个相当有争议的问题。汉文帝时，年轻的汉代诗人贾谊曾抱怨："匈奴侵甚、侮甚，遇天子至不敬也，为天下患至无已也。以汉而岁致金絮缯彩，是入贡职于蛮夷也，顾为戎人诸侯也。势既卑辱而祸且不息，长此何穷！"[14]而另一些人则认为，这种贿赂是一种牵制敌手的战略措施，有利于汉朝韬光养晦，建立一支能够在战场上对抗匈奴的军队。

在其他帝国军队争夺边境的战争中，丝绸也产生了持久的影响。罗马人在公元前53年第一次见到了光彩夺目的丝绸。罗马将军马库斯·李锡尼·克拉苏和他的7个罗马军团发动对安息帝国——一个主要的政治和文化强国，东起巴克特里亚（今阿富汗），西至幼发拉底河（今伊拉克境内）——的战争，却在卡雷（今哈兰，土耳其东南部的一座古城）战役中大败。罗马首富克拉

蝴蝶效应：虫胶、蚕丝、胭脂虫红如何影响人类文明，塑造现代世界

苏本想在战场上提高自己的威望，却因为计划不周和对对手实力的严重误判让他的雄心壮志受了挫。在酷热的沙漠中，当安息帝国的旗手展开用金线绣成的闪耀的猩红色丝绸旗帜时，罗马军队吓得呆住了。安息帝国的红色旗帜伴随着震耳欲聋的铜鼓鼓点迎风飘扬，大多数罗马人从未见过这种光彩夺目的织物。[15] 那天，罗马人也第一次遇到了波斯人的复合弓。普鲁塔克对"安息回马箭"的描述令人痛心，一万名安息帝国弓箭手万箭齐发，吓坏了的罗马士兵仿佛被钉在了盾牌上，动弹不得。顺便说一句，卡雷战役还引申出一个成语——杀回马枪。当我们对某人"杀回马枪"的时候，我们在不知不觉中就像公元前 53 年，安息骑兵朝他们溃不成军的罗马敌手开火一样。

战场上的惨败并没有让罗马人停止对这种来自东方的外来纺织品的痴迷。随着时间的推移，丝绸越来越受欢迎。3 世纪的罗马皇帝瓦里乌斯·阿维图斯·巴西安努斯（Varius Avitus Bassianus）即位后喜欢用埃拉加巴卢斯（Elagabalus，直译为"太阳神的虔诚侍奉者"）的称号，曾拒绝穿亚麻或羊毛衣物，他认为这些是乞丐和流氓恶棍这类低等人穿的东西。这位虔诚的太阳崇拜者和著名的性别规范违反者* 喜欢穿着暴露的中国丝绸长袍。埃拉加巴卢斯狂热地相信叙利亚人对他的死亡的预言——因暴动而失去生命，他

---

* 埃拉加巴卢斯非常爱好美色，他不仅拥有大量与不断更换的妾，更曾经强行占有一位维斯塔贞女，事后又将她抛弃。他毫无遮掩自己对男色的喜好，在宗教仪礼上公然地与娈童拉扯，甚至曾去妓院里扮演妓女。这些行为与罗马传统对领导者在公开场合中所必须展现的古朴武勇形象不合，因而他很快丧失了罗马领导阶层的认同。——译者注

"准备了用紫色和猩红色的丝绸拧成的绳子，以便在必要时，可以用绳索结束自己的生命"[16]。然而，埃拉加巴卢斯并没有机会用这条绳子结束自己的生命。他死于自己的禁卫军士兵之手，士兵们憎恨他的怪癖，并被他对罗马习俗的诋毁所激怒。

最初，只有罗马富人使用奢华的中国面料，但丝绸很快就得到了大众的青睐。到了4世纪，拜占庭帝国的一位观察者发现："丝绸曾经只限于贵族阶层使用，现在已经扩展到所有阶层，甚至是最低阶层。"[17]然而，当罗马人在中国丝绸上花费天文数字的金钱时，他们的养蚕知识却还很初级。老普林尼（Pliny the Elder）在其百科全书式的《博物志》（Natural History）中，把中国人称为"丝国人"——"以在森林中发现动物毛而闻名。他们把毛浸泡在水里，接着梳掉附着在叶子上的白色绒毛……为了给我们的淑女们提供一件可以在公共场合展现她们魅力的衣服，他们要雇用多少工人，要翻来覆去找多少地方"。这位古罗马著名的自然哲学家很可能把丝绸和印度棉混为一谈了，后者同样也是来自遥远国度的面料。

罗马人从这些遥远的国度获得的商品背后往往是无数勤劳且默默无闻的劳动者。我们需要用一种超出人类理解力极限的计算方法，来计算过去五千年来，无数拉出和缠绕这些透明丝线的手指。抛开猜想不谈，我们可以肯定的是，农村妇女（其中大多数是中国农民）是纺织工艺的核心和灵魂。[18]成语"男耕女织"传达了在中国历史的大部分时间里丝绸生产的性别分工管理。

12世纪，宋朝楼璹所著的一首诗生动地描绘了女蚕农和丝线生产之间的联系。诗节美化了这些职责的同时，也丰富了我们对这个乡村产业的气味、声音和感觉的体验：

> 连村煮茧香，解事谁家娘。
>
> 盈盈意媚灶，拍拍手探汤。
>
> 上盆颜色好，转轴头绪长。
>
> 晚来得少休，女伴语隔墙。
>
> ——《织图二十四首·缲丝》[19]

蚕这种昆虫本身也创造了丝绸生产的声景。蚕似乎并不引人注目。即便如此，蚕箔上胖嘟嘟的蚕宝宝在一堆桑叶上进食的声音，听起来就如同成千上万块沙琪玛掉落在一大碗牛奶里。在就要结茧之前，蚕一天要进食十次。它的体重会在4~6周的生命周期中增加1万倍，这就好比一个出生时3千克重的人类婴儿长成一个30 000千克重的成年人![20]

蚕不仅贪吃，而且是出了名的嘴刁。事实上，它们独特的饮食习惯反映在了它们的学名上。拉丁文 *Bombyx mori* 意思是桑树上的蚕。丝绸的故事也是树的故事。世界各地的树木景观证明了这一遗产。各地有抱负的丝绸制造者都投入了大量的时间和精力来种植和培育白桑树苗。[21] 在阿根廷、阿富汗、印度南部、法国南部等地方，这些小树林是人们尝试饲养家蚕的痕迹，有些成功了，有些则不尽如人意。

1901年，英国著名探险家奥雷尔·斯坦因爵士（Sir Aurel

Stein）在新疆干旱的塔里木盆地发现了几处大片的桑林遗址。他的发现为桑树、家蚕的消费者和人类饲养者如何传播到世界各地的故事增添了新的一章。令人心驰神往的神话和事实的重叠表明蚕的走私在古代是一个不可或缺的行当。尽管在外部世界看来，有一种神秘的气氛笼罩着丝绸生产技术，但中国人无法保持对这种知识的永久垄断。绿洲上的王国——于阗——是一个重要的贸易中心，它北起干旱的塔克拉玛干沙漠，南至荒凉的昆仑山，是第一个通过非法转运家蚕而受益的地区。和嫘祖泡茶发现蚕丝的故事一样，这个故事中的主角也是一位女性。

相传 1 世纪时，一位名为普内斯瓦拉（Punesvara）的中原公主嫁给了佛教国于阗的国王尉迟迟（Vijaya Jaya）。国王派使者到中原以迎接准新娘的名义，暗中向公主传话：于阗素无她在家乡已经习惯穿着的丝绸织物。于是公主在出嫁时违反了中原皇帝禁止将蚕种和织造丝绸技术外传的命令。她想了一个大胆的计谋，秘密地把几颗桑树种子和蚕种藏在她的凤冠（很可能是丝绸做的）之中，以便躲过边境官吏的搜查。一到于阗，她就把珍贵的桑树种子和蚕种赠给她的夫君，从而把家蚕养殖、采收和制造推广到了外面的世界。[22] 正如后来一位中国佛教朝圣者所述："他们知道了中国丝绸的秘密，于阗人除了穿着他们原先的毛皮，也开始穿上精美的丝绸服饰。"[23]

在随后几个世纪里，其他帝国也运用计谋来获得丝绸编织技能和技术。根据拜占庭时代的学者普罗科皮厄斯（Procopius）的记载，552 年，东罗马帝国皇帝查士丁尼一世劝说两个僧侣（很可能是景教僧人）从中国走私蚕种和桑树种子到拜占庭，"按上面描述的方式，待蚕卵孵化成幼蚕，喂它们吃桑叶。从此，丝绸业从原料生产到纺织成品完整地在东罗马帝国的土地上生根落户下来"[24]。在炎热的环境中运输蚕卵的困难使人们对这个故事的可信度产生了怀疑。不管这些四处行走的僧人的手杖是否真的培育了拜占庭的蚕桑业，君士坦丁堡的丝绸业始于 6 世纪，并繁荣了半个多世纪。

丝绸制造作为一项独门绝技一直受到严密的保护，甚至花了很长时间才传到更远的西部地区。在第二次十字军运动期间，西西里国王罗吉尔二世无情地洗劫了拜占庭城市科林斯和底比斯，缴获了当地的丝绸织布机，并侵吞了他们的卧式织机。[*][25] 罗吉尔在入侵时毫无仁慈之心，不仅榨取每一盎司[†]的财富，还要求被征服的臣民完全服从于他。尽管他的战术非常残酷，但罗吉尔是一个精通多种语言的世界主义者，接受过希腊和穆斯林导师的教导。他很清楚丝绸的国际声誉，并没有浪费时间在巴勒莫和卡拉布里亚建立他自己的纺织业务。

将编织技术强力迁移到意大利并没有让欧亚大陆活跃的丝绸贸易受到影响。中国丝绸的质量无与伦比，欧洲人无计可施，只能用其他不计其数的商品换取这种珍贵的织物。19 世纪的德国地质学家费迪南德·冯·李希霍芬男爵（Baron Ferdinand von Richthofen）首次用"丝绸之路"[26]这个词来命名世界上历史最悠久的商业走廊。

---

* 这种类型的织机，发明于 11 世纪，使织布机可以更高效地生产更长和更宽的织物。它还可以织出更复杂的图案。

† 1 盎司≈28 克。——编者注

这张广阔的贸易线路网，从中国西北部的西安延伸至地中海沿岸，长达 8 000 多千米，自从公元前 100 年开始繁荣发展，一直持续到 15 世纪。

令人惊讶的是，这个由骆驼道、贸易前哨站和边境城镇组成的错综复杂的网络全是由蒙古人维护的。当我们想到和平与稳定时，成吉思汗可能不是第一个出现在我们脑海中的历史人物，但他在 13 世纪早期的征服在中亚地区创造了一个持久可靠的时代。蒙古帝国巩固后的蒙古治世（Pax Mongolica）* 27，确保了欧洲、中亚和中国之间相对不受阻碍的贸易流动。一位同时期的波斯行者曾用浪漫的语言描述："头上戴着金饰的少女可以安全地在帝国各处游历。"28 到 1257 年，在著名的威尼斯探险家马可·波罗到达中国（许多欧洲旅行者称之为中国北方）10 多年前，中国的生丝已经传到了托斯卡纳。29

丝绸也越过太平洋向东传播。从 16 世纪晚期开始，一种名为"普埃布拉中式女装"30 的丝绸服饰在巴拿马地峡以北的西班牙殖民地——新西班牙总督区——广受欢迎。来自墨西哥普埃布拉州的女裁缝用中国丝绸制作成华丽的女装。这种服装流行一时，通常搭配一件白衬衫和一条丝绸披肩，在 20 世纪的头几十年成为墨西哥的民族服饰。

16 世纪的墨西哥裁缝们之所以能够得到由中国农民精心制作的令人垂涎的织物，是由于每年至少有一艘马尼拉大帆船开往墨西哥

---

* 蒙古治世，是一个历史学术语，描述了 13 世纪和 14 世纪蒙古帝国对广阔的欧亚大陆居民的社会、文化和经济生活的稳定影响。——译者注

城市阿卡普尔科，在两个半世纪中都是如此（最后一艘马尼拉大帆船于1815年起航）。[31]1571年，西班牙占领马尼拉，从此太平洋成为利润丰厚的贸易航行的水上高速公路。来自殖民地波托西（在今天的玻利维亚）和墨西哥萨卡特卡斯的矿山的白银，通过大帆船运往西方。当这些装得满满当当的货船停靠在马尼拉时，中国商人就用玉石、茶叶、瓷器、漆器和丝绸交换装满南美银币的箱子。这一交易满足了欧洲人对亚洲奢侈物品的需求，并极大地扩充了明朝和清朝的白银储备。

16世纪中期，明朝万历年间，白银是当时的交换媒介，紫禁城中的2万名太监和1万名宫女领取白银作为俸禄，官方用白银进行跨地区贸易，并征收税款。与其他货币相比，中国商人更喜欢墨西哥比索，因为每枚硬币含有的银数量精确，驻墨西哥的西班牙殖民者会仔细地称重。船只跟随信风航行，两条航程中，从阿卡普尔科到马尼拉的跨太平洋航线较短，而另一条向东的航线则危险得多，再向北行驶，整个航程超过6 000英里，通常需要用6~9个月才能到达目的地。

大帆船上的饭菜糟糕透顶。长途航行中，船上的人吃的是像石头一样硬的饼干，饼干里面还经常生出黄粉虫，所以我们可以默认所有的乘客都是"食虫学家"。坏血病是一种由于饮食中缺少新鲜水果和蔬菜而导致的维生素C缺乏症，是船上的一种常见疾病。当时的人们还不清楚致病原因，所以前往墨西哥的乘客和水手并不知道，他们船上的货物中其实有一种能治疗这种致人衰弱的疾病的营养物品——中国腌姜。这些在马尼拉打包的腌姜是为大洋彼岸的西班牙富人而准备的。

当这些满载货物的大帆船返航回到美洲后，船舱里的奢侈物品在墨西哥城和波托西都能卖出很高的价格。昆虫产品是这些物品中最抢手的。历史学家威廉·莱特尔·舒尔茨（William Lytle Schurz）详细地描述了这些货物："最重要的是，有几个年头，从马尼拉前往阿卡普尔科的西班牙大帆船上装满了丝绸。各个生产阶段的蚕丝和采用各种不同编法的丝绸，都是最有价值的货物。有精致的纱布和广东绉纱（一种广州的花绸，西班牙人称之为'春天'），天鹅绒和塔夫绸，还有精致的锦缎，更厚实的罗缎，以及用金银线提花的缎）。"[32] 正如"普埃布拉中式女装"的成功所证明的那样，一种用来自大洋彼岸的被驯化的毛虫吐丝织成的异国面料，可能会在拉丁美洲文化中留下持久的影响。[*]

全球相互联系的深刻历史既是环境因素的产物，也是文化力量的结果。历史记录中不乏一个地方的大气变化如何戏剧性地改变遥远地方的气候模型的例子。气象学家称这种现象为"遥相关"，其中最广为人知的是厄尔尼诺－南方涛动现象（ENSO）。[33] 秘鲁海岸附近的热带太平洋上的风和海洋表面温度的周期性变化会在地球其他地方引发洪水、干旱等极端天气。历史学家迈克·戴维斯甚至把厄尔尼诺现象和欧洲帝国主义者对 19 世纪后 30 年间横扫全球的大范围饥荒的轻蔑反应（contemptuous response）联系起来。当然，

---

[*]　和墨西哥的"普埃布拉中式女装"一样，中国也有特色服饰，被称为旗袍。这种贴合身体曲线的丝质紧身裙，以短袖和从脚踝到大腿的开口为特色，是 20 世纪二三十年代上海时尚界的缩影。（Ma 1999: 41）

　　　　蝴蝶效应：虫胶、蚕丝、胭脂虫红如何影响人类文明，塑造现代世界

在这些毁灭性事件发生之前，世界上某一地区的气候事件正在改变地球另一端的人们的生活。然而，这些联系往往是不可预测的。

即使是最聪明的预测者，也无法预见南美火山爆发将如何影响欧洲的丝绸工业。1600 年 2 月 19 日，秘鲁南部的于埃纳普蒂纳火山爆发，火山向平流层释放了大量反射阳光的硫酸盐气溶胶，使得欧亚大陆的大部分地区经历了一个异常漫长的冬天。[34] 意大利的春天比往年来得晚了一些，这意味着桑树无法在蚕孵化的季节及时展开叶子。结果，幼蚕饿死了，当地的丝绸生产量暴跌，丝绸价格暴涨。一位与英国纺织品主要进口商联络的代理于 1600 年 6 月 15 日写信给他的雇主："今年不出意外（丝绸价格）肯定会因为这寒冷的夏天而高居不下，这样的天气阻碍了桑叶的生长，意大利没有桑叶喂养蚕，丝绸数量就会减少。"[35] 在 17 世纪初，丝绸已经成为一个全球性的产业，因此，当地的丝绸生产以及全球的供应可能会受到遥远事件的影响。

事实上，在脆弱的 17 世纪全球经济中，气候异常只是许多可能颠覆商业联系的因素之一。欧洲大陆本土上的宗教迫害则给了英国刚刚起步的丝绸工业一剂强心针。1685 年，路易十四废除了1598 年的《南特敕令》，结束了法国对新教的法律认可。随后，法国宗教难民涌入英国，当中不乏一些丝绸制造专家，这一方面促进了英国的丝绸生产，另一方面却扰乱了法国的丝绸生产。伦敦的坎特伯雷和斯皮塔菲尔德的英国丝绸制造商，热诚地欢迎这些胡格诺派的难民。[36]

英国人像其他帝国的竞争对手一样，也鼓励海外殖民地的丝绸生产。尽管他们雄心勃勃，但丝绸产业并没有因此兴旺发达起来。1612 年，约翰·史密斯船长描述了发生在北美第一次尝试建立丝绸制造工厂的失败经历："'野蛮人'的屋旁种植着一些高大的桑树，在该国的一些地区，我们发现了一些美丽的小树林里也生长着桑树。我们曾尝试过制造丝绸，蚕确实生长得非常好，直到那个工人生病了：在这段时间里，蚕被老鼠吃了个精光。"[37] 英国殖民时期的养蚕计划从未完全从这一令人作呕的插曲中恢复过来。尽管有斯图亚特王朝的资助，弗吉尼亚殖民地仍缺乏饲养家蚕的熟练劳动力。此外，桑蚕对北美本土的红果桑（*Morus rubra*）不太适应。相比之下，种植烟草更有利可图，所以烟草很快垄断了"潮汐种植商"的投资。

在更远的北方，新英格兰的殖民者也开始涉足养蚕业。他们雄心勃勃，想实现财务独立。历史学家埃德蒙·S. 摩根（Edmund S. Morgan）生动地将新英格兰的养蚕业描述为"一个黄金国*，如同一匹肥马或一座金山带来的诱惑一样，吸引着精明且勤劳的人"[38]。18 世纪的美国公理会会长、耶鲁学院的第七任院长和布朗大学的创始人之一的埃兹拉·斯泰尔斯（Ezra Stiles），被丝绸的前景所吸引。斯泰尔斯从 1758 年开始养蚕，他甚至能认得出每一条蚕。他给最肥的两条蚕起名叫沃尔夫将军（以英国著名的陆军军官的名字命名）和奥利弗·克伦威尔（以英国军事和政治领袖的名字命名）。几十年后，斯泰尔斯成立了一家公司，开始在新英格兰的教会教区

---

* 印第安人与加勒比海盗关于"黄金国"的传说流传了好几个世纪，吸引无数探险家前来寻宝。——译者注

推广养蚕业。在他的命令下，几十位牧师种植桑树，并将树苗分发给他们的信众。养蚕热潮在 19 世纪 30 年代末达到顶峰，随后这股热潮随着市场波动和 1844 年桑疫病的暴发而急剧退潮，桑疫病摧毁了该地区的桑树。

19 世纪中叶，当新英格兰地区的人们痴迷于解决种桑养蚕的问题时，他们也越来越意识到恢复农田肥沃的重要性。北美殖民地种植园和牧场上的人们发现了"给贫瘠的土地施肥"[39]（借用莎士比亚的恰当措辞）的新办法，而世界其他地方的农民早就明白，浇粪是这个流程中一个宝贵的环节。粪肥和堆肥是氮、磷、钾、钙、镁、硫等重要元素的宝库。这些元素养分是促进植物生长的重要因素。罗马作家卢修斯·科卢梅拉建议农民"把私人厕所肮脏的阴沟里吐出来的东西喂给新耕过的休耕地"[40]。类似地，中国俗语有言："庄稼一枝花，全靠粪当家。"[41]动物粪便甚至使牧民和农民之间的关系变得更加密切。例如，在东非成为殖民地之前，印度教氏族那里的牛粪会用来给邻近的哈亚种植园主的香蕉林施肥。[42]

一种文明挥霍了"厕所中的粪肥"财富，这一说法在欧洲作家中引起了极大的担忧。维克多·雨果在 1862 年的小说《悲惨世界》中，哀叹巴黎人对粪便的浪费："一个大城市有着肥效极高的粪肥。利用城市来对田野施肥，这肯定会成功。如果说我们的黄金是粪尿，反之，我们的粪尿就是黄金。我们的这些黄金粪尿是如何处理的呢？我们把它倒在了深沟中。"[43]雨果大加赞赏中国文明，因为中国人很少浪费粪便。

几千年来，中国人已经将粪便回收提升到了一门艺术的高度。

在与欧洲中世纪同时期的中国，蚕的养殖就是这种精细的废物管理方法的例证。"桑基鱼塘"[44]是明代广东农民的发明，他们用蚕沙（蚕粪）和桑叶喂养池塘里的鲤鱼。而鱼的粪便和分解的有机物反过来又可以为桑林提供丰富的肥料。在中国南部的珠江三角洲，这种水产养殖方法形成了一个可持续的营养循环，同时还为农村家庭提供了膳食蛋白质和可售商品的来源。

尽管这些策略似乎只是农村的有机产物——无论是字面上还是比喻上的理解都是如此，但中国政府在积极地推动它们。政府经常给予丝绸产业的从业者补贴。在 20 世纪初，具有改革思想的时任总督锡良[45]在四川省建立了蚕桑局，为农民提供桑树、土地和养蚕培训。如此广泛的政府资源证明了丝绸作为中国最有价值的贸易商品的地位。

丝绸在商业上的韧性与它在物理上的耐久性相得益彰。在远离中国农村的世界里，从英国和平时期历史上最严重的一次海难中，我们可以窥见丝绸的耐用性。1782 年 8 月 29 日，100 炮"皇家乔治号"海军舰艇停泊在英国南部海岸朴次茅斯港的入口附近。船上有成百上千个男人、女人和孩子，他们有的拜访船员，有的贩卖货物，有的给舰艇做维修。这艘船将在两天内起航，加入地中海上的英国舰队，当时一个工作小组的领班觉得有必要把船侧倾，以便修理正常情况下本应在水下的蓄水池管道。这需要将许多重炮和新装好的朗姆酒桶移到"皇家乔治号"的左舷，从而让右舷高出水面几英尺。一场出其不意的大风吹来，导致这艘舰艇严重倾斜，海水迅速淹没了下层甲板上敞开的入口，而后是整艘船。几分钟后，

蝴蝶效应：虫胶、蚕丝、胭脂虫红如何影响人类文明，塑造现代世界

"皇家乔治号"像巨石一样沉了下去。至少有 900 人被淹死，其中包括 300 名妇女和 60 名儿童。

尽管人们组织了英勇的救援行动，但只有 255 名幸存者被救上岸。58 年后，英国皇家工兵部队从沉船中打捞出一批文物。1840 年 10 月 12 日，伦敦的《泰晤士报》报道："仅次于黄铜的最耐用的物品是丝绸，打捞出来的除了几件披风和几条花边之外，还有一条黑缎马裤和一件带褶的缎面背心。背心的丝绸料子完好无损，可是里面的衬里和纽扣都不见了。我们到现在还没有找到一件羊毛做的衣服，我们可以猜想它们已经都腐烂了。"[46]

丝绸在时尚界也保持了持久的价值。对英国人来说，优雅的面料长期以来一直是社会地位的象征。在奥斯卡·王尔德 1893 年的戏剧《无足轻重的女人》中，机智轻浮的伊林沃斯勋爵评论了这种文化功能："打得漂亮的真丝领带是正经开启人生的第一步。"[47] 王尔德可能不知道的是，这种讲究的改造需要用上 100 多个蚕茧，由工人煞费苦心地煮茧、缫丝、纺织。在这些蚕蛹吐出最终编织成这位纨绔子弟的领带的蚕丝之前，它们至少要吃掉两千克桑叶。作家王尔德的作品常常被誉为通向现代的桥梁，他将自己对时尚的感知能力建立在一种有着古老渊源的昆虫习俗之上。

但伊林沃斯勋爵认为，丝绸并不总是一种建立在平等主义之上的纺织品。零星通过的反奢侈法，即旨在限制奢侈行为和阻止平民获得身份象征的法规，严重限制了丝绸的消费。1567 年，法国国王查理九世发布禁令，不准公主和公爵夫人以外的女性穿着丝绸服饰。颁布此类法令并非史无前例。罗马皇帝、奥斯曼苏丹、古代

A REPRESENTATION of H.M.S. ROYAL GEORGE of 108 GUNS

图为19世纪的打捞行动，目的是打捞英国"皇家乔治号"海军舰艇上的物品。1782年8月29日，这艘舰艇在英国南部海岸沉没，造成至少900人死亡。这场巨大的海难发生近60年后，在打捞出的物品中有一些用丝绸面料制成的衣物，它们完好无损地保存了半个多世纪

中国和日本的统治者都出于经济和象征性原因限制过丝绸消费。丝绸象征着权力，是区分阶级的视觉标志。然而，这种鸿沟很难永久存在。考虑到这种暂时性，一位法国制造业的官员在1886年写道："没有哪个行业比丝绸纺织业更依赖于时尚。"[48] 在世界范围内，家蚕的命运随着消费趋势的波动而起伏不定。

在法国同胞发表关于潮流波动的声明的几十年前，一个法国难民为了从北美的蚕桑业中赚取财富，做出了一个考虑不周的、

蝴蝶效应：虫胶、蚕丝、胭脂虫红如何影响人类文明，塑造现代世界

灾难性的尝试。1852 年，一位有共和党倾向的年轻艺术家，艾蒂安·利奥波德·特鲁夫洛（Étienne Léopold Trouvelot）在 1851 年拿破仑一世发动政变后来到了美国。特鲁夫洛和他的妻子以及两个孩子逃离了 19 世纪中叶法国的专制政治环境，搬到了马萨诸塞州波士顿郊区的梅德福镇。特鲁夫洛通过画科学插画来养家糊口。作为一个真正的维多利亚时代自学成才的人，他加入了波士顿自然学会，并很快成了一名受人尊敬的业余昆虫学家。特鲁夫洛对养蚕产生了兴趣，于是他在自己 5 英亩 * 的土地上搭起一个棚子，开始在这里饲养巨大的蚕蛾。具体地说，是多音天蚕蛾（*Antheraea polyphemus*）。1867 年出版的第一期《美国博物学家》刊登了特鲁夫洛对他的昆虫学实验的评价："6 年多来，我一直饲养多音天蚕，在这里我绘制出了从野外获取这些昆虫到对其进行繁殖和驯养，年复一年取得的进展。"[49] 特鲁夫洛称之为"育婴产业"，他很快就培育出 100 多万条幼虫。

特鲁夫洛的终极目标是提高北美养蚕者饲养的幼虫的耐寒性。为了推进这一目标的实现，19 世纪 60 年代，他从欧洲带回了一个装满活舞毒蛾（*Lymantria dispar*）的木箱。特鲁夫洛希望，通过将珍贵的舞毒蛾与美洲的产丝蚕蛾杂交，他可以培育出一种更强壮、抗病的杂交品种。1868 年或 1869 年的一个夏日（记录不详），几只异域动物从特鲁夫洛位于梅德福镇的院子里逃了出来。这些飞舞的逃亡者很快就大口享用了梅德福镇上的树叶。不到十年工夫，欧

---

* 1 英亩≈4 047 平方米。——编者注

洲舞毒蛾就摧毁了马萨诸塞州全州范围内的树冠。玛丽亚·弗纳尔德是马萨诸塞州农业实验站的一位著名昆虫学家，她第一个找出了罪魁祸首，并领导了灭除舞毒蛾的运动。

19世纪的评论家们并没有忽视特鲁夫洛造成的这一事故所带来的影响。1893年，作家爱丽丝·贝莉·沃德（Alice Bailey Ward）从这一事件上获得了灵感："一些虫卵从特鲁夫洛先生的窗户里被风吹出来，像摩西手掌上的灰尘一样，它们飞舞着，旋转着，引发了一场瘟疫。"[50] 舞毒蛾原产于欧洲、亚洲和北非的部分地区。它的幼虫以500多种植物的叶子为食，它们那无差别的味觉使它们成为北美最具破坏性的害虫之一。在1981年舞毒蛾爆发期间，成群的毛毛虫从树上掉下来，吞噬了从缅因州到马里兰州至少900万英亩的森林树冠。美国东部大片的落叶林已经被这种入侵物种蚕食殆尽。

具有讽刺意味的是，特鲁夫洛直到舞毒蛾计划彻底失败的几年后才开始在科学界大放异彩。特鲁夫洛放弃了走进昆虫的世界，而把目光转向了天空，最终在天文圈中名声大噪。[51] 他绘制了7 000幅迷人的天体图，发表了50篇有关行星研究的科学论文，并于1872年被邀请加入哈佛天文台。月球和火星上都有以特鲁夫洛的名字命名的环形山。他被飞蛾迷惑，却在星空中找到了救赎。尽管特鲁夫洛取得了巨大的成就，但他的故事证明了20世纪天文学家马丁·里斯（Martin Rees）的观点："事物令人迷惑的地方是它们的复杂程度，而不是它们的大小……恒星比昆虫可简单多了。"

我们习惯于仰望天空，寻找各种极端的变化：犹太－基督教传统中天使的启示，16世纪哥白尼革命的黎明，1968年"阿波罗8号"传回的"地出"照片。然而，我们也可将洞察力更贴近大地。蚕的出现有力地提醒了昆虫与我们的日常生活息息相关。在我们高度融合的现代世界里，现在没人会问，还有谁没碰过丝绸？

蚕能够提高人类研究行星问题的敏感性，这一点早已为某些文化所承认。1940年，美籍华裔作家蒋彝在《儿时琐忆》中深情地回忆起他在九江长江边的童年，在那里他养了蚕当宠物："正像我们家里的其他年轻人一样，特别是女孩子们，养蚕，对我而言，只不过是一种爱好，或者说只是为了玩……养蚕要求手巧心灵，小事能做好，大事也必定能干。"[52]

反过来，蚕也经常被用来表达喜爱之情。像日本诗人小林一茶（Kobayashi Issa）在下面的诗句中向我们展示的那样：

> 养蚕时，
> 蚕被称为"大人"（樣）。
> 这些蚕曾经是"大人"啊。[53]

在日本语中，"樣"是一种表达敬意的尊称。然而，在小林一茶的措辞中，也有终结之意，甚至抱有一丝怀旧之情。这首诗用了过去时，暗示了一个结尾，一种放纵生活的结束。

第二次世界大战的到来极大地改变了虫胶贸易，也预示着人类与蚕之间长久存在的关系将会中断。突然间，丝绸变得更难获得。美国陆军和海军利用有限的蚕丝（弹性织物）制造降落伞伞衣。寻找亚洲丝绸替代品的努力与美国国内的宣传斗争交织在一起。1938 年，在华盛顿特区的沃德曼公园剧院举行的一场盛会上，妇女购物者联盟在广告中宣称，她们的目标是"一个女人即使不用一根日本蚕丝也可以很时尚"[54]。同样，在一波反日宣传中，杜邦向美国消费者推出了锦纶丝袜。《杜邦杂志》的编辑甚至建议把1940 年 5 月 15 日（也就是他们的新产品在全国范围内首次亮相的日子）称为"N 日"。[55]

1935 年 2 月 28 日，杜邦公司的化学家华莱士·卡罗瑟斯（Wallace Carothers）首次合成了聚合物锦纶。1940 年《财富》杂志的一篇文章将这种纤维誉为奇迹到来的先兆："这是太阳下一种全新的物质结构，也是人类制造的第一种全新的合成纤维。"[56] 然而，从长远来看，这一现代科学中的炼金术奇迹并不意味着丝绸之路就此终结。事实上，这只是一个漫长旅程中的短暂插曲。

天然蚕丝的特性是很难被仿造的。1998 年发表在《应用聚合物科学杂志》（*Journal of Applied Polymer Science*）上的一项研究指出："生物材料通常表现出一种无法用人工方法复制的特性。与人造有机纤维相比，由蜘蛛或蛾吐出的丝是一个很好的例子。"[57] 许多昆虫（石蚕、蚋、美洲大蠹斯、草蜻蛉、锯蝇和蕈蚊）和其他节肢动物（螨和蜘蛛）都能吐丝，但很少有昆虫的丝像家蚕丝那样具有高抗拉强度和光滑的质感。

蚕丝是人类尚未解开的许多自然奥秘之一。1874 年，英国的一本青少年入门读物中写道："你以前是否知道，世上所有美丽的丝都来自蠕虫。迄今为止，还没有人有足够的智慧，以任何其他方式生产出一种物质，能在美丽和持久性方面与丝相提并论。"[58]
一个半世纪后的今天，这一论断仍然有效。正如解剖学家詹姆斯
V·劳里（James V. Lawry）在 2006 年所写的那样："蚕丝让工程
师们无可奈何。尽管我们可以对丝的基因进行排序，并将其拼接到
山羊和细菌的 DNA（脱氧核糖核酸）中，但人造丝还没有实现大
规模生产，它也不是一种高强度的材料。"[59] 直到今天，"莫丝夫人"
仍令她的受众着迷。

第 4 章　胭脂虫红

　　海盗和昆虫学是一对怪异的组合，但是对虫子痴迷的海盗并没有看起来那么迷幻。事实上，海盗在胭脂虫的历史故事中扮演了主要角色。如果法国植物学家尼古拉斯－约瑟夫·蒂埃里·德·梅农维尔能多活几年，他可能就会完成一次具有深远影响的生物抢劫行动。然而，这位生物海盗[1]在1780年死于"恶性高热"，时年41岁。蒂埃里没有见到法国人在胭脂虫养殖上的成功，这种小虫子在西班牙征服美洲后的三个世纪里为欧洲提供了最令人垂涎的红色染料。

　　蒂埃里出版过一部精彩的游记——《瓦哈卡之旅》（*Voyage à Guaxaca*），讲述关于他在西班牙的美洲殖民地腹地寻找珍贵的胭脂虫的经历，书中的情节读起来犹如一部间谍小说，处处是帝国时代国际间谍活动的阴谋。在法国海军部的赞助下，自称"新阿尔戈英雄"[2]的蒂埃里启动了一项计划，他要从墨西哥把胭脂虫偷出来，企图打破西班牙帝国在利润丰厚的胭脂虫红染料跨大西洋贸易中长达250年的垄断。

当时，一方面，西班牙人警惕地保护着他们对于胭脂虫红染料的商业主导权，另一方面，法国人为从欧洲邻国购买胭脂虫付出了高昂的代价。每一磅染料都是由墨西哥农村的农民手工制成，接着把它们运往大西洋的另一头。1 磅重的胭脂虫红染料大约需要碾碎 7 万只胭脂虫雌虫。当胭脂虫红染料溶解在碱性溶液中，会产生令人惊叹的深红色、猩红色和紫色，可以给布料染色，或者制作成画图的颜料。* 这些昂贵的染料大部分直接流向了法国巴黎著名的戈白林挂毯工厂。³1662 年路易十四的财政大臣以国王的名义接管了戈白林挂毯工厂，使其成为宫廷的挂毯和编织室内装潢的官方供应商。由于法国人不愿意继续依赖从敌国进口胭脂虫，他们开始寻求更便宜的红色素来源。红色是欧洲皇室和宗教权威的有力象征。要实现这一目标，唯一的途径就是通过墨西哥南部的印第安人村落和种植园。

蒂埃里不仅想为自己的国家赢得荣耀，也想得到同辈的钦佩。从大家的评价来看，他是一个爱国、傲慢且专一的人，如果要承担这项艰巨的任务，这些特质正是不可或缺的。1739 年，蒂埃里出生于法国洛林一个杰出的法官和律师家庭，本应理所当然地子承父业，但他真正的热情所在是博物学。所以在获得法律专业学位后不久，他就逃到了巴黎，开始在当时法国最著名的植物学家手下学

---

* 胭脂虫红染料有两种。第一种是通过碾碎干燥后的胭脂虫雌虫的躯体，最终得到每单位体积为 17%~24% 的胭脂虫红染料。第二种是用酸性溶液、水溶液和酒精溶液从胭脂虫体内提取的产物，以产生更纯、颜色更深的胭脂红酸。["Cochineal." *PubChem* (U.S. National Library of Medicine), https://pubchem.ncbi.nlm.nih.gov/compound/Cochineal. 要想正确发音 "cochineal"，请记住这个幽默的形象 "coach an eel"（训练鳗鱼）。]

习。在国王的花园里，他掌握了错综复杂的植物分类学。他还阅读了启蒙运动学者纪尧姆·托马斯·雷纳尔的作品，雷纳尔曾哀叹法国为获得胭脂虫红付出的巨大代价："胭脂虫红的价格居高不下，高价本应激起美洲岛屿的殖民国家纷纷效仿……然而，仍然只有新西班牙总督区才能够生产出大量的胭脂虫红。"[4]雷纳尔让蒂埃里找到了他的使命。他会穿越大西洋，潜入墨西哥，为法国窃取胭脂虫，并凭一己之力打破西班牙对胭脂虫红染料全球贸易的垄断。

起初，蒂埃里的家人对他的古怪计划嗤之以鼻，但蒂埃里拒绝了他们的理性诉求。没有什么能阻止这个年轻且固执的植物学家。法国政府支持蒂埃里的计划，并给了他6 000里弗赫（相当于6 000磅白银）的可观津贴。1776年，蒂埃里启程前往加勒比海。他总共花了66天横渡大西洋，这让他"疲惫不堪，对大海感到厌恶"[5]，他到达了法国殖民地圣多明各的太子港，这里占据了伊斯帕尼奥拉岛西部的三分之一地块。这是西印度群岛最赚钱的殖民地。甘蔗、咖啡、可可、蓝靛和棉花等珍贵的种植作物在圣多明各的热带土壤中茁壮成长，几千名白人种植园主因此发家致富，他们靠着近50万名非洲奴隶的辛勤劳动过上了颓废的生活。1791年，就在蒂埃里造访的十多年后，圣多明各的奴隶们发动起义，反抗他们的统治者。[6]几年之内，起义迫使法国殖民统治者解放了非洲奴隶，为海地的诞生和美洲奴隶制的瓦解铺平了道路。

在太子港下船后，蒂埃里在养病的同时制订了一个潜入墨西哥寻找他梦寐以求的胭脂虫的计划。他决定假扮成一个古怪的加泰罗尼亚医生，假借寻找草药成分来制作一种治疗痛风的药膏之名。[7]

蒂埃里打算用这个借口欺骗西班牙官员，冒险深入墨西哥内陆，他的收藏箱里装满珍贵的胭脂虫和仙人掌的球根，这些昆虫寄生在仙人掌上，并以仙人掌为食。然后他偷偷溜出墨西哥，在圣多明各为这些珍贵的生物和它们的寄主植物建立一个苗圃。

1777 年冬天，蒂埃里得到了一个前往古巴海上打捞作业的小道消息。为了不浪费接近目标的机会，他于次年 1 月 21 日登上了开往哈瓦那的"太子号"。这位年轻的植物学家希望避开西班牙官员，不过他已经为任何可能发生的情况做好了万全的准备。他伪造了一个医生的证件，随身装在马甲口袋里。然而，蒂埃里的行李却暴露了他的真实意图。在他为数不多的身家中，有"许多小药水瓶、烧瓶、箱子和大大小小的盒子"[8]。

一到哈瓦那，蒂埃里就开始和这座城市的精英们打成一片。[9]这个法国人炫耀他的钻戒，表现出上流社会的风度，观看歌剧演出，与西班牙贵族共进晚餐，与总督结交朋友，与此同时，他的卡斯蒂利亚语（西班牙语）也越讲越好。蒂埃里的新伙伴们很喜欢他这样一个有亲和力的"医生"，并帮助他获得了前往韦拉克鲁斯的护照。

当蒂埃里到达韦拉克鲁斯时，这个墨西哥最重要的东海岸港口已经有了一个当之无愧的名声——"西班牙通往美洲财富的门户"。用乌拉圭作家爱德华多·加莱亚诺（Eduardo Galeano）的话来说，这里有"一条银色的河流通过韦拉克鲁斯港流入欧洲"[10]。但是，对于美洲大陆的原住民来说，这是他们恐惧的起点，疾病、暴力和死亡都随之而来。西班牙殖民者埃尔南·科尔特斯（Hernán

这是 1777 年墨西哥港口城市韦拉克鲁斯的图示。同年，法国人蒂埃里精心策划了一个计划，去墨西哥捕获胭脂虫，并将它们走私到法国的殖民地，以打破西班牙几个世纪以来对用胭脂虫制成的深红色染料的垄断

Cortés）于 1519 年到达墨西哥。两年后，他的军队和他们的印第安盟友征服了阿兹特克帝国，将毁灭性的瘟疫传入城中，并对该地区的原住民进行了残酷的侵略。

蒂埃里于 1777 年 3 月下旬在韦拉克鲁斯码头下船。[11] 他受到了当地人的热烈欢迎，当他在城中小餐馆里找到新鲜的菠萝冰激凌时，他欣喜若狂。尽管开局不错，但蒂埃里和韦拉克鲁斯州州长唐·费尔南·帕拉西奥（Don Fernán Palacio）的初次见面并不愉快。法国人蒂埃里被唐·费尔南的"粗鲁的语气"和"粗俗的语言"[12] 吓了一跳。州长不情愿地给了蒂埃里临时许可，允许他留在城里种植植物，但他没收了蒂埃里的护照，并命令他的卫兵监视这个可疑的外国人的活动。

　　　蝴蝶效应：虫胶、蚕丝、胭脂虫红如何影响人类文明，塑造现代世界

蒂埃里坚称自己就是一个来自加泰罗尼亚的痴迷植物的医生。很快，他认出了当地的一种药喇叭（*Ipomoea purga*）——旋花科的一种有花植物，可以用来刺激肠道，从而赢得了韦拉克鲁斯许多市民的爱戴。在公布这一令人振奋的发现之前，就有一些患了便秘的韦拉克鲁斯当地人从西北 55 英里外的贾拉普镇进口了药喇叭。蒂埃里在他的日记中自豪地写道："这个发现让我在全城享有了声誉……一个非凡的人要知道如何找到那些拥有宝藏的人所不知道的宝藏。"[13] 清除这样的障碍获得了回报。

尽管蒂埃里在植物方面有了令人印象深刻的发现，但他对去哪里找到胭脂虫仍然毫无头绪。当他无意中听到一些商人在讨论不同等级的昆虫染料时，他的运气来了。商人们一致认为，质量最好的红色颜料来自瓦哈卡城。瓦哈卡城距离韦拉克鲁斯以南近 300 英里，这个遥远的地方和那里的虫子很快就成为蒂埃里的"金羊毛"[14]。

与韦拉克鲁斯的许多居民不同，西班牙殖民局对蒂埃里延长在墨西哥的逗留时间并不乐意。这个法国人申请了前往内陆的许可证后，新西班牙总督区总督（西班牙王室在北美的最高官员）安东尼奥·马里亚·德·布卡雷利－乌尔苏亚（Antonio María de Bucareli y Ursúa）对他起了疑心。乌尔苏亚宣布不允许蒂埃里继续留在西班牙领土上，并且必须在三周内乘坐下一艘起航的船离开韦拉克鲁斯。当一名官员向蒂埃里大声朗读总督的命令时，法国人蒂埃里假装听不懂。在法国内部，人们的不看好让他备感折磨。如果他空手而归，他要如何面对家人，更不用说他的同僚了。

他决定尝试一项为期三周的危险任务——寻找昆虫学研究的

对象胭脂虫和它们的寄主植物仙人掌。蒂埃里发誓，在被驱逐出境之前，他无论如何也要带上这些非法货物（胭脂虫）回到韦拉克鲁斯。蒂埃里既没有护照，也没有地图，要完成这次冒险，他需要在不到 21 天的时间里走上近 600 英里的路程。他像个流浪汉一样在陌生的土地上四处搜寻，他只会说一点点殖民者的语言，而且几乎听不懂沿途中听到的许多地方方言。一旦被西班牙士兵俘获，他必死无疑。但他一直被胜利的前景激励着向前，至少他的日志里记录下了这些夸张的情节。

在午夜，也就是总督下达命令的第二天，蒂埃里爬上韦拉克鲁斯的城墙，跃入了田野。他为自己的样子发愁："没穿当地人的衣服，我一看就是外来人。即便用一顶大帽子和手帕盖住我的脸，也几乎抵挡不住一群好奇的人的目光。"[15] 蒂埃里担心自己被发现，于是他采取了一切可预防的措施。他绕过收费站，冒着倾盆大雨赶路，煞费苦心地躲避西班牙士兵的巡逻，为了继续前进，他常常一连几天忍饥挨饿，风餐露宿。当他找到食物和住宿时，通常是在一个"贫穷的印第安人"的小屋里，他要花很多钱从屋主手中买几个鸡蛋和玉米饼。经过一连数天的长途跋涉，他买了一匹马，雇了一名印第安向导，并从一位和善的加尔默罗会修道士那里获得详细的指南，这位修道士信了蒂埃里编造的话，相信他是一名天主教朝圣者，想要去瓦哈卡城的圣母七苦圣殿。

在蒂埃里对事件的详细描述中，在旅途中唯一让他的决心松动的诱惑是一个经营路边小餐馆的美丽女人。她"穿得很清凉，只穿了一条带玫瑰色花边的细布衬裙和一件露肩衬衫"[16]。蒂埃里承

蝴蝶效应：虫胶、蚕丝、胭脂虫红如何影响人类文明，塑造现代世界

认："她的魅力让我神魂颠倒。"他很想为她的恩惠付给她一枚金币，但由于他自己还有要事在身，他控制了自己的欲望。他转身走了，一句话也没说，连头也没回。

几天后，蒂埃里到达了加拉蒂特兰的印第安人村落，终于见到了他一直以来渴望的胭脂虫。在一个开阔的庄园里，一排排多刺的仙人掌上布满了一簇簇的小点。他装出一副天真的样子，来到庄园的印第安人主人的家里，询问他这种植物的用途。"他回答说，这是为了饲养'grana'。"[17] 蒂埃里很清楚，在西班牙语里，"grana"的意思是胭脂虫雌虫。这是他渴望已久的时刻，但他仍然有所不解，为什么"这些小虫的身上覆盖着一层白色的粉末"。这些微小的生物真的是胭脂虫吗？蒂埃里把一只胭脂虫放在一张白纸上压碎，发现它流出的血正是"皇室专属的紫红色"时，他松了一口气。

蒂埃里付给农民几个硬币，取了一些仙人掌和胭脂虫的样本，用毛巾包好，然后动身前往韦拉克鲁斯。在路上，他和他的向导从农村的种植者那里采摘了更多的仙人掌和胭脂虫，然后小心翼翼地把它们装进篮筐里，准备带着一起北上。他们还发现了成熟的香草荚，这是另一种珍贵的西班牙商品，他们把香草荚和其他植物混合在一起，都收集在蒂埃里的盒子里，以避免被检查出来。

蒂埃里和他珍爱的胭脂虫在船出发前往圣多明各之前回到了韦拉克鲁斯。[18] 蒂埃里又开始了自我膨胀，他得意扬扬地讲述了他如何躲过了"2 个总督、6 个藩王、30 个镇长"[19] 以及 1 200 名西班牙海关官员和警卫。经历了一番千难万险之后，蒂埃里终于上船了。然而，他很快又要面临新的危险。

在船穿越墨西哥湾的暴风雨的航程中，几名水手发现蒂埃里正在照料他脆弱的仙人掌和违禁品（胭脂虫）。法国人向西班牙水手们事无巨细地一一解释道，他的容器里的胭脂虫、仙人掌、香草和药喇叭都是他制作痛风药的重要原料。为了支持他的说法，蒂埃里还向审讯者"透露"，他的药膏的最关键的秘方还包括熏香、金粉和银叶。为了听起来更像那么回事，"我还说道，我混合了一些沾过圣托里比奥圣物的亚麻布"[20]。

蒂埃里精心编造的故事骗过了水手。这个法国走私者通过了重重关卡的最后考验。蒂埃里在1777年9月到达圣多明各后，他的同僚们庆祝了他获得的成就。法国的路易十六授予蒂埃里"国王的植物学家"称号。这一职位的丰厚年金是6 000里弗赫。蒂埃里在太子港为他移植过来的仙人掌和胭脂虫建立了一个苗圃，并将植物和昆虫的样本送到位于太子港以北约137千米的法国角的科学院。他对法属加勒比地区利润丰厚的胭脂虫产业寄予厚望，这将成为被称为"有色人种一族"的成熟的自由民企业家阶层的增长引擎。[21] 然而，在回到法国帝国温暖的怀抱不到3年，蒂埃里就死于太子港的"恶性高热"。

法国皇家医生勒内－尼古拉·茹贝尔·德·拉莫特（René-Nicolas Joubert de la Motte）接手了蒂埃里在太子港花园的职责，但他并没有照顾胭脂虫所需的热情和细心。[22] 饥饿的老鼠、贪婪的鸟和食肉的蚂蚁吃掉了蒂埃里的宝贝虫子，蒂埃里辛辛苦苦从韦拉克鲁斯偷运出来的墨西哥仙人掌也在伊斯帕尼奥拉岛的大雨中腐烂了。

然而，之前所做的努力并没有前功尽弃。一位名叫 A. J. 布鲁利的私人殖民地业主在蒂埃里的花园废墟中发现了一种野生胭脂虫，并利用这些顽强的昆虫在伊斯帕尼奥拉岛的北侧建立了一个包含 4 000 种植物的苗圃。[23] 布鲁利将他的红色染料样品送到巴黎科学院，那里的化学家们确定他的产品与墨西哥胭脂虫最好的颜色相差无几。当法国开始发展自给自足的胭脂虫生产时，1789 年的革命已经转变了象征国家关系的颜色——教会长袍和国王长袍上的猩红色调和深红色被更民主的蓝、白、红三色迅速取代，"三色旗"在 18 世纪 90 年代被确定为法国国旗。

　　法国与胭脂虫的短暂接触是拉丁美洲历史长期发展的结果。早在哥伦布横渡大西洋的 2 000 多年前，居住在安第斯山脉的人们就彻底改变了人类与光谱的关系。秘鲁帕拉卡斯文化出土有胭脂虫红织物，这一发现展示了胭脂虫红染色的悠久历史。[24] 和蚕丝一样，我们当代对远古人类与昆虫之间关系的认识来自木乃伊化的尸体。20 世纪 20 年代，在秘鲁南部伊卡谷附近的发掘工作中，数百具裹在披风里的尸体被出土，这些披风被植物色素和来自胭脂虫的鲜红色色素染成耀眼的色彩。

　　安第斯山脉的人们开始使用胭脂虫染色之后，胭脂虫和胭脂虫红染色技术逐渐向北传播到中美洲。很有可能是古代太平洋沿岸做海洋贸易的水手把胭脂虫和它的寄主仙人掌带到了北方。中美洲的索尔特克文明很快掌握了用这种新引进的昆虫生产深红色染料的技术。

　　后来阿兹特克人又从索尔特克人的祖先那里继承了胭脂虫的

养殖技术，[25] 他们把胭脂虫称为 *nocheztli*，[26] 从纳瓦特尔语中直译过来就是"刺梨血"。在墨西哥，两种被驯化的仙人掌——"绒毛团扇"（*Opuntia tomentosa var. hernandezii*）和"梨果仙人掌"（*Opuntia ficus-indica*）——的种植以及作为胭脂虫的寄主已经有好几个世纪的历史了。这些仙人掌的刺和缝衣针差不多，叶状枝是可食用的，墨西哥厨师会把它做成传统菜肴——仙人掌汤、仙人掌沙拉、仙人掌炒蛋和仙人掌辣味莎莎酱。人们在去除掉仙人掌小小的毛刺后，还会收割和食用它香甜的球茎状果实。春夏雨季过后，仙人掌还会开出红色、橙色、黄色和白色的花朵。刺梨仙人掌在墨西哥历史上的地位举足轻重。相传阿兹特克人在特斯科科湖中一个岛屿的沼泽中，看见一只金色的老鹰站在一棵仙人掌上（鹰常在仙人掌上筑巢），鹰爪上抓着一条响尾蛇，于是他们就在这里建立起阿兹特克帝国的首都特诺奇蒂特兰。墨西哥国旗中心的图案就来自这个传说。

　　阿兹特克人对仙人掌和胭脂虫一直十分看重。《门多萨法典》中详细记录了 16 世纪阿兹特克人早期使用蜂蜜作为贡品的情况，还描绘了阿兹特克皇帝蒙提祖马二世接受臣民上交的几袋干燥胭脂虫和用胭脂虫染出的红布。[27] 1517 年到达墨西哥的西班牙征服者被阿兹特克染料的先进特性所折服。1520 年，埃尔南·科尔特斯（Hernán Cortés）写信给他的赞助人神圣罗马帝国皇帝查理五世（也是西班牙国王查理一世）："他们有绘画用的颜料，这些颜料的质量和纯暗调与西班牙各地的不相上下。"[28] 这些"纯暗调"最重要的来源就是胭脂虫。

许多人把胭脂虫看作甲虫，其实这是一个广泛的误解。[29]从昆虫学上说，它属于半翅目胭蚧科，是"真正的虫子"。胭脂虫有刺吸式口器，是蚜虫、蝉和紫胶虫的近亲。这种被追捧的红色染料来自胭脂虫身上的胭脂红酸，胭脂虫雌虫没有翅膀，它们会分泌胭脂红酸去毒杀捕食者。[30]雌虫寄生在仙人掌的叶状枝上，用空心的吸管状长喙从仙人掌中吸取水分和营养。在这个过程中，它们还会分泌出一缕缕白色的蜡质丝状覆盖物来保护它们的身体和卵，起到与紫胶虫的胶壳和蚕茧一样的作用，在生命脆弱的阶段保护自己的幼虫。1653年，西班牙耶稣会会士贝尔纳韦·科沃（Bernabé Cobo）将胭脂虫的成年雌虫描述为"鹰嘴豆或腰豆大小"（la grandeza[31] de un garbanzo ó frísol）*。

就像饲养紫胶虫和家蚕一样，养殖胭脂虫要求饲养者对这种昆虫和它们的寄主植物孜孜不倦地奉献。[32]由于胭脂虫雌虫不会动，并且几乎没有防御能力，所以饲养胭脂虫的农民（被叫作nopaleros，参考寄主仙人掌的西班牙语名）每天要花很多时间来抵御胭脂虫的捕食者，包括野生胭脂虫、寄生虫、鸡、火鸡、蜥蜴、啄木鸟和老鼠。

为了准备胭脂虫的生产，要先种刺梨仙人掌，用两三年的时间让其生长至成熟。然后，养殖者用玉米皮或棕榈叶编织成管状的巢穴，在每个巢穴里放入几十只产卵的雌虫。接着，用金属线把这些手指大小的容器固定在仙人掌上。在胭脂虫孵化出来并发育四五

---

* 一些17世纪西班牙语单词的拼写与今天的有所不同。

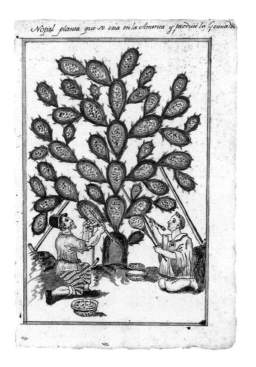

17 世纪中期，墨西哥殖民地的土著农民正在从一棵巨大的仙人掌的茎叶上收集胭脂虫。尽管西班牙从 16 世纪开始试图重组和扩大红色染料生产，但胭脂虫的养殖方法仍然掌握在土著农民的手中，这些农民继续使用欧洲征服之前的传统技术

个月的时候，农民们就会开始采收，他们将这些虫子淹死或蒸熟，然后放在阳光下晒干。这个过程会使胭脂虫的体积缩小三分之二。

传统上，在采收和干燥后，农民会用磨盘将胭脂虫虫干磨碎，然后装进皮袋中运输。[33] 西班牙殖民者几乎不去干预当地的胭脂虫养殖技术，而是更乐得从胭脂虫的出口中榨取巨额利润。[34]

新西班牙总督区的帝国官员看到了这种利润丰厚的贸易带来的好处，与此同时，他们也担心这对当地经济的影响。当地农民经常在他们的玉米、豆类和南瓜作物中穿插着种植仙人掌并养殖胭脂虫，就像蚕丝生产者和紫胶虫饲养者将昆虫的养殖与花园、粮食作物结合起来一样。有时，农业和胭脂虫养殖业会争夺稀缺资源。1553 年，墨西哥中东部地区特拉斯卡拉的市政委员会的委员们担心过多的土地和劳动力被用于染料生产："每个人除了照料胭脂掌以外什么都不做，不再种植玉米和其他食用作物。"[35] 虽然这些担忧在当时看起来很紧迫，但它们很快就被胭脂虫生意不可否认的盈利能力所掩盖。

在 17 世纪早期，西班牙加尔默罗会修道士安东尼奥·巴斯克斯·德·埃斯皮诺萨在特拉斯卡拉的胭脂虫身上只看到了经济机会："（特拉斯卡拉）与辖区内的其他城市和村庄一样，需要大量优质的胭脂虫。如果印第安人按照主教的提议为此缴纳什一税，并采取法律步骤授权，那么这个教区的年收入将与托莱多教区的相当。"[36] 然而，税收被证明是复杂的。很少有西班牙人了解胭脂虫养殖的劳动密集型过程，规模经济很少能提高产量。因此，通常由大地主投资的小规模经营盛行。根据新西班牙总督的说法，在 18 世纪 90 年代中期，瓦哈卡州南部有 2.5 万~3 万居民[37]（约占三分之一的家庭）生产胭脂虫。

从西班牙征服大西洋的一开始，胭脂虫就在欧洲市场获得了巨大的成功。在阿兹特克帝国战败后，科尔特斯将胭脂虫的样品寄给了他的赞助人查理五世。在几十年之内，从美洲进口的鲜红色染料在欧亚大陆上留下了生动醒目的印象。在 16 世纪的《佛罗伦萨手抄本》中，出生于西班牙的方济各会修士贝尔纳迪诺·德·萨阿贡写道："胭脂虫在这片土地上和海岸之外已经人人皆知，有很多证据可以证明这一点。它已经到达了中国和奥斯曼帝国。"[38]

拉丁美洲的胭脂虫到达远东是美国环境史学家阿尔弗雷德·克罗斯比（Alfred W. Crosby）提出的"哥伦布大交换"的结果之一。[39]在哥伦布 1492 年抵达伊斯帕尼奥拉岛（现在是海地和多米尼加共和国的所在地）之后，在美洲与欧亚大陆和非洲之间，植物群、动物群和微生物群发生了大规模的迁移。在跨大西洋交流的分水岭时刻，原产于美洲的作物——烟草、马铃薯、番茄、玉米和可可（制作巧克力的原料）向东迁移，并使旧世界的餐桌焕发了活力。一些疾病，如梅毒和脊髓灰质炎，也从美洲传到了欧洲。而天花、麻疹、疟疾、黄热病、流感和水痘从欧洲向西传播，给新大陆的文明带来了最严重的后果。整个美洲有超过 5 600 万人死于伴随欧洲征服而来的流行病。[40]

克罗斯比认为，15 世纪新旧世界之间的相遇"重新缝合了泛大陆的裂缝"[41]（泛大陆是一块在大约 1.75 亿年前开始断裂的超大陆）。伏尔泰写于 1759 年的中篇小说《老实人》预示了 20 世纪生物对美洲的入侵。正如一贯乐观的庞格罗斯教授对他的学生打趣的那样："如果哥伦布没有在美洲的一个岛屿上感染这种污染生命之源的疾病（梅毒）……我们现在应该还没有巧克力，也不知道胭脂虫。"[42]

早在热那亚航海家哥伦布和他的船员在美洲染上梅毒，获得

　蝴蝶效应：虫胶、蚕丝、胭脂虫红如何影响人类文明，塑造现代世界

巧克力和胭脂虫之前，红色就已经成为欧洲皇室的首选颜色。[43]
红色与活力、献身和威望的持久联系使它成为艺术家调色板和织布机上最受欢迎的颜色。在胭脂虫出现之前，欧洲染料制造商用辰砂（硫化汞）、地衣和染色茜草（*Rubia tinctorum*）制造红色染料。[44] 海蜗牛（*Hexaplex trunculus*）和一对昆虫——波兰胭脂虫（*Porphyrophora polonica*）和克玫兹胭脂虫（*Kermes vermilio*）——也被用于生产红色染料。然而，墨西哥胭脂虫出现之后，用它制作的染料在色彩的鲜艳程度、不褪色性和色彩的持久度方面都优于其他原材料。[45] 墨西哥胭脂虫在16世纪20年代传入西班牙后，半个世纪内，它就取代了波兰胭脂虫和克玫兹胭脂虫，成为欧洲使用最为广泛的红色染料。1599年，受人尊敬的墨西哥城居民贡萨洛·戈麦斯·德·塞万提斯注意到，西班牙人对优质胭脂虫的渴望，丝毫不亚于他们对金条的渴望。[46] 事实上，到了18世纪，胭脂虫红染料已成为墨西哥炙手可热的出口产品，经济价值仅次于白银。[47]

　　胭脂虫给欧洲艺术界注入了活力。[48] 巴洛克时期的画家们用胭脂红染料那强烈的、饱和的红色来丰富他们的调色板。米开朗琪罗·梅里西·达·卡拉瓦乔的《音乐家们》（1595）、彼得·保罗·鲁本斯的《伊莎贝拉·布兰特的肖像》（1610）、克里斯托瓦尔·德·比利亚尔潘多的《被魔鬼诱惑的圣萝丝》（*Saint Rose Tempted by the Devil*，1695）都使用了这种红色。后来，在整个19世纪的最后几年里，像保罗·高更、奥古斯特·雷诺阿和凡·高这样的画家也用胭脂虫的红色来活跃他们的画布。凡·高在他1888年的著名画作《卧室》中使用了用碾碎的墨西哥胭脂虫制成的颜料，红色成了画中的惊鸿一瞥。

胭脂虫也出现在莎士比亚的戏剧舞台上。受到公众青睐的 19 世纪英国演员威廉·麦克雷迪（William Macready）在表演《麦克白》时，就用胭脂虫的染料模仿人血。据说有一次，因为工作人员没有拿来必要的道具，而让旁观者承受了相当不幸的结果。舞台剧演员克莱夫·弗朗西斯描述了曼彻斯特剧院的场景：

> 一天晚上，麦克雷迪在舞台上倒下去，却发现那碗他要抹在手上的"血"（胭脂虫红染料）没有准备好。麦克雷迪此时心急火燎，他冲向一个站在舞台侧面的慈眉善目的游客，毫无征兆地朝他的鼻子狠狠地打了一拳。血溅了出来。"请原谅，"麦克雷迪在那人的鼻子底下搓了搓手，嘘嘘地小声说，"但我有急事。"[49]

就像麦克雷迪的那个无辜的受害者一样，大多数欧洲人都是世界舞台上上演的胭脂虫红色彩戏剧的无辜观众。

就像虫胶和丝绸一样，欧洲消费者对这种著名染料的起源感到困惑持续了好几个世纪。[50] 在整个 16 世纪和 17 世纪，欧洲作家都在争论这种令人垂涎的胭脂虫红染料到底是来自昆虫、蠕虫、浆果、植物种子还是蔬菜叶子。在某种程度上，这种困惑源于染料来源的西班牙语通用名称——grana，字面意思为"谷物"。1555 年，英国观察者罗伯特·汤姆森宣称："'Cochinilla'不是一种虫子，也不是一些人所说的苍蝇，而是一种生长在荒野中某些灌木上的浆

蝴蝶效应：虫胶、蚕丝、胭脂虫红如何影响人类文明，塑造现代世界

果，在成熟时采集。"[51] 然而 133 年过去了，人们对此的看法几乎没有什么改变。1688 年，伦敦皇家学会发表了一篇名为《关于胭脂虫，以及从其他蔬菜中发现和制备类似物质的一些建议》[52] 的文章。胭脂虫一直属于机密。在超过两个半世纪的时间里，西班牙禁止活昆虫的出口，以确保它对胭脂虫贸易的垄断，这使得胭脂虫红染料的起源和制造一直被一种神秘的气氛所笼罩。

蒂埃里·德·梅农维尔厚颜无耻的生物剽窃行为证明胭脂虫的养殖在西属美洲以外的地区还有前途，然而法国人的英勇努力并没有削弱西班牙对这种有利可图的昆虫商品的统治地位。英国的养殖者比法国的养殖者还不成功。[53] 为了争夺英国东印度公司承诺的经济回报，英国人在南非、印度和澳大利亚均建立了胭脂虫农场。但这三个项目都失败了。

这些行为给澳大利亚带来了尤其具有破坏性的后果，1788 年引进的刺梨仙人掌在那里的繁殖超出了苗圃可承受的范围；在一个几乎没有天敌的大陆上，一些物种变得具有破坏性和侵略性。农民根本无法清理被高耸的"仙人掌林"堵塞的土地，他们做过许多将其根除的尝试，但一切都被证明是徒劳的。然而，事情发生了一个具有讽刺意味的转折，昆虫拯救了他们。在 20 世纪 20 年代，为澳大利亚政府工作的科学家们将数十亿只南美洲的仙人掌蛾（*Cactoblastis cactorum*）[54] 引入广阔的、未被驯化的仙人掌丛中。10 年内，仙人掌蛾幼虫心满意足地啃食着仙人掌，它们吞噬并摧毁了数百万英亩的入侵植物。当初艾蒂安·利奥波德·特鲁夫洛试图引入欧洲舞毒蛾，让其与北美蚕蛾杂交来增强后者的繁殖能力，由此引发了灾难，而澳大利亚昆虫学家却用从南美洲跨越太平洋而来的仙人掌蛾达到了他们的目的。

由于在西属美洲以外复制胭脂虫生产的一再失败，这种染料在欧洲的价格水涨船高。在英国军队中，紫胶虫和胭脂虫的产物体现着等级制度。19 世纪中期的一个流行故事强调了这一区别："英国士兵（普通士兵）的红色外套，都是用低等的胭脂虫红染料着色的。至于军官们呢，他们的外套颜色要鲜艳得多，都是用墨西哥产的胭脂虫红染料着色的。"[55] 几种昆虫商品在帝国的领域中再一次相遇了。

正如欧洲的纺织品制造商所了解到的，使用媒染剂或固色剂可以让胭脂虫红染料与布料结合地更充分。手工艺人通常使用矿物盐硫酸铝来达到这一效果。这些做法建立在来自现在的秘鲁、玻利维亚和厄瓜多尔高地的传统印第安人服装着色技术的基础上。早在西班牙入侵之前，安第斯山脉的手工艺人就已经使用酸性和碱性矿物来实现胭脂虫红染色的各种效果，以及调出各种华丽的色彩，从耀眼的玫瑰红到深紫色，从黄昏夕照的橘色到奶油粉色。[56]

17 世纪，西班牙耶稣会会士（世界性的传教士）把他们的注意力分散在传播罗马天主教和记录他们所遇到的丰富的美洲原住民文化传统之间，把这些上色方法传播给了欧洲的纺织品制造商。在从美洲手工艺人那里获取技术和植物知识的过程中，耶稣会会士得知了另外三种植物染料，并最终也将它们带到了大西洋彼岸——木蓝（*Indigofera tinctoria*）[57]，一种豆科植物，能产生深蓝色的色素；采木（*Haematoxylum campechianum*）[58]，当与各种金属结合时，可呈现出从深蓝色到黑色的色彩；还有巴西木（*Paubrasilia echinata*），生产者从中可以提取出一种叫作"巴西木素"的红色染料。这些传统生态知识从美洲原住民社区跨越大西洋传播到殖民者的大都市，这是文艺复兴后席卷欧洲的艺术革命的先驱者，却没有得到应有的重视。

为了增强向欧洲邻国提供时尚的红色染料的能力，西班牙人最终在美洲以外建立了胭脂虫养殖产业。19世纪英国旅行家查尔斯·爱德华曾报道过在加那利群岛（位于非洲西北部大西洋沿岸的西班牙属群岛）的一次冒险："直到1825年，这种昆虫才被引入特内里费岛（加那利群岛中最大的岛）。有一段时间，它不能被成功地繁殖。一位牧师发现了正确的培育方法，从1845年到1866年，每年的胭脂虫产量在200万到600万磅之间。"[59] 这种天然胭脂虫生产的跨大西洋迁移与合成化学的革命相吻合。1858年，德国化学家奥古斯特·威廉·冯·霍夫曼的助手威廉·亨利·珀金发明了一种被称为藕合色（mauve）的人造色素。这种化合物提取自煤焦油，[60] 是世界上第一种苯胺染料。

墨西哥驻美国大使马蒂亚斯·罗梅罗捕捉到了合成时代的狂妄自大，他在1898年写道："但最近化学界的发现提供了其他非常便宜的染色物质，特别是苯胺，胭脂虫红的价格大幅下降，因此现在几乎没有上涨空间了。"[61] 在接下来的几十年里，唱衰胭脂虫的声音比比皆是。正如弗吉尼亚州的一家报纸在1912年的头条报道中所写的那样——《胭脂虫即将消亡：很快将成为历史，就像古代的泰尔红紫一样》。[62] 然而，就像蚕丝和虫胶只是短暂消失一样，胭脂虫的式微也被证明是短暂的。

胭脂虫红提取物（这是来自昆虫的胭脂虫红的众多名称之一）再次变得无处不在。然而这一次，它不再出现在教皇和国王的法衣中，而是出现在普通的食物中，现在它成了至高无上的着色剂。蟹足棒、加味水、浆果酸奶、红心葡萄柚果汁和高端咖啡饮料，以及手工鸡尾酒的原料中都有胭脂虫。它在配料表上显示为胭脂虫红、胭脂红酸、天然红4、C.I.75470或E120。

在科学证据和广泛的消费者抗议的刺激下，政府监管推动了这种转变。1990年，美国食品及药物管理局对赤藓红（食品色素3号，最古老、使用最广泛的合成食用色素之一）与老鼠的甲状腺癌有关的检测做出了回应，并禁止使用它。[63]胭脂虫的无毒、化学稳定性和相对较低的价格使它成了赤藓红的理想替代品。[64]肯塔基州一家胭脂虫红供应商的网站在2013年指出："胭脂红酸是所有天然着色剂中光稳定性和热稳定性最强的，比许多合成食用色素更稳定……由于人们追求'纯天然'趋势的影响，胭脂虫衍生物的使用正在增加。"[65]有时，胭脂虫红在某些食品中的应用会引起公众的关注。2012年4月，星巴克把草莓星冰乐中的色素添加从胭脂虫红改为一种植物，原因是消费者抗议饮料中有虫子。[66]虽然墨西哥农民仍然向全球市场供应胭脂虫红，但现在世界上85%的胭脂虫红都来自秘鲁高地，那里有超过10万户家庭参与了胭脂虫红的生产。[67]

2015年夏天，新墨西哥州的国际民间艺术博物馆组织了一场名为"红色的世界"[68]的展览，生动地展示了胭脂虫红的过去、现在和未来。这次展览展出了 130 件与胭脂虫红染料有关的国际收藏品。它们是从远至伊朗和中国的私人收藏者和博物馆中借来的,记载着胭脂虫红在 16 世纪的全球传播、19 世纪晚期的衰落和 20 世纪复兴的历史。从刺绣的祭坛罩布、时髦的丝绸晚礼服到文艺复兴时期华丽的绘画,再到用西班牙丝线编织的拉科塔人的毯子,这些收藏品展示了世界各地的人们通过数之不尽的方法用胭脂虫的分泌物创造出美丽的物品。

当代艺术家也从胭脂虫身上汲取了灵感。出生于墨西哥的画家埃琳娜·奥斯特瓦德(Elena Osterwalder)将胭脂虫红与其他前西班牙时期的材料结合起来,创作出了令人惊叹的作品。2015 年,她在俄亥俄州哥伦布市的作品《红屋》(Red Room)中,将胭脂虫红染料与用碾碎的树皮制成的传统墨西哥阿马特(amate)纸结合。[69] 在奥斯特瓦德的展览中,几十个巨大的方形面板,被从不同的角度照明,展示了大量的色彩光谱,这些材料对蒂埃里来说是非常熟悉的。一位当代的天才艺术家的技术和一位痴迷的 18 世纪植物学家的生物剽窃,共同打开了一扇窗户,让我们获得昆虫教给人类的最持久的经验和认知。其中一个启示就是自然界中即使一些最微小的生物,也充满了无限的可能性。

第 5 章　复兴与复原力

　　1828 年 2 月，一个结霜的下午。弗里德里希·维勒（Friedrich Wöhler）再也抑制不住他的兴奋。这位年轻的德国化学家看到实验室工作台上的烧瓶里堆起的白色晶体时，简直喜出望外。他写信给他的瑞典导师永斯·雅各布·贝尔塞柳斯（Jöns Jacob Berzelius）："我必须告诉您，我用人工合成了尿素，而不需要动物的肾脏，无论是人的还是狗的。"[1] 维勒偶然发现了如何用氰酸和铵这两种无机分子合成哺乳动物尿液中的含氮物质。自此，合成时代开始了。

　　19 世纪以前，在实验室里合成天然产物几乎是不可想象的。这种源于古希腊的观念在 19 世纪达到了顶峰。1810 年，约翰·威尔克斯（John Wilkes）在具有权威性的《伦敦百科全书，或艺术、科学和文学世界词典》（一部 24 卷本、插图丰富的启蒙运动知识汇编）中，认为"生命力"只存在于生物体中："构成蔬菜质地的物质不同于矿物质，它们的组成顺序更复杂，尽管前者极容易分解或分析，但没有一种是合成物。"[2] 仅仅 18 年后，维勒就制造出了一个简单的分子，打破了有机物和无机物之间由来已久的壁垒。

20 世纪，人们对人造材料的迷恋远远超出了实验室的范围。1923 年，引领潮流的法国建筑师夏尔－爱德华·让纳雷（被同时代人称为勒·柯布西耶）宣布："'建筑'工业革命第一阶段的主要成果：用人造材料取代天然材料，用人造均质材料（在实验室中被试验和证明）和固定成分的产品取代不确定性的异质材料。天然材料的成分千变万化，必须用固定成分的材料将其取代。"[3] 勒·柯布西耶因其标志性的黑框圆形眼镜和犀利的功能主义观点而广为人知，他对功能主义的设想有效地浓缩在他的格言"住宅是居住的机器"[4] 中。他的实用主义风格使他青睐合成材料，用工程师取代工匠，以及设计原则的标准化。勒·柯布西耶的影响非常广泛。线条简洁的功能主义建筑摒弃了华丽的细节，将功能置于形式之上，在当时的瑞士、印度、苏联和巴西等不同的地方都有采用了人造材料的建筑。

20 世纪 50 年代标志着人们对合成产品的投入达到了顶峰，这似乎预示着虫胶、蚕丝和胭脂虫红等天然产物将被淘汰。[5] 1952 年，《科学》杂志发表了一篇有机化学家罗杰·亚当斯的文章，题为《人类合成的未来》。亚当斯是一位勤奋的研究员，曾担任伊利诺伊大学化学系主任近 30 年，他预言羊毛、棉花、丝绸和皮革等日常用品即将退出历史舞台。他大胆地预言它们将被化合物所取代。亚当斯说："在未来，公民将更有效地耕种土地和利用海洋，从海洋中获取必要的矿物，穿上由煤和油为原料制成的衣服。"[6] 现代化学的发展会带来这些转变。

许多同时代的人对此表示赞同。化学家雅各布·罗辛和作家马克斯·伊斯曼在 1953 年出版的《通往富足之路》(*The Road to Abundance*)一书中提出:"新时代已经到来,化学工业能够且必将逐渐取代农业,承担粮食生产的任务。"[7]几年后,为美国参议院外交关系委员会准备的一份特别报告也对此类观点表示赞同:"在不久的将来,合成材料可能会使咖啡、可可、棉花、糖、羊毛和其他一些农产品的生产变得不再必要。"[8]

　　社会的各个角落都出现了一种信念:人类拥有无限的能力用人造物质取代天然产品。1957 年,孟山都公司与麻省理工学院和迪士尼公司合作建造了"未来之家",这是一个完全由合成组件建造的预制十字形住宅。在接下来 10 年的时间里,超过 2 000 万游客参观了迪士尼"明日世界"主题园区中这栋 1 281 平方英尺的由塑料和玻璃纤维建造的房子。房子造型优美,完全自动化,配备了加热食物和用声波给厨房用具消毒的未来化设备,它重现了汉纳 - 巴伯拉(Hanna-Barbera)在 20 世纪 60 年代初拍摄的关于乌托邦未来的动画情景喜剧《杰森一家》中的生活。迪士尼乐园"未来之家"宣传册上的标题预言了一个即将到来的世界,它自信地宣称:"事实上,可以说,在你的新家里,几乎不会出现任何一种原生态的天然材料!"[9]迪士尼和孟山都是不可思议的化学未来的缔造者,在符号和文字元素的结合中携手合作。哲学家罗兰·巴特(Roland Barthes)风趣地描述了神话和物质的碰撞:"尽管带了希腊牧羊人的名字,如聚苯乙烯(Polystyrene)、聚乙烯聚合物(Polyvinyl)、聚乙烯(Polyethylene),塑料……从本质上看几乎与

"未来之家"，一栋完全由合成塑料和玻璃纤维建造的房屋模型。这座十字形住宅是由孟山都公司、麻省理工学院和迪士尼公司合作建造的，从1957年到1967年一直在迪士尼乐园展出

炼金术无异。"* [10]

　　尽管"明日世界"主题园区为参观者打开了一扇窗口，让他们了解"典型的美国四口之家在10年后将如何生活"[11]，但这些特色创新很快就被新的超现代设计趋势所取代。迪士尼在1967年拆除了这个主题园区，但人们对合成产品的热情依然存在。同年，电影《毕业生》（The Graduate）中，洛杉矶商人麦圭尔主动向达斯

---

* 　1907年，比利时化学家利奥·亨德里克·贝克兰（Leo Hendrik Baekeland）在高温高压下将苯酚和甲醛相结合，创造出一种柔韧的材料。这种被称为酚醛树脂的物质是世界上第一种合成塑料。["New Chemical Substance: Baekelite Is Said to Have the Properties of Amber, Carbon, and Celluloid," *New York Times* (February 6, 1909), and Meikle 1995: 31–62. History of plastics: Fenichell 1996]

汀·霍夫曼（Dustin Hoffman）饰演的迷茫的大学毕业生本杰明提供职业建议："我只想对你说一个词……塑料！"这句话成为好莱坞最经久不衰的台词。合成材料救赎了任性的年轻人。

第二次世界大战后美国进入丰裕时代，许多人似乎认为天然的昆虫商品，如虫胶、蚕丝和胭脂虫红，已经走向末路。然而，有两个因素唱了反调。第一个因素是环境毒理学的兴起。从20世纪60年代开始，这一新兴的科学学科的研究者开始揭露合成化学物质的致命影响，这些化学物质是人为（比如杀虫剂和食品添加剂）或者是意外作为工业副产品排放到环境中的。这些启示表明，人类正置身于自己创造的致命混合物中。因此，消费者对替代品的需求刺激了世界上许多地方天然食材的复兴。在许多情况下，制造商放弃了合成替代品，转而使用包括虫胶和胭脂虫红在内的天然物质。

第二个因素是，尽管工业化学家在聚合物合成方面取得了巨大进步，他们仍然无法制造出价格低廉或结构合适的替代品，以替代数量惊人的天然材料。丝绸和其他许多天然产品一样，被证明过于复杂，我们还无法利用现有的知识和方法进行有效的工程设计和有利可图的大规模生产。杜邦公司1935年提出"为了更美好的生活，创造更美好的事物……通过化学"，在由这一承诺主导的时代下，许多生物体仍然是无与伦比的变态（metamorphosis）实验室。[12]由于虫胶、蚕丝和胭脂虫红的需求激增，世界各地的人们继续依靠昆虫分泌物贸易作为保障生计的手段。

就在合成未来主义让数百万人沉浸于这些想象之中的同时，毒理学的应用科学如同中和剂，将这些崇高的愿景拉回现实。[13]针对化学物质对生物体有害影响的研究，自古就有很深的渊源。[14] 最初，这些研究关注的是天然化合物，而不是合成化合物对人体的影响。埃伯斯纸莎草书（Ebers Papyrus）是一幅 66 英尺长的卷轴，创作于公元前 16 世纪 50 年代的古埃及，是已知的最早讨论常见物质有害特性的文献。[15] 这份文献中不仅记录了驱除致病恶魔的深奥咒语，还记录了接触毒芹和鸦片等物质对人类的不利后果，以及铅和铜等金属的潜在危害。1 000 多年后，古希腊和中国汉朝的医疗从业者都依赖于两种物质的分类——药和毒[16]，它们既可以是毒药，也可以是解药，二者取决于剂量大小和使用方法。

在中世纪，学者们开始研究职业病与矿工在地下工作场所接触危险物质之间的联系。德国天文学家和炼金术士帕拉塞尔苏斯是最早提出"剂量决定毒素"这一基本概念的人之一，并由此建立起了现代毒理学的基本思想。这类概念经过了几个世纪才发展至成熟。直到第一次世界大战后的几十年，它们才合成一门独立的学科。德国的《毒理学档案》（*Archiv für Toxikologie*）[17] 首次出版于 1930 年，是最早的关注实验毒理学的科学期刊。同年，美国国会通过了《兰斯德尔法案》（Ransdell Act，公法 71-251），正式成立了美国国立卫生研究院（NIH），并拨款 75 万美元（在当时是一笔巨款），用于资助购买新设施和设立开展基础生物和医学研究。[18]NIH 实验室研究人员的核心工作就是识别美国公民每天都会遇到的有毒物质。

第二次世界大战之后的几十年里，人造化学品引发了一连串的环境灾难和公共健康危机。这些事件包括 1952 年伦敦烟雾事件[*][19]，1956 年日本水俣湾[20]智索株式会社工厂排放废水造成的"水俣病"事件，以及 20 世纪 50 年代末和 60 年代初发生在世界范围内的悲剧——46 个国家的妇女在怀孕期间因使用了镇静剂沙利度胺[21]，导致大约 1 万名孩子患有先天畸形。这些灾难，以及其他类似的灾难，刺激了毒理学发展成为一个成熟的科学领域。1960 年，在一场主题为"毒理学问题"的会议上，大会主席朱利叶斯·M. 库恩（Julius M. Coon）在芝加哥的一间会议室里向一群杰出的科学家宣布："毒性突然成了我们面临的一个社会问题。"[22]

两年后，蕾切尔·卡森开创性的著作《寂静的春天》揭露了化学农药对人类和环境健康的有害影响。卡森毫不畏惧地告诉她的读者："人类和动物的身体每年都需要适应 500 种新化学物质，这些化学物质完全超出了生物经验的极限。"[23] 不出所料，此番言论遭到了化学工业的一些成员和一些政客的强烈反对，他们试图在个人、政治和科学方面抹黑卡森。美国前农业部部长埃兹拉·塔夫脱·本森用最粗鲁的语言评价卡森的批评。他在给德怀特·艾森豪威尔的一封信中，质疑"为什么一个没生过孩子的老处女如此关心基因"[24]。这些毫无根据的指责刺痛了卡森。但卡森的编辑和公关人员已经料到可能会遭受这样的冲击，他们严阵以待，在出版前请专家对内容进行审读，并安排卡森在电视上露面，以增强她的公众形象。在这本书出版后的几个月里，对卡森和《寂静的春天》的攻

---

* 1952 年 12 月 5 日至 9 日发生于英国伦敦的空气污染事件。发生的原因包括气温低、反气旋、无风以及大量燃烧煤炭所产生的空气污染而形成的大雾。——译者注

海洋生物学家、作家和自然资源保护主义者蕾切尔·卡森 1950 年在马萨诸塞州伍兹霍尔。卡森在 1962 年出版的《寂静的春天》一书中大声疾呼合成农药对人类和非人类的毒性影响。这本书出版后，她的大部分主张被广泛接受

击失去了势头。这本书在第一年就卖出了 60 万册。

合成时代的阴暗面被不断揭露出来。20 世纪 70 年代中期，化学污染的危险警钟长鸣，其中包括对纽约州爱河事件*的披露。[25]正如美国众议院的一个调查小组委员会在一份报告中所评论的那样："工业在防范毒素渗入土地和水源方面很松懈，往往达到了过失犯罪的程度。"1984 年 12 月，美国联合碳化物公司位于印度博帕尔的农药工厂发生极其严重的异氰酸甲酯气体泄漏，造成近 4

---

* 爱河事件是 20 世纪 70 年代发生在美国纽约州尼亚加拉瀑布城的一起化学污染泄漏事件。此事件造成的直接经济损失达到 2.5 亿美元，在美国国内和国际社会造成了重大的影响。——译者注

000 人死亡。[26]（现在政府的统计数据显示，在随后的几年里，1.5 万人因暴露在这种气体下而死亡。）[27]

流行文化也在同步发展。1971 年，摩城唱片著名歌手马文·盖伊（Marvin Gaye）的热门单曲《可怜可怜我吧》为这个被重重围困的星球献上了一首深情的颂歌。第一节的结尾奠定了基调：

> 蓝天都到哪里去了？
> 毒气随着那吹来的风，
> 从四面八方袭来。

到 20 世纪 80 年代末，全美有 400 万种合成化学品在生产，其中 6 万种已投入普遍使用，渗入北美城镇的工作场所和家庭。在美国、欧洲和日本，针对被污染土地给人类健康造成的影响的披露开始受到广泛关注。历史学家琳达·纳什（Linda Nash）曾指出："关于化学品及其监管的争论，从根本上来说，是关于人体与环境之间关系的争论。"[28] 现代社会中犹如炸开了一个毒汤气泡，对这类问题的公开讨论迅速出现。

在 1996 年出版的《我们被偷走的未来》一书中，随之而来的对合成时代主要理念的文化抵制最为明显。这本由环境卫生专家联合撰写、美国副总统戈尔作序的广泛流传的书声称，人工合成化学物质极大地扰乱了人体内分泌系统的功能。[29] 用历史学家米歇尔·墨菲（Michelle Murphy）的话来说，人类进入了一种新的秩序——相当于一种"生活方式的化学状态"[30]。这一时代的到来也标志着环境卫生问题的时间尺度发生了变化。有害物质经过数千年的生物降解，在生态系统和人体组织中累积，留下许许多多代人的印记。2018 年，加利福尼亚大学旧金山分校的医学研究人员从旧金山两家医院的 75 名孕妇的血液样本中发现，一名孕妇的血液中平均有 56 种潜在有毒化学物质。[31]

我们生活在一个资源有限的星球上，需要相应的理论替代无限增长的意识形态。在以前，殖民地提供了一种临时的解决办法——"幽灵面积"（ghost acreage）[32]，即帝国依靠本土以外的空间，如海洋和占领的领土，来补充自己的收成和有限的资源。然而，对于被驯化的昆虫、它们技术高超的养殖者以及它们的稀有寄主植物，这三者之间的依存关系往往会令帝国官僚沮丧。他们一直以来对虫胶生产过程的误解，在蚕桑养殖上的失败尝试，将胭脂虫及其寄主刺梨仙人掌转移到拉丁美洲以外的地区遇到的重重困难，以及驯化昆虫与规模经济的不配适，这方方面面都使欧洲人感到不安。几个世纪以来，殖民者自上而下把大自然变成流水线的尝试，往往暴露出他们对当地知识的无知到了惊人的程度，并造成了一连串令人尴尬的失败和严重的灾难。[33]

"合成时代"的发起人承诺，实验室将提供一个后殖民时代的逃生口，以避免这种增长受到限制。许多胭脂虫红和虫胶的人工合成替代品被证明是合成时代的有毒产物。1950 年，美国有的孩子因为吃了含人造化合物 FD&C 橙色 1 号和 FD&C 红色 32 号的糖果和爆米花而患上了重病。纽约国会议员詹姆斯·J. 德莱尼（James J. Delaney）随后组织了有关美国食品中化学添加剂的听证会。

1958 年，美国国会通过了所谓的德莱尼条款，作为 1938 年《联邦食品、药品和化妆品法案》的修正案。该条款规定："任何添加剂若被发现经人或动物食用后致癌，或者在经过适于判断食品添加剂安全性的检测后被发现在人或动物中致癌，均不得被判定为是安全的。"[34] 天然产品（如虫胶和胭脂虫红等）则为这些新被禁止的人工合成物质提供了方便、经得起时间考验的替代品。

合成食品添加剂不仅会危害健康，而且从分子化学和经济效益的角度来看，用人造产品取代天然产品也是很棘手的。就像蚕丝一样，血液、橡胶和香草等各种物质目前也极其难以被制造出人造替代品。以血液为例，人工合成的血液最大的障碍是，正常包裹在红细胞中携带氧气的血红蛋白，当它游离于红细胞保护层之外时，便具有毒性。《大众科学》（*Popular Science*）2019 年的一篇文章总结道："至少目前看来，人工血液仍是创伤医学的圣杯。"[35]

同样，产自橡胶树（*Hevea brasiliensis*）的胶乳的许多重要应用并不能轻易用合成胶乳来替代。飞机和大型土方车辆的轮胎必须能够承受巨大的压力和高温。天然胶乳是从树皮上滴出的乳白色液体，能够可持续地从树上提取，它具有复杂的分子特性和前所未有的柔韧性。[36] 此外，在第二次世界大战期间，由于这种战略材料的短缺，人们开发了合成胶乳，将其作为橡胶的替代来源，但合成胶乳会让一些消费者产生过敏反应。由天然胶乳制造的避孕套、外科手套和床垫都在 21 世纪的市场中找到了新的生态位。今天，几乎一半的橡胶来自天然胶乳。

说到香草精，人造香草精和天然香草精在纯度、气味和口味

蝴蝶效应：虫胶、蚕丝、胭脂虫红如何影响人类文明，塑造现代世界

上有很大的不同。[37]多达250种挥发性芳香化合物经过复杂的调制，加之被科学家称为非挥发性单宁、多酚、树脂和游离氨基酸的诱人化合物的奇妙混合，增强了天然香草精（几乎完全来自香荚兰）的微妙风味。研究合成香草精的化学家们一直无法模仿这种精妙的混合物，也正因此才让许多挑剔的消费者和有眼光的厨师对香草的味道和香气兴趣不减。

蚕丝也同样被证明是独一无二的。在2011年的一项研究中，牛津大学和谢菲尔德大学的研究人员表明："蜘蛛和蚕蛾产生的丝兼具强度和韧性，仍然优于合成纤维。"[38]这些科学家得出的结论是，蚕和蜘蛛拥有的关键因素是时间："它们对此进行了长达3亿多年的'研发'，动物纤维的形成路径得到了充分的优化，这并不奇怪。"人们对这种独特属性的广泛认可促进了蚕丝纤维市场的繁荣。2016年，用家蚕丝（经济学家称之为"桑蚕丝"）制成的纺织品的全球贸易额达84.1亿美元。[39]生丝的单价大约是原棉的20倍。[40]

现代蚕桑养殖与现代虫胶和胭脂虫红生产有许多共同特征。[41]东亚地区高科技产业的扩张导致许多日本和韩国工人放弃了养蚕，转而来到工厂里从事生产电路板和手机的工作。与此同时，中国、印度、泰国、越南和巴西的村民在过去几十年里迅速扩大了他们的家蚕养殖产业。由于养蚕是一项以家庭为基础的活动，微型金融可以在其中发挥良好的作用，这为提高农村妇女的经济和社会地位创造了机会。虽然丝绸的贸易额只占全球纺织品贸易总量的0.2%，但丝绸的商业价值却高出其他纺织品几个数量级。许多国家生产丝绸主要是为了内销。例如，印度的丝绸生产商将85%的产品卖给了国内消费者，其中大部分被做成披在妇女的肩膀上和缠在腰间的纱丽布。[42]

有时丝质纱丽甚至可以挽救生命。纱丽布料是紧密编织的网状结构，其特点是空隙非常小，所以可以有效地过滤饮用水。[43] 把丝质纱丽布折叠几次，用它们罩住收集瓮的瓮口，就可以过滤河流和运河水中的浮游植物和微生物了。微生物学家已经证实，用纱丽布可以成功地过滤掉霍乱弧菌，这种微小的逗号状细菌会导致致命的霍乱。

虽然在某些情况下，丝绸是一种具有拯救生命潜力的日常面料，但在另一些情况下，它仍然是一种具有挑衅性的身份象征。意大利时装设计师多纳泰拉·范思哲和美国时装模特保罗·贝克已成年的女儿阿莱格拉·范思哲在 2007 年接受《时尚芭莎》采访时说："上小学的时候，我妈妈给我穿上丝绸衣服去学校……上幼儿园的时候，他们把我送回了家，因为我不能穿着裙子画手指画。"[44]

除了纺织业，蚕丝还席卷了美容行业。亚洲的护肤公司深谙蚕茧的各种营销打法。小小的蚕茧看起来和棉球的大小和颜色都差不多，它是丝胶蛋白的天然仓库，丝胶蛋白有助于防止脱水，提高护肤霜和药膏的保湿功效。泰国和韩国开发的产品，如"蚕丝洁面皂"和"蚕丝洗脸球"，引领了全球美容潮流。[45]

蚕丝因其独特的特性而复兴，这与促使虫胶和胭脂虫红复兴的因素有许多共同之处。家具修复师和音乐鉴赏家率先重新发现了虫胶。正如《纽约客》作家和家居装饰大师大卫·欧文评论的那样："虫胶用作木头底漆的主要吸引力在于美感。它能增强多种木材的自然颜色和纹理，也不会像聚氨酯那样干了之后死气沉沉，仿佛覆了一层膜。"[46]威廉·津瑟的法国清漆重回人们的视野，这让虫胶在手工业余爱好者和工艺大师的工作台上占有了一席之地。木匠和乐器制造者用碎布或刷子涂上一层又一层薄薄的虫胶，就可以创造出亮泽的表面，让红木等木材的精细木理和丰富的色调更加突出。

一群怀念唱片的黄金时代的唱片爱好者和这些鉴赏家一样，都对虫胶情有独钟。美国乐评人阿曼达·佩特鲁西奇花了几年时间来了解这些痴迷于收集78转虫胶唱片的爱好者。她总结道："78转虫胶唱片和它所收录的声音有一种深刻的质感和神秘感。"[47]虫胶也出现在一些意想不到的地点。专注的垂钓者俯身在灯前，透过放大镜做毛钩，用"飞蝇钓"钓鳟鱼、鲑鱼和鲈鱼，他们经常使用虫胶来给它们复杂的羽毛、皮毛、线和鱼钩作防水。[48]在一种模仿和依赖之间奇妙的相互作用中，飞钓者使用一种昆虫产品（虫胶，如果线用的是丝的话，那就是两种昆虫产品）来模仿石蚕蛾、若虫或飞蚁，以此来引诱猎物。

这些例子似乎表明虫胶只是古董商、铁杆爱好者和高端利基市场复活的遗迹。然而虫胶已经成为下一代食品防腐剂、药品、化妆品和电子产品的关键材料。由于虫胶获得了美国食品及药物管理局和欧盟的批准，它也常常被食品制造商用作成分稳定剂、食品增稠剂、农产品涂层和包装黏合剂。[49]

万圣节"不给糖就捣蛋"的袋子里、杂货店的水果箱里和家庭药柜中也装满了涂有虫胶的产品。糖果公司使用虫胶作为安全的糖果釉，以防止巧克力和糖果中的色素溶化和流失。从麦芽牛奶巧克力球到糖豆，它们都涂有这种光滑无毒的糖果釉。果农在苹果上喷洒虫胶，让苹果皮更加油亮；在橙子、柠檬和牛油果上涂上虫胶，则可以延长它们的保质期。同样，制药工业也依赖虫胶作为肠溶型药品的薄膜包衣剂。[50]当药物暴露在人体胃部的酸性环境中时，虫胶涂层会减缓药片中有效成分的释放。化妆品生产商在喷雾剂、乳液、洗发水、指甲油、口红、眼线笔和睫毛膏中使用虫胶（通常在配料表里叫作"gum lac"）。在保存尸体时，防腐员现在经常使用虫胶这一昆虫化合物作为甲醛的无毒替代品。与此同时，牙医通常也会使用用虫胶制成的复合材料，比如含氟涂料、假牙和填充物。

在虫胶的传奇故事中，一个更意想不到的转折是，这种昆虫分泌物也在电子工业中发挥着关键作用。绿色有机设备是技术部门一个迅速发展的领域。全球每年产生的废弃电子设备（电子垃圾）的数量令人震惊，2018 年达到 5 000 万吨。[51]正如联合国环境规划署（UNEP）执行主任阿希姆·施泰纳（Achim Steiner）对记者说的，这相当于一场"席卷全球的电子垃圾海啸"[52]。人们迫切需要替代方案。奥地利、罗马尼亚和土耳其的研究人员已经使用虫胶（连同靛蓝染料、纸、蚕丝、明胶和植物淀粉等有机物质）作为制造有机的场效应晶体管的关键成分，使得电子产品可生物降解，并保证它们能够在人体内外的使用安全。[53]这种微电子技术的低成本、低毒性和最小环境影响不仅将减少长期的废物流，而且还可能为疾病治疗和健康监测应用开辟新的途径。

虽然柬埔寨、印度尼西亚、缅甸、泰国、越南和中国都为国

蝴蝶效应：虫胶、蚕丝、胭脂虫红如何影响人类文明，塑造现代世界

际市场生产虫胶，但世界上大多数虫胶仍然来自印度，印度每年虫胶的出口额为 4 500 万美元。[54] 今天，印度东部的恰尔肯德（州名的意思是"森林之地"）常被称为"紫胶虫州"。这片农村地区的虫胶产量占印度全国的一半以上。在恰尔肯德和其他地方，妇女一直是重振虫胶生产的核心。[55] 由于边远地区的贫穷妇女在劳动力市场上处于一贯的不利地位，而且她们获得资本的机会有限，因而往往依靠收集非木材林产品（如虫胶）过活。在印度，紫胶虫养殖涉及多达 500 万人，整个国家约 75% 的农村妇女的主要收入来源是非木材林产品。胭脂虫和紫胶虫的情况差不多。胭脂虫的生产在家庭手工业中仍然蓬勃发展，主要由具有企业家精神的妇女和农村家庭主导。今天，秘鲁、玻利维亚、阿根廷、加那利群岛和博茨瓦纳已加入墨西哥的行列，成为这种高价值昆虫染料的主要出口国。[56]2017 年全球胭脂虫红市场贸易额达到 1 670 万美元，从 2014 年开始每年增长近 6%。[57]

当今的生产商们都在寻找保质期长、在各种条件下都能持久使用的无毒着色剂，这让胭脂虫红再一次成了一种备受追捧的染料。它深藏在日常产品标签上的成分列表中，以许多假名伪装。[58] 前文所列的胭脂虫红的大量应用都是利用了其特殊的物理特性。它是少数几种抗降解的水溶性着色剂之一。胭脂虫红在烹饪和冷冻过程中不寻常的稳定性，及其在酸性环境中的复原力尤为值得关注。然而，尽管它有这些显著的特性，人们却迟迟没有对胭脂虫红化学成分有全面的了解。尽管一位德国化学家在 1818 年就分离出了胭脂虫红身上产生红色色素的化合物，但直到 1959 年，科学家们才完全了解了胭脂虫红酸的结构。随着合成染料在第二次世界大战后开始大放异彩，这项研究被搁置了下来。

战后的几十年里，乐观和焦虑两种情绪交织在一起。合成时代与原子时代同时来临。人类历史上这些相互交织的剧变标志着可塑世界的黎明，在这个世界中，人类可以修补支配生死的基本过程。

在创意狂妄和存在焦虑并存的时代下，昆虫扮演着特殊的角色。半个多世纪以来，坊间流传着一种误导性的观念，认为蟑螂可以在核灾难中存活下来。这一观点源于一系列趣闻逸事，在这些故事中，这些昆虫经受住了 1945 年美国对广岛和长崎的原子弹轰炸，而毁灭性的核爆给这两座城市的人类居民带来了致命的辐射。[59]

这种关于蟑螂不怕核辐射的说法得到了一些不可靠来源的支持。1962 年，约翰斯·霍普金斯大学的遗传学家 H. 本特利·格拉斯（H. Bentley Glass）在史密斯学院的一次演讲中，让后世末日蟑螂的神话出了圈。格拉斯的话颇具煽动性：在核战争之后，"蟑螂，一种可敬而顽强的物种，将接管愚蠢的人类的栖息地，只与其他昆虫或细菌竞争"[60]。《纽约时报》《国家报》和其他几家美国主要出版物均转载了格拉斯的言论，这让他的言论在前互联网时代迅速地"火出圈"。

三年后，随着美国卷入越南战争的消息越来越多，致力于推动有关核试验危害的辩论的特设组织"健全核政策全国委员会"在《纽约时报》上刊登了整版广告。广告中挑衅性的插图让人联想起 1505 年阿尔布雷希特·丢勒的鹿角虫，赤裸裸的白色背景中央趴着一只大蟑螂。页面标题是《第三次世界大战的胜利者》，而在页面底部的文字则宣称，"如果发生核战争，美国人……苏联人……中国人都不会是胜者。第三次世界大战的胜利者将是蟑螂"[61]。即使当它们面对这个时代对人类生存最紧迫的威胁时，这样的断言也不会让读者对这些昆虫的复原力有所怀疑。

在 1970 年 3 月 9 日的《纽约》杂志上，记者凯瑟琳·布雷斯林（Catherine Breslin）把这些特征讲述得淋漓尽致："（蟑螂）为生存做好了万全的准备……你想踩死它，它会收缩它的外骨骼；只要你一抬起脚，它就会吹着口哨钻进细缝里。你想冻死活蟑螂，解冻后它就会溜之大吉。你想饿死它，它光靠水就能活两个月。当遇到困难，它会游泳，会飞，会消化木头，会吃自己蜕掉的皮或其他母蟑螂的卵。"[62]这些关于"打不死的小强"的夸张说法一直持续到 21 世纪。皮克斯 2008 年出品的电影《机器人总动员》中描绘了一个没有人类和其他生命的后世界末日的地球。机器人孤独地在地球上处理垃圾，与它做伴的只有一只名叫哈尔的蟑螂。

尽管蟑螂打不死的传说很吸引人，但这些说法其实并没有科学上的支持。物理学家克劳斯·格鲁彭（Claus Grupen）和马克·罗杰斯（Mark Rodgers）指出："人们认为蟑螂具有极高的辐射耐受性，但这样的想法是毫无根据的：尽管蟑螂的辐射耐受性比人类高，但它们的抗辐射能力和许多无脊椎动物比起来是差不多的。"[63]在探索频道 2008 年的系列纪录片《流言终结者》中，一群时髦的科学家亲自动手把德国蟑螂暴露在钴 60 的 10 000 个氢单位（拉德）中，没多久几乎所有蟑螂被杀死了。[64]这个强度就相当于"伊诺拉·盖伊号"投在广岛的原子弹释放出的伽马射线强度（约为 10 000 拉德）。

即便如此，蟑螂仍是地球上最难缠的顾客之一。它们被称作"活化石"[65]，其物理结构在惊人的 3.4 亿年里都保持着相对不变。它们也无处不在。美国昆虫学家塞缪尔·哈伯德·斯卡德可以说是 19 世纪研究蟑螂的权威，他曾说过："每次在视野内无论发现多少数量的昆虫，其中一定有蟑螂，没有其他昆虫可以与之相提并论。"[66]

对于没有像斯卡德那样对昆虫家族成员怀抱无限热情的人来说，这种"无处不在"是一种令人不寒而栗的想法。在大众的想象中，蟑螂是一种携带疾病的食腐动物，它们晚上从冰箱后面一溜烟跑出来，白天在垃圾桶下面神出鬼没。不为人知的是，在地球上被发现的近 5 000 种蟑螂中，这些我们再熟悉不过的总在家里出没的伙伴只占不到 0.5%。蟑螂体形大小的巨大差异是它们惊人的多样性的最明显的证明之一。很少在地面上露面的雄性澳大利亚犀牛蟑螂（*Macropanesthia rhinoceros*）可以长到 3 英寸长，甚至很容易被误认为是小乌龟。而体形最小的蟑螂菌栖蚁巢蠊（*Attaphila fungicola*）却只有蚊子般大小，它们在由它们的一些体形更大的昆虫表亲——热带美洲的切叶蚁——所"种植"的真菌中生活。[67]当这些微小的"租户"想要离开它们的"寄主群落"时，它们就会偷偷地跳到一只要飞走的有翼蚂蚁背上，骑往一个新目的地。

这种秘密移动的嗜好几乎在所有蟑螂种类中都能看见。蟑螂会非常熟练地搭便车。在《弗吉尼亚、新英格兰和夏岛通史》（1624）中，约翰·史密斯船长提到"一种被西班牙人称为卡卡罗奇（Cacarootch）的印度甲虫……爬进木箱子里，不仅啃食箱子，还在里面排便，把

蝴蝶效应：虫胶、蚕丝、胭脂虫红如何影响人类文明，塑造现代世界

箱子弄得脏兮兮的"[68]。除此之外，史密斯还发表过一番关于弗吉尼亚殖民地养蚕失败的悲观证词，他失望的叙述表明，这位英国军官兼探险家并没有经历过与昆虫最愉悦的互动。

中央航路（Middle Passage）也加速了蟑螂向美洲的传播。"流浪者号"是最后一批从非洲非法运送奴隶到美国的船只之一，它如同一个漂浮的栖息地，上面居住的可远不止奴隶贩子和他们的"囚犯"。记者埃里克·卡洛尼厄斯（Erik Calonius）曾指出，"从非洲爬上船的蟑螂数量成倍增加。现在，船上没有哪个角落见不到它们"[69]。对于数百名被绑架的儿童、妇女和男子来说，从刚果河口到佐治亚州杰基尔岛潮汐湿地的航程中，他们在整整6周时间里一直担惊受怕，蟑螂无疑使他们被囚禁的肮脏且恐怖的环境更加糟糕。

其他种类的蟑螂在全球扩散的过程中也遵循着独特的路线。1886年，两位英国动物学家解释说，到16世纪，东方蜚蠊（*Blatta orientalis*）"似乎进入了英格兰和荷兰，并逐渐从那里传播到世界各地"[70]。蟑螂毫不费力地完成了从远洋运输时代到全球空中运输时代的转变。1989年7月18日，中国当局在广州白云国际机场降落的17架飞机上发现了13 262只德国小蠊（*Blattella germanica*）。[71]

蟑螂也跨越了事实与虚构之间的界限。事实上，一代又一代的读者都认为，蟑螂是弗朗茨·卡夫卡著名的《变形记》中格雷戈尔·萨姆沙的变形产物。一天早晨，格雷戈尔醒来，发现自己莫名其妙地变成了一只巨大的昆虫，于是他在余下的时间里反思自己被剥夺的存在。然而，正如翻译家苏珊·伯诺夫斯基（Susan

Bernofsky）在 2014 年翻译这部中篇小说时指出的那样："在卡夫卡与出版商的通信中，他坚持不让'昆虫'（Insekt）出现在书封上。尽管他和他的朋友们在谈起这个故事时使用了'虫子'（Wanze）这个词，但中篇小说中使用的语言都是精雕细琢的，以避免特化。"[72] 变形后的格雷戈尔可能是一只蟑螂或该昆虫的远亲。

在《变形记》出版的一年后，《纽约晚间太阳报》的专栏作家唐·马奎斯给他的六条腿的主人公带来了一个更轻松的转折，刻画出了一个十分出彩的角色——蟑螂阿奇。自由诗诗人阿奇投胎成了一只虫子，在一台嘎吱作响的旧打字机上敲出讽刺诗和社会评论。因为阿奇打字的时候要从一个字母跳到另一个字母上，所以"他"几乎不能同时操作"shift"键（虫子的腿不够长）。因此，阿奇的诗节大多以小写字母出现。多年来，阿奇通过马奎斯的每日专栏"日晷"（The Sun Dial）向读者传达了数百个有趣的灵感。

阿奇和善乐天的性格与西班牙传统民歌《蟑螂》（La Cucaracha）中主人公可怜的处境形成了鲜明的对比。[73] 这首悲喜剧民谣讲述的是一只一瘸一拐的昆虫——"因为失去了两条后腿"（porque le faltan las dos patitas de atrás）。民谣的起源虽是个谜，但有充足的证据表明，随着曲调从伊比利亚半岛传到美洲，歌词被改了。《蟑螂》在墨西哥革命期间被染上了明确的政治色彩，当时这只蟑螂代表了维多利亚诺·韦尔塔（Victoriano Huerta）的丑化形象。韦尔塔是一名墨西哥军官，在 1913 年推翻并刺杀了深受爱戴的墨西哥总统弗朗西斯科·马德罗（Francisco Madero）。而"潘乔"弗朗西斯科·比利亚和埃米利亚诺·萨帕塔领导的叛军在第二年推翻了韦尔塔的政权。

《蟑螂》便是他们军队的讽刺国歌。

近一个世纪后，在半个地球之外，"蟑螂"一词会让人产生极不好的联想，直接与种族灭绝联系在一起。1994年春天，卢旺达境内占多数的胡图族极端分子开始攻击他们的图西族邻居，"inyenzi"或"蟑螂"成为胡图强硬派的绰号，他们发动了对数十万图西族人的大规模屠杀。作家斯卡拉斯蒂克·姆卡松加（Scholastique Mukasonga）在她的回忆录《蟑螂》中，描述了身为图西族女孩在卢旺达乡下的童年，恐怖开始的前一年，她去了布隆迪，而她的家人在席卷这个非洲小国的种族灭绝中被屠杀。[74]

令人震惊的是，这种残酷的比喻在今天仍然有市场。2015年

一只更善良、更温柔的蟑螂和"他"的猫朋友，美希塔贝尔。1916年，专栏作家唐·马奎斯创作了"阿奇"，一位和善的诗人投胎为一只昆虫。十多年来，这只虫子可以说是著作等身，与《纽约晚间太阳报》的读者们分享了"他"的各种灵感

4 月 17 日，极右翼媒体人凯蒂·霍普金斯（Katie Hopkins）在英国《太阳报》上写了一篇专栏文章，讲述北非难民逃离被摧毁的家园，逃往欧洲海岸的故事。[75] "这些移民就像蟑螂一样，"她写道，"他们可能看起来有点像鲍勃·格尔多夫（Bob Geldof）于 1984 年左右支援的埃塞俄比亚大饥荒中的灾民。"在距利比亚海岸 60 英里处，700 名移民的船只沉没，大批移民被淹死，而就在沉船事故发生的 48 小时前，霍普金斯写下了这篇充满仇恨的长文。[76]

除了种族灭绝的修辞、警世故事和恶作剧行为，蟑螂在相当字面（和非文学）的方式上展示了不屈不挠的坚韧。在 2019 年的一项研究中，普渡大学的昆虫学家报告称，广泛分布的德国小蠊——它们的成员也登上了飞往中国的飞机——正在与人类斗智斗勇，在调节其繁殖周期的努力中占领上风。研究人员发现，德国小蠊可以在一代之内对新杀虫剂产生免疫力，这使得用人造化学品控制蟑螂数量几乎不可能。[77] 尽管蟑螂可能无法经受住核灾难，但这些生物正在寻找在合成时代的化学环境下生存的新方式。

关于蟑螂及其同类的发现甚至颠覆了传统的世界组织体系。2007 年，一队科学家通过基因分析确定通常被误解的"白蚁"实际上与蟑螂同属一个蜚蠊目。[78] 这些新加入的蟑螂家族成员和它们的亲戚一样具有进化上的勇气。

他们的韧性在斯蒂芬·文森特·贝尼特于 1933 年写的诗歌《都市梦魇》中被加强。这个预言性的故事讲述了在全球变暖的压力下城市生活的恶化，开篇就描述了一种不祥的预感："那是白蚁来到纽约的那一年 / 它们不适应寒冷的气候。"[79] 到诗的最后一节，我们了解到白蚁比它们的人类邻居适应得更好。正如"一位年迈的守夜人，在新行星城大厦的第一根 / 大梁旁"，告诉年轻的记者：

> "哦，它们已经不吃木头了，"他漫不经心地说，
> "我以为每个人都知道。"
> ——他伸手向下，
> 撬开昆虫的嘴，取出光亮的钢屑。

虽然贝尼特的诗作是幻想的交易，但他对现实世界的气候变化和最擅长处理这种前所未有的环境压力的生物有着惊人的先见之明。在人类出现很久之前，昆虫就已经是地球上的居民了，后来它们又以极强的适应性应对了人类出现之后带来的破坏，待到人类消失之后，它们很可能继承人类留下的东西。

这种坚韧并不能保证昆虫在无数生态系统中作为分解体、传粉者和食物来源所扮演的关键但往往不引人注目的角色不会受到破坏。昆虫和许多其他生物一样，正遭受着更广泛的全球生物多样性减少的巨大痛苦，这被称为"第六次灭绝"：在地球历史上，这是第六次大量物种在以惊人的速度消失。[80] 然而，造成这一次物种大规模消失的罪魁祸首是人类，而不是冰期或小行星。

2019 年发布的第一份关于昆虫灭绝率的全球科学综述得出结论，超过 40% 的昆虫物种数量正在减少，三分之一的昆虫物种濒临灭绝。[81] 最新的数据显示，目前地球上昆虫的总数量正在以每年 2.5% 的速度减少，这是一个可怕的数据，它表明大多数昆虫将在

一个世纪内灭绝。记者 J. B. 麦金农（J. B. MacKinnon）说："灭绝不仅仅是死亡，这是生死轮回的终结。"[82] 鉴于昆虫在确保地球的繁殖和衰变周期中所起的重要作用，麦金农的总结几乎可以适用于任何其他生物群体。

对合成时代的种种假设的全面反思，帮助昆虫及其制造的产品获得了全面复苏。紫胶虫、家蚕和胭脂虫在一些即使是最内行的预测者也很难预测到的领域出现了令人惊讶的反弹。人类下一步将从根本上改变那些可能导致昆虫灭绝的做法——依赖杀虫剂和除草剂的农业、碳密集型能源系统和破坏栖息地的发展策略。大自然展现出惊人的韧性，但这种恢复能力和适应能力并不是无限的。就像蟑螂向我们展示的那样，即使是最顽强的生物也会屈服于极端环境。

现 代 性 的

蜂

巢

PART 2: HIVES OF MODERNITY

第 6 章　高贵的苍蝇

　　一个世纪前，现代基因科学诞生于曼哈顿上西区一间杂乱的办公室里。哥伦比亚大学舍默霍恩大厅的 613 号房间只有一间单间公寓那么大，房间里散发出腐烂的香蕉和陈腐的烟草烟雾的气味。这间小小的实验室里满满当当摆了十张橡木桌子，上面散落着从大学食堂后面的小巷里捡回来的牛奶瓶。在脏兮兮的玻璃容器里，成千上万只苍蝇，大口大口地吃着熟透的水果，如同抢购清仓大甩卖的便宜货的人潮。从 1911 年到 1928 年，每天都有十几个年轻男女围坐在他们的黄铜显微镜前，吸着烟斗和香烟，在每一代有翅膀的研究对象中寻找突变。这些研究人员亲切地称他们杂乱的实验室为"果蝇室"。

　　这个绰号很贴切。每个显微镜镜头下被麻醉的都是一只常见的果蝇。*黑腹果蝇具有突出的朱红色眼睛和半透明的卡其色身体，

---

* 20 世纪初人们开始使用的"果蝇"一词经常引起混淆。它也可以指地中海果蝇，科学家称其为 "*Ceratitis capitata*" [Thomas et al. 2019: 1. 在澳大利亚、南非和南美洲部分地区，地中海果蝇被认为是经济害虫，因为它们会对水果作物造成损害。黑腹果蝇过去被称为"醋蝇"或"果渣蝇"。科学家在 2000 年公布了果蝇的完整基因组序列。（Adams 2000: 2185–95）].

成熟后只有家蝇（*Musca domestica*）的三分之一大。果蝇与垃圾箱和垃圾填埋场之间根深蒂固的联系掩盖了它在现代科学史上极其重要的地位。这种微小生物的基因组（包括它所有的基因在内的全套DNA，构成了它生物发育的蓝图），已经成为破解人类遗传学密码的罗塞达石碑。

当我们大多数人想象典型的实验动物时，首先出现在头脑中的可能是小鼠和大鼠。然而，果蝇是生物医学研究中应用最广泛的模式生物。一个多世纪以来，这个果篮里好事的家伙一直是许多关键发现的核心，它帮助人类发现了与控制动物发育和疾病反应相关的生物机制。截至2018年，已有18名科学家获得了8项诺贝尔奖，他们的研究都和果蝇相关。其中第一个获得诺贝尔奖的是哥伦比亚大学果蝇室精力充沛的创始人托马斯·亨特·摩尔根，获奖理由就来自其团队的果蝇研究。[1] 他和他的门生关于染色体在遗传中的作用的开创性发现为迅速发展的遗传学领域提供了路线图。

当摩尔根还是个孩子的时候，他就知道自己的家庭是名门望族。[2] 他的先辈包括阿勒格尼山脉西部最早的百万富翁之一的约翰·韦斯利·亨特（John Wesley Hunt）和美国国歌《星条旗之歌》的作词者弗朗西斯·斯科特·基（Francis Scott Key）。他于1866年9月25日出生在肯塔基州的列克星敦，就在安德鲁·约翰逊总统宣布南北战争正式结束的5个星期后。摩尔根的父母查尔顿·亨特·摩尔根[3]和埃伦·基·霍华德·摩尔根是南方颇有影响力的种植园主，他们热心支持南部同盟。在美国南北战争之前，查尔顿曾担任美国驻意大利墨西拿的领事。他是第一个承认朱塞佩·加里波第（Giuseppe Garibaldi）政府的外交官。加里波第是一位富有魅力的民族主义将军，领导了多次统一意大利的军事行动。但讽刺的是，加里波第却是联邦的坚定支持者，甚至愿意为亚伯拉罕·林肯担任将领。

在战争期间，查尔顿在第一次马纳萨斯战役中担任南部同盟的助理，后来在夏洛战役中受伤并被联邦军逮捕。获释后，他志愿加入了他的兄弟约翰·亨特·摩尔根指挥的肯塔基军团。查尔顿一直和约翰并肩作战，直到1863年美国军队逮捕了他们。

家族历史影响了托马斯·摩尔根在肯塔基州立学院（肯塔基大学的前身）的课程选择。他喜欢学习法语，但一位怀恨在心的语言学教授差点给他不及格。这位教授曾在南北战争中为联邦军作战，并被"摩尔根突袭者"（Morgan's Raiders）俘虏。"摩尔根突袭者"是一支由摩尔根的叔父、邦联军将军约翰·亨特·摩尔根带领的骑兵部队，负责突袭联邦军后方。摩尔根将军强迫当年这个年轻的士兵倒骑骡子从辛辛那提一直走到列克星敦，整整90英里路。

由于在语言学方面的雄心受挫，托马斯·摩尔根把学习兴趣转向了自然科学，他在本科的学习中取得了优异的成绩，并作为1886届毕业生代表的身份毕业。随后摩尔根继续在约翰斯·霍普金斯大学攻读动物学博士学位。从1888年起，他在马萨诸塞州海滨小镇伍兹霍尔新开设的海洋生物实验室（MBL）里度过了一个又一个夏天。这里曾经是捕鲸村，坐落在科德角的西南角。[4] 在这个生物研究中心里的工作和学习，培养了摩尔根对实验科学的创新方法，激起了他对海洋生物的好奇心。他充分利用了海洋生物实验

托马斯·亨特·摩尔根在马萨诸塞州的伍兹霍尔用显微镜工作。摩尔根和他的同事在黑腹果蝇上进行了数十万次实验，奠定了现代人类基因研究的基础

室提供给科学家的新收集的海洋标本，撰写关于海蜘蛛胚胎学的博士论文。海蜘蛛是一种生活在海底的海洋节肢动物，身体很小，腿又长又细，世界上大部分地区的海洋中都可以见到它们的身影。

摩尔根的海蜘蛛研究为他赢得了第一份工作。1891年，他成为新成立的布林莫尔女子学院的生物学副教授，该校是美国最早为女性提供研究生教育的机构之一。第二年夏天，摩尔根回到伍兹霍尔，动物学教授埃德蒙·比彻·威尔逊向他推荐了莉莲·沃恩·桑

蝴蝶效应：虫胶、蚕丝、胭脂虫红如何影响人类文明，塑造现代世界

普森，桑普森后来成了摩尔根的生物学研究生。爱神在实验室的工作台上找到了灵感。摩尔根和桑普森相恋并于1904年结婚。

桑普森（后来冠以摩尔根的姓氏）成了一名重要的遗传学家。[5]20世纪20年代，她对果蝇的开创性研究极大地推进了我们对染色体的理解，染色体即大多数活细胞中传递生物体遗传信息的丝状结构。值得注意的是，莉莲在主要的科学期刊上发表了16篇独作论文，同时兼顾了照顾家庭和管理丈夫的财务长达50年。

1904年，托马斯·摩尔根接受了哥伦比亚大学实验动物学教授的职位。他和莉莲搬进了曼哈顿西117街的一所房子，在那里他们有了四个孩子。果蝇室离他们的家有十分钟的路程，穿过晨边公园的林荫道和草地就到了。摩尔根在哥伦比亚大学一直工作到1928年，这一年他被任命为加州理工学院一个新成立的生物学院院长。他前往加州理工学院所在的帕萨迪纳继续他的果蝇研究。同年，在一个为他举行的欢迎会上，他思考了自己向西迁徙的宿命："当然，我想过死后会去加利福尼亚，但加州理工学院的电话在这之前就来了，我正好利用这个机会看看我未来的生活是什么样的。"[6]摩尔根并不是第一个把加利福尼亚比作天堂的东海岸"流亡者"。

摩尔根通过果蝇，发现了染色体在遗传中的作用，他因该项发现获得了1933年的诺贝尔生理学或医学奖。他不喜欢大阵仗的场面，因此没有参加在斯德哥尔摩举行的隆重的颁奖仪式。但同事们纷纷劝导他，加州理工学院董事会甚至送了他一箱禁酒威士忌，他终于同意在第二年前往瑞典领奖。1934年4月，摩尔根、莉莲和他们的一个孩子乘坐"盛世号"汽轮前往欧洲。途中，他们在

纽约的老朋友家里留宿了一夜。他的朋友回忆说，67 岁的摩尔根
"出现在门口"，"一如往常穿着相当不体面的旧大衣。他的一个口
袋里装着用报纸包着的梳子、剃刀和牙刷，另一个口袋里装着同样
包好的一双袜子。'但是你还有什么需要的呢？'"[7]正如摩尔根困
惑地问道那样。

摩尔根在晚年经常在加利福尼亚科罗娜德尔马的科克霍夫海
洋实验室进行研究。这栋房子涂着白色的灰泥，屋顶是红色的砖
瓦，有一个运行的海水系统和湿漉漉的实验台，旨在复制世界著名
的意大利那不勒斯斯塔齐奥尼动物园的设施，摩尔根在 19 世纪 90
年代中期曾在那里待过 10 个月。他后来待在加州理工学院，直到
1945 年因动脉破裂去世。

在摩尔根和莉莲四处奔波的生活中，他们一直为他们的夏季
社区伍兹霍尔做贡献。近半个世纪的时间里，这对夫妇每年都会去
科德角朝圣。从 1897 年到 1945 年，摩尔根担任海洋生物实验室的
受托人，帮助管理该机构的事务，该机构迅速发展为世界上首屈一
指的生物和环境科学研究和教育中心之一。摩尔根一家在海滩附近
有一间温馨的避暑小木屋，经常一接待就是 20 多个亲戚和研究生。

就像摩尔根家的小木屋一样，伍兹霍尔镇也是一个活动的蜂
巢，靠来自世界各地的合作者和科研同行的来来往往维持着。*这

---

* 顺便说一句，我非常感谢伍兹霍尔海滨公园和莉莲·摩尔根为我打开了自然世界的大门。1913
年，莉莲在伍兹霍尔与人共同创立了暑期学校俱乐部，以推动青少年户外科学教育，后来该俱
乐部成为儿童科学学校。在许多夏天里，这座位于鳗鱼池港（Eel Pond Harbor）山坡上、有山
墙的两层小楼是我对野生动物，包括我对君主斑蝶和其他昆虫的亲缘关系顿悟的地方。（Keenan
1983: 867-76）

种充满活力的知识氛围与该地区著名的河口、海滩和盐沼的生态多样性和视觉奇观相得益彰。蕾切尔·卡森回忆说："我第一次长时间接触大海是在伍兹霍尔。看着潮水从洞里一次次涌进来，我从来没有厌倦过——那是一个随处可见漩涡和湍急的水流的奇妙地方。"[8]

尽管莉莲和摩尔根被科德角海岸的迤逦风光所吸引，但二人对科学界做出的影响最深远的贡献还是在曼哈顿的果蝇室这一更简朴的环境中进行的昆虫研究。摩尔根传世的遗产与他在1910年4月发现的"白眼突变雄果蝇"有关。在这群红眼果蝇中，这个生物是一个引人注目的异类。摩尔根培育了成千上万只红眼果蝇。随着这个白眼果蝇异类的出现，他终于找到了他多年来一直在寻找的东西——一种异常的遗传特征。

摩尔根精心照料着这只不同寻常的果蝇。他把它单独放在一个小瓶子里饲养，每个工作日结束时就把这个小瓶子塞进外套口袋里带回去。当时，莉莲刚刚生下第三个孩子——一个女孩。托马斯的发现是如此令人兴奋，以至于他第一次去医院看望新生儿时，莉莲问的是："果蝇怎么样了？"托马斯回应道："孩子怎么样了？"[9]

当莉莲产后恢复，她的女儿（也叫莉莲）也适应了周围的环境后，托马斯开始埋头用他的不寻常的果蝇做实验。他让这只突变的雄果蝇同一些红眼雌果蝇交配。除了3只例外，其他所有1 237只后代的眼睛都是红色的。接下来，他让这些红眼雌果蝇和新的白眼突变雄果蝇交配。先前关于遗传的研究表明，无论性别如何，下一代的特征是每3只红眼果蝇里就有1只白眼果蝇。[10]虽然新一代果蝇的眼睛颜色确实显示了这一预期的比例，但遗传模式在雄果蝇和雌果蝇之间是不平等的。绝大多数白眼果蝇的后代是雄性，就像它们非凡的祖父一样。通过证明遗传与后代的雌雄有关，摩尔根开辟了一条新的道路。1910 年 7 月，《科学》杂志以《果蝇中的限性遗传》（Sex-limited Inheritance in *Drosophila*）为题发表了他的革命性发现。摩尔根随后将特定的遗传性状与特定的染色体联系起来。在他的职业生涯中，他可以说是著作等身，共出版了 22 本书，发表了 370 篇科学论文，为现代基因科学奠定了基础。[11]

摩尔根选择了一种微小的果蝇作为他的研究对象，因为这种生物具有不同寻常的特性。格劳乔·马克斯（Groucho Marx）幽默地说："光阴似箭。果蝇喜欢香蕉。（Time flies like an arrow. Fruit flies like bananas.）"[12] 喜剧中有真理。果蝇只需要在潮湿的环境中吃一堆烂掉的水果泥就能茁壮成长。*Drosophila*（果蝇）这一名称来源于希腊语，意为"爱露者"，这并非巧合。黑腹果蝇的生活就像沉浸在糖和性之中的酒神狄俄尼索斯。用历史学家罗伯特·科勒（Robert Kohler）的话来说，果蝇就是"一个生物繁殖反应堆，为新的繁殖实验创造的材料比在这个过程中消耗的材料还要多"[13]。在室温下，一对交配的果蝇可以在两周内产 500 个卵。

它们的绝唱很快就到了。果蝇的后代在一周内达到性成熟，仅能存活约 30 天。最重要的是，每只果蝇都拥有四对非常大的染色体，它们在光学显微镜下很容易被观察到。果蝇在科学上的另一个有用的特征是其神经系统的重要性。正如科学作家乔纳森·韦纳（Jonathan Weiner）所说："大肠杆菌是一个单细胞……只有一个神经元的神经系统。人类婴儿刚出生时大约有 1 000 亿个神经元，这

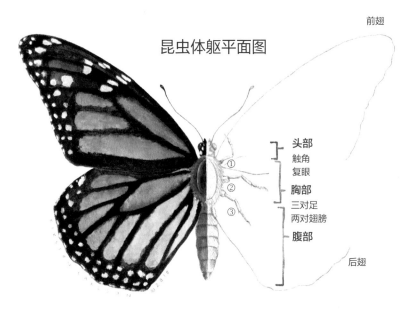

昆虫体躯平面图

前翅

头部
触角
复眼
胸部
三对足
两对翅膀
腹部

后翅

一只雌君主斑蝶的解剖结构

昆虫身体图（Prepared by Kirsten Carlson for Edward Melillo）

托马斯·爱迪生和他发明的蜡质唱筒留声机

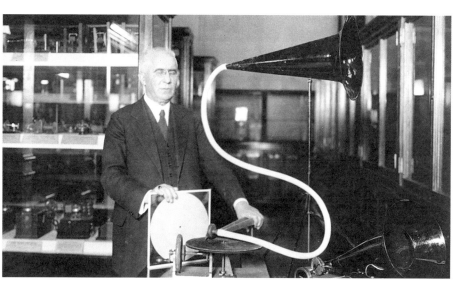

埃米尔·贝利纳和早期的留声机侧切平板唱片。由贝利纳推广的平板唱片以约每分钟 78 转的速度播放，唱片圆盘由虫胶制成，每面可以储存 3~5 分钟的声音。

一只蚕蛹在吐丝

蚕茧

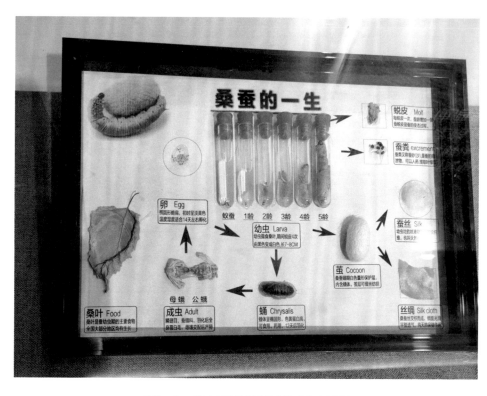

蚕的一生，摄于中国植物园科普馆（私人摄影）

POBLANAS.

19世纪的墨西哥普韦布拉，人们穿着用中国丝绸制成的衣服，正如卡尔·内贝尔在《墨西哥最有趣的地方的风景和考古之旅》中所叙述的那样。（Paris: Chez M. Moench, 1836）

Fig. 1. Indio que recoge la Cochinilla con una colita de Venado, *Fig 2.* dicha. *Fig. 3.* Xicalpestle en que aparan la Cochinilla.

一个人正从胭脂掌上收集胭脂虫,插画出自何塞·安东尼奥·德·阿尔扎特·拉米雷斯 1777 年的《关于格拉纳的自然、文化和利益的记忆》,羊皮纸上有胭脂虫红色素。(Courtesy of the Newberry Library)

阿尔布雷希特·丢勒于 1505 年绘制的《鹿角虫》(Courtesy of the J. Paul Getty Museum)

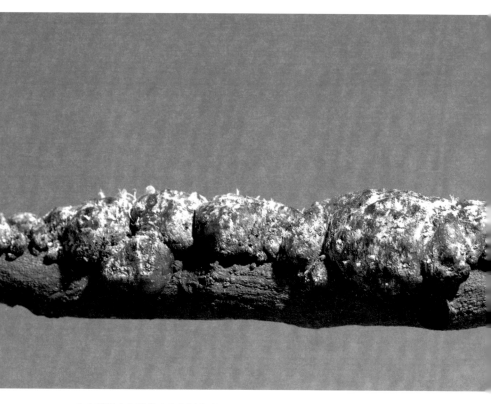

含有紫胶虫分泌的虫胶的树枝（Courtesy of Jeffrey W. Lotz, Florida Department of Agriculture and Consumer Services, Bugwood.org）

位于西班牙北部一个农场上的一家"昆虫旅馆",这样的栖息地有助于保护濒危的昆虫物种。(Photograph by CADV17,.)

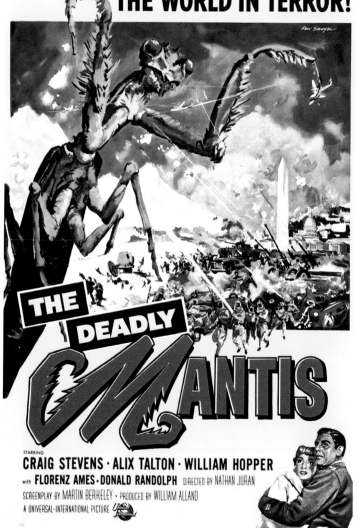

《致命螳螂》海报，1957 年

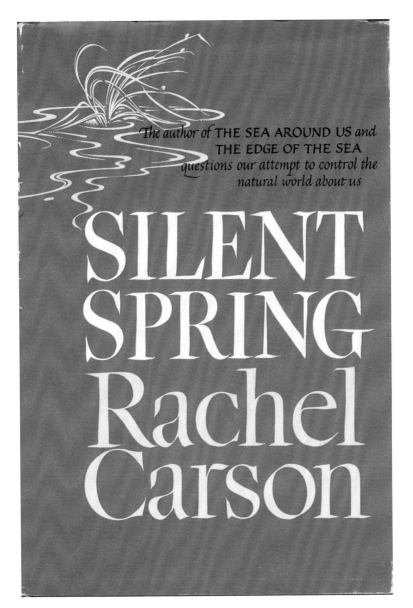

The author of THE SEA AROUND US and THE EDGE OF THE SEA questions our attempt to control the natural world about us

SILENT SPRING
Rachel Carson

《寂静的春天》于 1962 年 9 月由 Houghton Mifflin 公司正式出版。一经问世便引发了激烈的争论。图为本书初版的封面。

一只正在为花朵授粉的蜜蜂（Courtesy of Friends of the Earth, United Kingdom）

古埃及养蜂人从一个蜂房中提取蜂蜜。该画绘制于埃及古尔纳的雷米尔墓上，
1926 年由尼娜・德・加里斯・戴维斯为大都会艺术博物馆埃及探险队拍摄。
（Courtesy of Metropolitan Museum of Art）

2007 年，君主斑蝶在加利福尼亚州圣克鲁斯越冬。（Courtesy of Brocken Inaglory）

相当于银河系中的恒星数量。一只果蝇大约有10万个神经元，所以这是我们所知的最简单的与最复杂的神经系统之间的几何平均值。"[14] 摩尔根和他在果蝇室的同事们充分利用了这些有利的特性。

科学发现很少发生在社会真空中。大多数科学发现依赖于合作者之间错综复杂的关系网络，过去和现在都是如此。与往常一样，果蝇室的研究人员从最近又引起注意的格雷戈尔·孟德尔（Gregor Mendel）的发现中获得了灵感。孟德尔是一位默默无闻的奥古斯丁修道士。在19世纪中期春夏的几个月里，在圣托马斯修道院的5英亩大的花园里，你可以看到一个穿着黑色长袍、戴着眼镜的男人在照料几十株可食用豌豆肆意生长的绿色卷须。[15] 圣托马斯修道院当时位于奥地利的布隆，这座城市在第一次世界大战后成为捷克共和国的一部分，现在的名字叫作布尔诺。长期以来，它以雄伟的巴洛克风格城堡——斯皮尔伯格城堡——而闻名，这座城堡曾经是奥匈帝国关押政治异见者的臭名昭著的残酷监狱。布尔诺也是通往著名的南摩拉维亚葡萄园的门户，那里盛产芬芳的白葡萄酒威尔士雷司令（Welschriesling）。如今，布尔诺游客的主要目的地之一是圣托马斯修道院的花园，它被锻铁栅栏围住，里面开着整齐的红白两种颜色的花。花园里棋盘状的花朵是为了向孟德尔著名的植物遗传实验致敬。

几千年来，农民们通过杂交培育各种品系、品种和变种来获得植物或动物的理想性状。在种子目录、犬展和牲畜拍卖会上展示的动植物多样性证明了这些来之不易的遗产。甜玉米、迈耶柠檬、爱尔兰猎狼犬和赫里福德 - 安格斯牛是种间杂交的著名例子。作

由于繁殖速度快，生理结构简单，黑腹果蝇一直是科学史上最受欢迎的模式生物之一

为农民的儿子，孟德尔在自家的果园里运用了这种古老的策略。后来，他推断出杂种优势（hybrid vigor）产生背后的机制，基因总是成对出现，在下一代的基因对中，一个来自父本体内，一个来自母本体内，重新进行组合。孟德尔提出了显性和隐性性状的概念，用来描述亲代基因的分离及其在子代中的表达。他发现，继承的逻辑可以用简单的数学公式来描述。这些发现最终将历史悠久的育种技艺转变为一种被承认的科学实践。

孟德尔遗传定律深刻地影响了托马斯·摩尔根关于果蝇的结论。该定律来自孟德尔在7年时间里对34种不同亚种的豌豆进行的巧妙实验。在1856年到1863年的8个生长季节里，孟德尔一丝不苟地记录了他的花园和邻近的温室里的至少4万朵花和30万粒豌豆。和摩尔根一样，孟德尔也在孜孜不倦地追求多样性。植株高度（高茎或矮茎）、子叶颜色（绿色或黄色）、种子形状（圆滑或皱

　　蝴蝶效应：虫胶、蚕丝、胭脂虫红如何影响人类文明，塑造现代世界

缩）、种皮颜色（灰色或白色）、豆荚形状（饱满或缢缩）、豆荚颜色（绿色或黄色）和花的着生位置（腋生或顶生）是孟德尔在对豌豆亚种进行异花授粉时仔细记录的 7 对突出且明确的性状。在培育了下一代豌豆之后，他就可以观察到有哪些可见的特征遗传给了后代。

孟德尔的同时代人赞同融合遗传（blended inheritance）这一古老理论，即不同性状的亲代杂交后，子代会表现出介于双亲之间的性状。双亲的性状在子代中混合在一起，无法分离回它们最初的形式。当时这一占据主流的学术观点认为，融合遗传最终会使双亲的性状稀释、趋同。但是，孟德尔花园里的豌豆讲述了一个截然不同的故事，这个故事后来成为摩尔根和他的同事们写就的遗传学的长篇传奇的第一章。

1865 年 2 月的一个晴朗、干冷的晚上，一位身材敦实的中年男子，"他慈眉善目的，高额头，一双蓝眼睛炯炯有神，头戴礼帽，身穿黑色长大衣，裤脚塞进长筒靴里"[16]，大步走进一座名为"现代学院"的宏伟建筑，开始为布隆自然学会做两场讲座中的第一场。孟德尔向在场的 30 多位科学家描述了他得到的惊人成果，并介绍了两条新的遗传定律。第一个是分离定律（孟德尔第一定律），即使一个有机体从双亲那里继承了两个"因子"（科学家现在称之为"基因"），但双方均只有其中一个因子会贡献给后代。第二个是自由组合定律（孟德尔第二定律）：性状会相互独立地传递给子代。孟德尔在一篇题为《植物杂交试验》（Experiments on Plant Hybrids）的论文中解释了这些原理，这篇论文第二年发表在该学会的期刊上。

　　尽管这些石破天惊的结论本应震动科学界，但它们在 19 世纪一直无人问津。*孟德尔在 1867 年成为修道院院长后，就被行政事务缠身，包括与政府官员就宗教机构的税收问题展开的旷日持久的论战。除了送出 40 份论文重印本外，他很少努力宣传自己的作品。查尔斯·达尔文的一个学生后来发现了孟德尔的论文——装订的书页看上去从未被打开过——藏在达尔文于伦敦郊外乡村庄园的图书馆里的 1 480 本书中。令人遗憾的是，这位 19 世纪最伟大的博物学家显然忽视了孟德尔出版的杰出内容。孟德尔死于肾脏疾病，享年 61 岁，在他去世几十年后，他的一位朋友回忆说："没有人相信他的实验并不只是一种消遣，他的理论不是一个闲人无伤大雅的胡闹。"[17] 然而，孟德尔寂寂无闻的时间并没有持续很久。

　　20 世纪初，英国生物学家威廉·贝特森（William Bateson）成为孟德尔的发现的坚定支持者，前者是剑桥大学圣约翰学院的一名直言不讳、留着大胡子的教员。贝特森是第一个将遗传研究描述为"遗传学"的科学家，他阐述了孟德尔研究惊天动地的意义："以前只被想象为可取的研究现在变得容易进行，关于遗传相互作用和种类组成的问题现在可以得到肯定的回答了。"[18] 贝特森站出来可以说是恰逢时机。其他欧洲植物学家也同时重新发现了孟德尔的研

---

* 孟德尔的遗产并非没有争议。1936 年，英国统计学家罗纳德·费希尔认为，孟德尔捏造了证据，以更精确地验证他对植物遗传性状预测比例的假设。2010 年，两名葡萄牙统计学家呼吁合理推测，认为孟德尔的数据更有可能是无意识偏见的产物，而不是彻头彻尾的造假。（Fisher 1936: 115–26; and Pires and Branco 2010: 545–65）

究，并复制了他的突破性成果。美国的研究人员，包括托马斯·亨特·摩尔根和他的果蝇遗传学家团队，追随大西洋彼岸的同行，加入了孟德尔复兴运动。

正如摩尔根最初反对染色体遗传的观点一样，他也从未接受孟德尔关于遗传的所有基本原则。通过深入染色体和基因的层面，果蝇室的科学家们对其中一些前提提出了挑战。敢于质疑既定的科学智慧是摩尔根职业生涯的典型特征。从研究生时代开始，他就以藐视传统而出名。他的长期合作伙伴、遗传学家阿尔弗雷德·亨利·斯特蒂文特（Alfred Henry Sturtevant）回忆起他时说，这种破坏偶像的行为在摩尔根的实验中非常典型。

> 例如，如果你将来自同一个体的卵子和精子混合起来，通常什么也不会发生。但有时也会发生自受精。其中的问题是，为什么会发生这个情况？这是怎么回事？又是如何发生的？摩尔根提出了一个很好的假设：也许是水的酸度不同造成的。我们想看看改变 pH 值会如何，但是摩尔根没有去设置测量数据或浓度。他所做的是把卵子和精子放到一个盘子上，把柠檬汁挤在上面。实验获得了成功。随后他更详细地研究了这个问题。这是该领域最成功的实验之一。[19]

摩尔根雄心勃勃的实验性研究在 1915 年有了成果。那一年，他与他在果蝇室的合作者阿尔弗雷德·斯特蒂文特、卡尔文·布里奇斯（Calvin Bridges）和赫尔曼·约瑟夫·穆勒（Hermann Joseph Muller）将他们实验室广泛的发现集合在一本名为《孟德尔遗传机制》（*The Mechanism of Mendelian Heredity*）的书中。这一里程碑式的文本完善了孟德尔定律，并将其与1902年由德国生物学家西奥多·博韦里（Theodor Boveri）和美国遗传学家沃尔特·萨顿（Walter Sutton）首次提出的染色体是遗传信息之载体这一理论结合起来。

起初，贝特森公开反对对孟德尔理论的修改，并在科学媒体上大张旗鼓地宣扬他的反对意见。但在贝特森访问了哥伦比亚大学的果蝇室，并与"果蝇工作者"（贝森特这样称呼摩尔根和他的合作者）进行了为期一周的交流之后，他就默许了摩尔根对孟德尔遗传理论和染色体理论的开创性融合。即使可能失败，他也认为这种激动人心的势头值得支持。1921年冬天，他在美国科学促进会的多伦多会议上向他的同事们宣布："我在这个圣诞节来到这里，向西方冉冉升起的群星致以崇高的敬意。"[20]一个默默无闻的摩拉维亚修道士，一个来自南部同盟中心的美国人，一块多产的豌豆田，一代又一代的果蝇，共同奠定了经典遗传学的基石。

如果没有许多偶然的情况，各种人类和非人类特征不可能融合在一起，共同解开基因遗传的奥秘。其中就包括19世纪黑腹果蝇向美国的迁徙，而黑腹果蝇原产于赤道非洲丛林。在某种程度上，它们实现了饮食的飞跃，从一开始吃野生植物到后来吃被驯化的水果，进化生物学家对这一点仍然存在激烈争论。果蝇作为一种生物体与其他物种共存，而并不会给寄主带去伤害，这种关系被生态学家称为"偏利共生"（commensal）。这个术语还有另一个有趣的意思，它最初的含义是"同桌吃饭的人"。事实上，果蝇已经将其对食物的偏好与人类的食物偏好交织在了一起。在最早的关于这种美食联系的报道中，有一篇是发表在1864年的：在奥斯曼人的一个仓库里，一群果蝇正在享用成堆的葡萄干。10年后，北美第一个关于果蝇的记述出现了，昆虫学家约瑟夫·阿尔伯特·林特纳（Joseph Albert Lintner）说，这些小果蝇是从他收到的"一罐腌制梅子中培育出来的"[21]。黑腹果蝇从这个流动的容器中向外四处飞散，最终在美国各地的超市过道和厨房果篮中找到了幸福的家。阿尔弗雷德·斯特蒂文特后来回忆说，伍兹霍尔杂货店[22]的农产品区是摩尔根第一代果蝇的诞生地。

就像家蚕、胭脂虫和紫胶虫一样，人类居住的任何地方都能见到果蝇的身影。黑腹果蝇不仅是偏利共生的，也是生物学家所说的"世界性生物体"。黑腹果蝇的进化起源于赤道非洲丛林这一狭窄地带，它们现在已经跨越了最遥远的纬度，往北到达了芬兰，往南到达了塔斯马尼亚。

果蝇也是逃跑艺术家，能像胡迪尼*一样从实验室、厨房、飞机和货船逃脱。[23]20世纪40年代初，它们从一所大学实验室的培养瓶中逃出来，飞出窗户，四散在夏威夷瓦胡岛各处。20年后，果蝇从加拉帕戈斯群岛（科隆群岛）上查尔斯·达尔文研究站的食品储藏室中起飞。1835年，这位26岁的英国博物学家在这座与世

---

* 哈里·胡迪尼（Harry Houdini），被称为史上最伟大的魔术师和逃脱大师，一生逃脱了8 300把手铐、12 000件束身衣，战胜过2 000次死亡挑战。——译者注

隔绝的火山群岛上提出了自然选择进化论，而现在，这个火山群岛又迎来了适应的新胜利。

两次世界大战期间，果蝇成为象牙塔中常见的模式生物。1937年，爱尔兰海洋生物学家欧内斯特·威廉·麦克布赖德（Ernest William MacBride）在谈到席卷欧洲和北美的以果蝇为基础的基因科学热潮时表示："到处都在建立遗传学的（学术）院系，甚至在一些地方，相关院系专门研究'果蝇'这种类型的动物。"[24]20世纪以来，大学实验室为黑腹果蝇打开了欢迎的大门。

果蝇在公众前的地位上升，与果蝇实验中更为神秘甚至是排外的一面是同步发展的。果蝇研究人员称他们的工作为"推销果蝇"，就好像他们在兜售违禁品一样。尽管现代性的承诺之一是用理性取代迷信，但魔法的语言却渗透到基因研究中。著名的果蝇研究手册观察到，"有时，甚至可能出现'核心'果蝇基因的掌握者主持着一个女巫集会的秘密的入会仪式"[25]同样，2007年的一篇遗传学研究文章发问，调节果蝇基因表达的一种特定类型的分子是否就是"进入密室[26]的魔杖"，2014年的一篇论文阐述了"果蝇基因组学的魔法和艺术"[27]。在遗传学这门"硬科学"中出现的幻想和神话的幻影，肯定源于这样一个事实：一种小小的带翅膀的虫子在破译控制人类发展的神秘密码方面起着至关重要的作用。

事实上，科学和魔法之间的界限并不像许多"科学101"教科书所主张的那样泾渭分明。想想飞行、望远镜视觉、空间探索或分子工程，这些技术突破曾经是如今几乎已被遗忘的炼金术士和占星术士的梦想。

昆虫也跨越了传统与现代之间的鸿沟。它们罩着脆弱的甲壳，触角在一对球茎状复眼上方抖动，将我们白日梦中的恐龙与外星人结合起来，一面提醒我们千百万年的过去，一面预示着在我们的星际视野之外可能居住着什么样的生命形式。

然而，在这些时间和空间的混乱之下，隐藏着这些生物和我们之间长久以来的亲近。这种坚定不移的亲密关系在英国浪漫主义诗人威廉·布莱克 1794 年的经典诗歌《苍蝇》中有所体现：

> 我岂不像你
> 是一只苍蝇？
> 你岂不像我
> 是一个人？[28]

再近一些，萨拉·林赛（Sarah Lindsay）在 2002 年的诗歌《黑腹果蝇》(The Common Fruit Fly)中想象了从果蝇的视角来看待人类对它们的研究的漫长历程。前两节建立了一种哀怨的语气：

> 自从我们发现被风吹落的苹果的甜味，
> 历经了五百代。
> 而现在我们品尝你安排的麻醉剂，
> 然后在摆满烧瓶的架子上醒来，
> 我们顽固地繁衍。
> 每个星期一你把我们倒出来，

再用粗手指将我们分类。

我们是白眼的，红眼的，无眼的，
有完整的翅膀，有皱巴巴的残翅。
我们感知到你称之为安静的荧光那嗡嗡声，
它的闪烁你称之为光。
你的午后香蕉的化学物质流，
在我们的口器后面唱歌。
我们是用来做实验的果蝇。[29]

　　"用来做实验的果蝇"最终为研究项目提供了关键的模型，其影响远远超出了果蝇室的范围。摩尔根的门生利用这些模式昆虫做出了大量惊人的基因发现，一直延续到20世纪下半叶。[30]赫尔曼·穆勒（Hermann Muller）通过对果蝇进行电击来证明X射线会导致致命的基因突变，而阿尔弗雷德·斯特蒂文特则用果蝇证明了遗传连锁，即位置靠得很近的基因有一起被遗传的倾向。通过对果蝇的研究，关于癌细胞的运作机制、对某些真菌和细菌感染的免疫力以及神经网络复杂功能的研究都取得了突破。
　　关于睡眠周期如何在动物（包括人类）中发挥作用，在果蝇身上做的实验甚至也提供了令人信服的见解。3位美国研究人员——杰弗里·C.霍尔、迈克尔·罗斯巴什和迈克尔·W.杨因此项发现获得了2017年的诺贝尔生理学或医学奖，他们证明了当果蝇的一个"周期"基因发生突变时，果蝇的昼夜节律就会被扰乱。[31]

深入研究调节睡眠－清醒周期的"生物钟"的运作原理，是一个迅速发展的生物学分支。昼夜节律还会改变人类的摄食行为、激素释放率、血压和体温，因此这一研究领域对人类的健康和福祉至关重要。

　　有时，果蝇研究的重要性会在政治周期中消失。在 2008 年美国大选前的几个月里，副总统候选人、阿拉斯加州州长萨拉·佩林大肆嘲笑果蝇的研究，认为这是政府浪费开支的一个例子。[32] 在匹兹堡的一次竞选集会上，她试图通过谴责这样一个事实来激起下面听众的愤慨："（你们的税款）用于与公共利益无关的项目——比如法国巴黎的果蝇研究。我不骗你。"佩林对果蝇实验不可估量的科学价值的无知尤其具有讽刺意味，因为她最小的儿子特里格患有唐氏综合征，这是一种被科学家利用果蝇染色体进行了广泛研究的先天性染色体疾病。[33]

　　当今的媒体格局，被一些断章取义的言论和段子所驱动，很容易将昆虫视为无聊的消遣。然而，正如托马斯·亨特·摩尔根取得突破的故事所展示的那样，一只侥幸出现的白眼突变果蝇成为解开遗传之谜的关键。我想在这里借用美国著名诗人沃尔特·惠特曼的不朽诗句："近在身边的蚊蚋便是一种解释。"[34] 宇宙的统一性体现在万物之中。

第 7 章 花之王

1862 年 1 月，一个安静的冬日，一个包裹被送到了伦敦以南 15 英里的乔治亚式庄园的前门。这个包裹从西北方向 200 英里外斯塔福德郡的比达尔夫庄园开始了它的旅程，这座庄园曾被《独立报》描述为"英国最非凡的花园之一……它包含了整个大陆，包括中国和古埃及的植物——更不用说意大利梯田和苏格兰峡谷中的植物了"。[1] 寄这个盒子的人是詹姆斯·贝特曼（James Bateman），他是一位兰花种植大师，赞助过几次到热带地区采集植物的探险。

当包裹的收件人查尔斯·达尔文打开贝特曼包装箱的木质盖子，扒开一层稻草时，他在下面发现了精心摆放好的稀有花卉标本。在这些珍贵的标本中有一株乳白色的星形兰花，它的花蜜管有 1 英尺长。达尔文对这种植物结构上的奇特现象感到震惊。他立即给他的密友兼同事、科学家约瑟夫·道尔顿·胡克（Joseph Dalton Hooker）写了一封信，惊呼道："天知道是什么样的虫子才能取食到花距末端的花蜜呢？"[2] 激起达尔文想象的非凡花朵是长距彗星兰（*Angraecum sesquipedale*）。几天后，达尔文给胡克写了第二封信，他在信中做出了进化生物学中最大胆的预言之一："在马达加斯加必定生活着一种蛾，它们的喙能够延伸到10~11英寸那么长。"[3] 同年晚些时候，达尔文发表了他关于植物和传粉者共同进化的假设。* 与他同时代的许多人对此表示不屑。神创论哲学家乔治·坎贝尔（George Campbell）在《规律的统治》（1867）一书中花了好几页来嘲笑达尔文预言的飞蛾的"长喙"。坎贝尔声称，在达尔文的结论中，"我们只发现了最模糊和最不令人满意的猜测"[4]。

怀疑论者中的一个例外是威尔士裔英国博物家阿尔弗雷德·拉塞尔·华莱士。这位自然选择的共同发现者（经常被忽视）站出来支持达尔文的预言。华莱士基于一种西非飞蛾的概念描述了达尔文所提出的这种神秘生物的解剖结构，这种飞蛾自19世纪30年代以来就为科学家所知。他委托才华横溢的动物学插画家托马斯·威廉·伍德为达尔文提及的飞蛾画一幅速写。伍德为这种神秘的传粉者画了一幅类似通缉令的插画，图中还想象出了交织在一起的郁郁葱葱的热带花朵和丛林藤蔓。在华莱士看来，这样的一种昆虫是肯定存在的："也许可以合理地预测，马达加斯加岛上确实存在这种飞蛾。登上这座岛屿寻找它的博物学家们可以和寻找海王星的天文学家们抱以同等的信心——他们将取得同样的成功！"[5] 华莱士对此胸有成竹。

1903年，达尔文和华莱士的观点最终被证明是正确的。那一年，动物学家沃尔特·罗斯柴尔德（Walter Rothschild）和昆虫学

---

* 当两个（或更多）物种随着时间的推移反复改变彼此的性状时，科学家认为它们是在共同进化。

托马斯·威廉·伍德依据查尔斯·达尔文预测的
长距彗星兰传粉者而绘制的插画，发表在 1867
年 10 月版的《科学季刊》上。达尔文的预测被
证明非常准确，飞蛾的最终发现证实了这位博
物学家关于传粉昆虫的生理机能和寄主植物花
朵的结构之间的关系的论断

家卡尔·乔丹（Karl Jordan）发表了对预言长喙天蛾（*Xanthopan morganii praedicta*）的第一篇描述——"被预言的那种飞蛾"。[6] 罗斯柴尔德和乔丹公开证实，达尔文和华莱士正确地预测到了长距彗星兰唯一的传粉者的非凡的口器。科学家们后来发现，这种蜂鸟大小的蛾子会在黑暗的掩护下出现，先嗅一嗅它的花朵猎物，以确保自己已经瞄准了正确的花朵种类，并展开它细长的喙（8~14 英寸

长），像展开鱼线一样伸到兰花花距末端的花蜜中。在地球上最完美的适应性目录中，这种植物－昆虫双雄组合肯定是一个珍贵的条目。

当预言长喙天蛾吮吸着管底那一摊甜美的汁液时，大量的花粉自然会沾到它的身上。当预言长喙天蛾为了吸取花蜜而将身体压在花瓣上时，它鳞状的身体就变成了空中通道，将这些宝贵的花粉运送到其他长距彗星兰上，并为它们授粉。尽管20世纪90年代就有一些关于这种精心编排的仪式的照片浮出水面，但直到2004年才有相关视频出现。那一年，新奥尔良大学的热带蝴蝶和飞蛾专家菲利普·德弗里斯（Philip DeVries）教授在夜深人静的时候走进马达加斯加的丛林，在一株长距彗星兰旁边放置了一台红外摄像机，成功地拍摄到了一段令人惊叹的影像：预言长喙天蛾将其巨大的附肢插入兰花的蜜腺。[7]就像安全摄像头拍摄的监控录像一样，这段颗粒感的黑白影片记录下了交换的过程。预言长喙天蛾在乳白色的兰花前盘旋，伸出长长的口器，取食花蜜。然后它会带着确保兰花繁殖周期持续的花粉颗粒，飞到下一朵兰花上。

这种短暂的空中传输行为以一种足智多谋的巧妙方式，每天在我们的星球上发生数万亿次。授粉是种子植物生命周期中最重要的阶段。为了使受精发生，含有植物雄性生殖细胞的花粉颗粒必须从产生它们的茎状雄蕊（或松树的雄球果）向上移动到含有胚珠的器官——有花植物的雌蕊（或松树的雌球果）那里。花粉从雄蕊到雌蕊的成功转移会触发植物结出种子。一些被子植物（在科学术语中称为有花植物）依靠风来传播花粉，而超过90%的植物则依靠动物身上如同魔术贴一般的皮毛、羽毛或鳞片来传播花粉。[8]

这些传粉者大多是昆虫，借用达尔文的话说，它们是"花之王"[9]。授粉很少是单方面的交易。作为担当花粉载体的补偿，昆虫可以获得花蜜，获得庇护所，并获得信息素的化学成分宝库，信息素即昆虫用来相互交流的化学成分。*

对我们中的许多人来说，春天夹杂着黄色粉末的薄雾开始了洗车店和药店里疯狂的季节性仪式。我们淹没在眼泪和鼻涕中，忘记了我们周围的空气中植物的性爱狂欢对我们的健康至关重要。花粉和传粉者在进化上共舞，人类平均每吃三口食物中就有一口来源于传粉者。[10] 每年，全世界种植的价值超过 5 000 亿美元的农作物——包括牛油果、柠檬、杏仁、蓝莓、茄子、西瓜、咖啡和茶——都依赖于高度专业化的传粉者活动。[11]

在这一重要的交流中，大多数的使者是蜜蜂。大约 2 万种野生蜜蜂——加上许多种类的蝴蝶、苍蝇、飞蛾、黄蜂和甲虫——组成了一个昆虫学上的花粉传播者联盟。它们与植物世界的联系是通过花朵的香味、形状、大小和颜色来协调的，这些特征是植物生殖力的表征。一些植物甚至发展出了改变花朵颜色的能力，以此作为一种信号，表明哪些花生殖力最旺盛，从而准备好分配或接收花粉。产自热带的马缨丹（*Lantana camara*）有着小而鲜艳的花朵，第一天开花时，它的花朵呈金色。[12] 在这个阶段，它们富含花蜜和花粉。之后，这些镀金的花瓣会转变成橙色和深红色，这是在暗示

---

* 尽管植物和传粉者之间的作用通常是双向的——植物获得花与花之间花粉的传递，传粉者获得花蜜等回报——但还存在着一系列其他关系。有些参观花展的游客是不折不扣的小偷，而有些植物则不提供任何服务来引诱客人。

传粉者应该更多地关注灌木上邻近的花朵。

对许多人类观众来说，昆虫授粉意味着自发的漫步。诗人玛丽·奥利弗（Mary Oliver）温柔地将这种看似即兴的昆虫行为形容为"四处停留，拨弄花朵潮湿的喉咙"[13]。然而，根据最近的研究，传粉者的行程比人眼看到的要有更多的意图。英国科学家使用雷达跟踪装置绘制了蜜蜂觅食远征的飞行路线。他们发现蜜蜂是导航大师，蜜蜂可以从经验中积累绘制地图的智慧。当蜜蜂来来回回搜寻它们的食物时，它们会生成更有效的路线，重新安排在花朵上的停留顺序，以及改变它们在花蜜来源之间的飞行路线。[14]

两位开创性的科学家——美国人查尔斯·亨利·特纳（Charles Henry Turner）和奥地利人卡尔·冯·弗里希（Karl von Frisch）——分别在大西洋的两岸工作，但他们都对发现蜜蜂与花的互动以及与蜂巢同伴彼此之间有目的性和有感知的行为做出了根本性的工作。两人在不太理想的环境下取得了昆虫学上的突破。特纳在美国内战结束后两年出生，父亲是教堂管理员，母亲是护士。尽管在他的科学生涯中面临着种族歧视，他还是成了第一个获得芝加哥大学动物学博士学位的非裔美国人，[15] 也是第一个在著名杂志《科学》上发表论文的非裔美国人。冯·弗里希后来获得了 1973 年的诺贝尔生理学或医学奖，他因为自己的犹太血统和雇用犹太研究助理（其中许多是女性）而成为纳粹政权的目标。

特纳对昆虫的研究做出了多方面的贡献，其中最重要的是他证明了膜翅目昆虫（包括锯蝇、黄蜂、蜜蜂和蚂蚁）并不是许多同时代人认为的那样简单的反射机器，而是具有记忆、学习和感觉能力的有机体。[16]

在特纳33年杰出的职业生涯中，他发表了71篇论文，其中有两篇论文因论证蜜蜂可以感知颜色和图案而出名。为了验证他的假设，他设计了32个简单而优雅的实验，实验地点是圣路易斯的奥法伦公园，那里有一片针栎、木兰和银枫树，环绕着风景优美的湖泊。在其中一项测试中，特纳在一连几天的时间里，每天早上、中午和晚上都在野餐桌上放一个装满果酱的盘子，蜜蜂每天光顾这处甜蜜自助餐三次。接着，特纳在午餐和晚餐时间不再摆果酱，只在早餐时摆上一盘。在接下来的几天里，蜜蜂继续在所有的三个时间点里都来光顾，但它们很快就调整了自己的行为，只在早上来拜访餐桌。特纳认为，蜜蜂有时间感，并有能力根据不断变化的环境，迅速养成新的进食习惯。

特纳的另一项创新性的蜜蜂实验确立了蜜蜂的视力在指导花朵授粉方面的作用。在20世纪初，生物学家意识到，在近距离内，花朵通过产生某种气味来吸引蜜蜂传粉者，但当蜜蜂离花朵太远，无法闻到它的气味时，构成吸引力的视觉成分作用如何，这些研究人员对此几乎一无所知。为了探究这个课题，特纳在公园的草坪上敲了几排木杆子。在每根木杆子顶端，他都覆上蘸有蜂蜜的红色圆盘。很快，蜜蜂就开始到他所制作的假花上觅食。然后，他又做了一些顶部有蓝色圆盘的"花朵"，但不含蜂蜜。蜜蜂忽略了这些新的"花朵"。然后特纳把蜂蜜滴在蓝色圆盘上，蜜蜂逐渐调整行为，也会造访这些蓝色圆盘。特纳的结论是，蜜蜂已经推断出红色和蜂蜜之间的最初联系。当蜜蜂离特纳的"花朵"较远时，颜色是一种视觉信号，但它们能够在较近的距离闻到蓝色圆盘上的蜂蜜，并与之相适应。

在短短 30 多年的研究中，特纳进行了一系列令人大跌眼镜的实验。从这些广泛的测试中得出的结论帮助他建立了作为研究蜜蜂、蟑螂、蜘蛛和蚂蚁行为模式的权威的声誉。1910 年，法国博物学家维克托·科尔内茨（Victor Cornetz）为纪念他的北美同事，将觅食蚂蚁返回巢穴时所做的探索式绕圈运动命名为"特纳

查尔斯·亨利·特纳是第一位获得芝加哥大学动物学博士学位的非裔美国人，也是第一位在著名杂志《科学》上发表论文的非裔美国人。他的创新性的实地实验证明，蜜蜂拥有先进的认知能力，并利用视力来指导它们的授粉选择

绕圈"[17]。

尽管特纳比许多在主要研究型大学里担任要职的白人同辈做出了更多成果，但他一直无法在学院或大学获得长期的职位。芝加哥大学不给他工作，布克·T. 华盛顿也付不起他在塔斯基吉师范与工业技术学院的薪水。特纳在辛辛那提大学做过一段时间的讲师，在克拉克学院（现为克拉克亚特兰大大学）担任过一段时间的生物学教授，之后他在圣路易斯的萨姆纳高中教书。1908 年，他的起薪是每年 1 080 美元（相当于今天的 3 万美元）。

萨姆纳高中是密西西比河以西建立的最早的非裔美国人高中。该校著名的教员包括爱德华·A. 布切特（Edward A. Bouchet），他于 1876 年获得耶鲁大学的物理学博士学位，成为第一个从美国大学获得博士学位的非裔美国人。[18] 在萨姆纳高中，特纳在缺乏设备齐全的实验室设施、图书馆或研究生帮助的情况下，在昆虫行为方面取得了发现。尽管面临种种挑战，他仍然留下了不朽的遗产。昆虫学家随后的研究证实了特纳关于昆虫行为（特别是蜜蜂授粉）的大部分论断。

特纳因急性心肌炎（一种感染性心脏炎症）去世时只有 55 岁。就在他去世的 4 年前，他发表了一项里程碑式的研究，该研究极大地促进了人类对蜜蜂的理解。卡尔·冯·弗里希在 1927 年出版的《舞动的蜂：蜜蜂的生命与感官》一书中解释了卡尼鄂拉蜂（*Apis mellifera carnica*）的"圆舞"和"摆尾舞"。这是一种西方蜜蜂的亚种，原产于中欧，因其对害虫的好斗和在人类周围的平和性情而受到养蜂人的青睐。弗里希在几十年的耐心观察和实验中发现，这种首选的传粉者表演的两种舞蹈，可以精确地传达蜂巢附近食物来源的消息。

"圆舞"是一只正在觅食的蜜蜂向它的蜂巢同伴用夸张的动作展示在离蜂巢50~100码*的地方有一个蜜源。弗里希用诗意的语言描述了这类交流仪式上的苏菲派式狂喜的旋转：

> 外勤蜂将采集的花蜜放下之后，开始表演某种"圆舞"。它从它起初站立的位置开始起步旋转，绘出一个窄细的圈，它不停地变换方向，有时转左，有时转右，按顺时针和逆时针方向交替舞动，每个方向描画出一两个圆。这支舞蹈会在蜂巢里最忙碌喧闹之处上演。最为特别而引人注意的，就是这支舞蹈会感染周遭的蜂；在舞蜂旁边的蜜蜂也会随之起舞，一直以向外延展的触角触碰着舞蜂的腹端。它们跟从舞蜂的一切动作，舞蜂的疯狂旋动，看起来就像一颗彗星，带着一条满是蜜蜂的彗尾。就这样，它们不停地旋转，有时几秒钟，有时长达半分钟，甚至整整一分钟，然后舞蜂突然停止舞蹈，从它的追随者中摆脱出来，去往蜂巢的另一个或两个地方，吐出第二滴甚至第三滴蜂蜜，每次都以类似的舞蹈结束。做完这些后，它又急忙跑向蜂巢入口，飞向它的特别的蜜源，在那里它一定会带回另一份食物，每次回来都上

---

* 1码≈91.44厘米。——编者注

演同样的表演。[19]

　　弗里希还下了一番苦工，确定了他所研究的蜜蜂还会表演第二种形式的交流仪式——"摆尾舞"，以传递有关距离更远的食物来源的信息。[20] 舞蜂用垂直悬挂的蜂巢作为舞台，向前摇摆一定的距离。然后它沿着半圈回到起点，再次开始跳舞。在走直线的过程中，它会"摆动"臀部，向其蜂巢同伴透露食物来源的方向。它摆动的角度表明了飞行轨迹和太阳位置之间的关系，而它在这段复杂的舞蹈中穿过直线段所花的时间则表示了到蜜源的距离。弗里希发现，这些以舞蹈为基础的飞行路线可以带领蜜蜂成功地找到食物，即使它们必须穿越高山或森林才能到达目的地。

　　《舞动的蜂》的早期评论者之一在《自然》杂志上指出，弗里希是"在世的最杰出的实验动物学家，我们对蜜蜂的行为和感官的认识最近取得了很大进步，这要归功于他"[21]。弗里希关于蜜蜂交流的惊人结论起初遭到了一些反对，但到 20 世纪末，他的基本理论得到了证实。[22]

　　这样的荣誉来之不易。冯·弗里希于 1886 年 11 月 20 日出生在维也纳，同年，另一位遭到纳粹政权迫害的犹太知识分子——西格蒙德·弗洛伊德，在维也纳开设了他的第一家精神病诊所。弗里希在他的家乡和慕尼黑学习医学和动物学。在其他几所大学任教后，他被任命为慕尼黑大学动物学系的系主任，弗里希利用洛克菲勒基金会 37.2 万美元的赠款，在他的动物研究领域建立了一个新的研究所。[23]

卡尔·冯·弗里希（1886—1982），奥地利动物行为学家，
"蜜蜂的语言"的发现者。20世纪30年代，他因为犹太血
统而成为纳粹政权的目标。他在多年的骚扰中坚持了下来，
并于1973年获得了诺贝尔生理学或医学奖。

　　就在最先进的动物研究所的三层小楼在慕尼黑落成的同一年，
一系列令人震惊的政治事件在向北300英里的柏林达到了高潮。经
过一系列议会选举和幕后政治阴谋，德国总统保罗·冯·兴登堡于
1933年1月30日任命阿道夫·希特勒为德国总理。几个月后，新
上台的国家社会主义政权通过了《恢复专业公务员制度法案》，要
求德国公务员提供"雅利安血统证明"。这一具有威胁性的指示促

使众多有名的犹太人和左翼知识分子出走。阿尔伯特·爱因斯坦立即从普鲁士科学院辞职，移民到美国。弗里希仍然留在慕尼黑大学的教师岗位上，但无法为他的外祖母提供血统证明，他默许了官方声称她不是雅利安人后裔的说法。

最初，慕尼黑大学的校长允许弗里希在"四分之一犹太人"的标签下继续担任教授。在一股"谴责狂热"的浪潮中，激进的反犹太学生们对这一决定提出了质疑，并发起了罢免他的运动。慕尼黑教员联盟强烈的反犹主义领袖威廉·菲雷尔（Wilhelm Führer）提交了一份正式的证词，将弗里希描述为"一个心胸狭隘的专家，对新时代一无所知，并对它怀有极大的敌意"[24]。菲雷尔在信中谴责弗里希"表现出对犹太人和与之结婚的犹太人伴侣异乎寻常的极大偏袒"[25]，还透露说他建立了一个实验室，其价值观是坚决反对纳粹世界观的种族主义目标。

弗里希在多年的骚扰中坚持下来，继续从事关于蜜蜂的教学和研究。他在战争中幸存下来，在纳粹战败后，他的事业毫发无损。就像特纳在面对公开的歧视时表现得绝不妥协一样，弗里希似乎受到了一种来自内心深处的使命召唤，无论遇到什么困难，他都要继续他的研究。正如弗里希的一位传记作者所言，从他的作品中可以看到一些令人兴奋的问题："非人类动物能够进行符号交流吗？如果它们做到了，那么这对科学地理解动物和人类之间的界限意味着什么？"[26]

如今，美国的迁徙养蜂业暴露了这一界限的脆弱性，以及人类对昆虫的持久依赖。流动养蜂是一个规模庞大的产业。它涉及数以万亿计的蜜蜂在全美各地的长途运输，来为粮食作物授粉。加利福尼亚州中央谷地每年有300天的日照，昼夜温差为25摄氏度（对许多粮食作物来说是理想的冷热循环），是世界上最肥沃的农业区之一。[27]这片方圆18 000平方英里的区域（就像一个巨大的温室，生产了美国一半以上的坚果、水果和蔬菜。[28]柑橘、李子、牛油果、瓜类、樱桃、苹果、草莓、蓝莓、生菜、南瓜、西兰花和扁桃是这片富饶之地最主要的授粉作物。作物收成的品质和产量取决于来自州外的传粉昆虫的辛勤劳作。

在这些栽培植物中，美国扁桃是关于我们长期依赖昆虫传粉者的最引人注目的故事之一。加利福尼亚州工农业的广阔土地上种满了一排排结实的坚果树，树上开了一簇簇粉白相间的花，看上去一望无际。该州的扁桃种植面积达150万英亩（从萨克拉门托一直延伸到洛杉矶），世界上最受欢迎的坚果在这里可以找到30多种不同品种。这些椭圆形的扁桃种子从坚硬的外壳里剥出来，就会被撒上盐，塞进航空公司的零食包里，或者被粉碎并稀释成扁桃仁奶，或者切成薄片做成沙拉，或者研磨成扁桃黄油，又或者被淋上一层层巧克力和焦糖。

如果没有大批迁徙的养蜂人，就没有美国这些扁桃仁产品。这些养蜂人依靠把蜜蜂从佛罗里达州等地的越冬地点运到全美各地的农场来谋生。每年10月到次年2月之间，数以千计的拖拉机拖车运送着容纳310亿只欧洲黑蜂（Apis mellifera）的蜂箱，从四面八方驶上全美的高速公路，前往加利福尼亚。这些流动蜂巢里的昆虫为加利福尼亚州广阔的坚果树王国授粉。按理说，既然树木不能移动，传粉者就必须主动靠近它们。这对野生传粉者来说是一项太过烦琐的任务，所以人类"蜜蜂经纪人"将驯养的欧洲黑蜂的蜂箱与果园配对，编排一年一度的植物交配仪式，每年人们收获的扁桃仁数量超过7 000亿颗。培育这种作物是一门大生意——扁桃仁是美国第七大出口农产品。

这些迁徙的养蜂人用来提供重要服务的昆虫并不是北美本土蜂。*科学家们早就警告过完全依赖外来蜜蜂为作物授粉的风险。[29]北美生活着4 000多种野生蜜蜂，包括大黄蜂、石匠蜂、兰花蜂和许多其他蜜蜂科的独居物种，与那些来自欧亚大陆的进口蜜蜂相比，它们才是新大陆植物更有效的传粉者。例如，一些北美大黄蜂已经进化到能够通过振动腹部来"解锁"花朵的花粉供应。

不管这些蜜蜂是本地物种，还是最近才来到它们喜欢的花朵生长环境的物种，我们都很难想象一个没有授粉的星球。世界上大多数有花植物都依赖这种久经考验的繁殖机制，这一机制已经存在了至少1亿年。[30]在西班牙北部发现的金色琥珀块中隐藏着满身粉末的微小昆虫，它为我们提供了一扇迷人的化石窗口，让我们得以了解昆虫在植物施受精方面的古老作用。

早在与欧洲接触和交流之前，几大洲的文明都表现出对传粉昆虫在维持植物世界的健康方面所起的作用的深刻认识，并且延续了许多代人。[31]澳大利亚北部的雍古族人发展了与昆虫的图腾关系，从而保护蜜蜂和它们的栖息地。来自墨西哥普埃布拉北山的纳瓦特

---

* 就像它们现代的传粉者一样，扁桃树也并非原产于北美。扁桃树最初在波斯（今伊朗）被驯化，在18世纪随西班牙人传入加利福尼亚。

蝴蝶效应：虫胶、蚕丝、胭脂虫红如何影响人类文明，塑造现代世界

尔和托托纳克农民建立了口头传统，禁止杀死蜜蜂和蝴蝶传粉者。作为易洛魁联盟（又名霍迪诺肖尼，意为和平与力量之联盟）五个民族之一的塞内卡人，世代积累了关于这种有翼生物的详细知识：这些生物维持着可食用的野生植物群和草药群落。跨越几个世纪的科学研究和当地生态知识的多方面传统已经证实，昆虫和花朵的成功结合对我们赖以生存的生物圈至关重要。

有句广为流传的名言据说出自阿尔伯特·爱因斯坦之口："如果蜜蜂从地球表面消失，人类将活不过 4 年。"[32] 实际上，这句话并不是他讲的，而是有一个更模糊的起源——专栏作家欧内斯特·A. 福廷在 1941 年发表在《加拿大蜜蜂杂志》上的一篇文章。尽管如此，这种相互依存的宣言传达了许多智慧。

为了回答一个没有蜜蜂的世界会是什么样子的问题，美国保护生物学家索尔·汉森（Thor Hanson）提出可以去胡安·费尔南德斯群岛参观参观。胡安·费尔南德斯群岛是南太平洋上的一个崎岖的火山群岛，位于智利海岸 400 英里外，是苏格兰水手亚历山大·塞尔柯克（Alexander Selkirk）的临时家园，从 1704 年开始，他在这里被困了四年零四个月。塞尔柯克的故事后来成为英国人丹尼尔·笛福的小说《鲁滨孙漂流记》的灵感来源。在被英国私掠船伍兹·罗杰斯救起之前，塞尔柯克既没有人类同伴，食物也短缺，只能靠吃龙虾、野山羊、白萝卜和卷心菜勉强维持生存。塞尔柯克在岛上漂流了很长时间，他一定注意到了这里植被稀少。在这个没有蜜蜂、岩石嶙峋的岛上，一簇簇零星的灰绿色的花根据变幻无常的风和飞来飞去的鸟类调整了它们的授粉策略。根据汉森的说法，唯一一种跨过大洋来到胡安·费尔南德斯群岛的蜜蜂"是一种很小的、罕见的汗蜂，可能是最近从智利沿海来到这里的"[33]。这种外来的昆虫并不是岛上植物的主要传粉者。

近年来，人们对昆虫末日的担忧——贫瘠的土地可能会失去这些重要的传粉者——激发了人们对这样的艰苦生活的新想象。在 2006 年年末到 2007 年年初的冬天，美国和欧洲的养蜂人开始爆出他们的欧洲黑蜂群大量死亡。在所有受影响的蜂群中，有多达一半的蜂群表现出的症状与正常蜜蜂死亡的典型模式不符。媒体很快就捕捉到了灾难即将来临的早期预警信号。2007 年 3 月，《纽约时报》刊发标题为《养蜂人面临着蜂群的消亡》的文章，而《卫报》则在同年次月以《农业面临威胁，神秘杀手毁灭蜂箱》为题进行了跟进报道。[34] 不久之后，科学家们开始将这种危机称为蜂群崩坏症候群。

这场蜜蜂灾难的方方面面并非没有先例。在美国，关于这种现象的首次记录发生在 150 多年前。1868 年，美国农业专员报告说："在过去的一个季节里，一种疾病突然出现在印第安纳州、肯塔基州和田纳西州，席卷了整个养蜂场。这种疾病的降临悄无声息，养蜂人只有在发现蜜蜂都消失了的时候才察觉到。在大多数情况下，蜂箱里装满了蜂蜜，但没有成熟的幼蜂，花粉也很少。蜂巢的外观使不仔细的观察者以为蜜蜂已经'飞走'了。但仔细观察后就会发现，它们是死了。"[35] 对于 19 世纪美国的养蜂人来说，蜂群死亡的原因一直是个谜。

30 年后，一位名叫 R. C. 艾金斯（R. C. Aikins）的美国养蜂人给行业杂志《蜜蜂文化的收集》(*Gleanings in Bee Culture*)投稿，讲述了他饲养的蜜蜂突然原因不明的大规模死亡。*艾金斯目睹了科罗拉多州柯林斯堡的坍塌，他深感不安地写道："这仍然完全是一个谜。如果它像去年袭击丹佛那样袭击整个州，其后果将是几乎消灭整个蜂业。"[36]科学家和官员们再次对导致蜂群患病的因素产生了疑问。

与前几次不同，21世纪蜂群面临的威胁主要在于其广度。虽然没有一个单独的因素足以引发蜂群崩溃，但几个"尚不致命"的压力源如果相互作用，便会摧毁蜂群。最主要的怀疑对象之一是瓦螨，其命名恰如其分：*Varroa destructor*[37]（意为摧毁者），这是一种寄生螨，寄生在蜂群（由卵、幼虫和蛹组成）中。这些微小的纽扣状螨虫进入蜂巢，吸食成年蜜蜂及其幼虫的血淋巴（昆虫的血液）。它们还会向蜜蜂传播病毒和真菌，其中一些会导致基因缺陷，比如蜜蜂幼虫羽化后常会有翅膀变形或没有翅膀，使蜜蜂无法飞行。寄生虫和病原体可能共同作用导致蜂群崩坏症候群。2015年进行的一项对照研究表明，当寄生虫与蜜蜂病毒结合时，会造成70%的蜂巢损失。[38]

最近的研究表明，杀虫剂也是导致蜂群崩坏症候群的关键因素。[39]科学家特别关注的是类尼古丁，它是一类和尼古丁（烟草等植物为保护自己而合成的一种天然化合物）相关的神经活性杀虫

---

* 除了养蜂的故事，半月刊《蜜蜂文化的收集》还涵盖了编辑阿莫斯·艾夫斯·鲁特的各种兴趣爱好。1905年1月，它发表了第一份准确的目击报告，描述了威尔伯和奥维尔·赖特的飞机在俄亥俄州代顿东北部的哈夫曼草原上飞行的情况。

剂。第二次世界大战以前，美国的农民会在他们的作物上施用大量的天然尼古丁作为一种有效的杀虫剂，用来对付害虫甲虫、蚜虫和昆虫幼虫。[40] 然而，在合成时代的最初几十年里，较便宜的工业生产的类尼古丁取代了它们的天然前身。最近的研究表明，类尼古丁物质对传粉者有一系列意想不到的影响——传粉者会采食、传播并给幼虫饲喂受类尼古丁污染的花粉和花蜜。除了毒害蜜蜂并直接杀死它们之外，像类尼古丁这样的杀虫剂还会使蜜蜂对寄生虫和病原体的防御能力变弱。[41]

使用合成杀虫剂带来的第二大问题是，类尼古丁杀虫剂在植物中停留的时间比天然杀虫剂的时间长，而且由于其衰变速度异常缓慢（有些杀虫剂的半衰期长达 1 155 天），因而可以在土壤中存留很长时间。[42] 英国环保主义者乔治·蒙比奥特将类尼古丁化合物称为"新的滴滴涕"[43]。这一次，这些农药的效力比蕾切尔·卡森在《寂静的春天》中针对的化学物质强了好几个数量级。正如蒙比奥特所指出的，按数量计算，"这些毒药的威力是滴滴涕的 1 万倍"。随着 21 世纪的到来，卡森 1962 年的先见之明似乎比以往任何时候都更有意义：

> 这些昆虫对我们的农业甚至我们熟悉的景观如此重要，我们理应更加善待，而非愚蠢地破坏它们的栖息地。蜜蜂和野蜂非常依赖秋麒麟、芥菜和蒲公英之类的"杂草"来取得花粉，借以喂食幼虫……根据大自然自己巧妙的时间计算，某种野蜂的出现时间，就刚刚好会在杨

柳开始开花的那一天。社会上不乏了解这些事情的人，但那些下令用化学物质大规模浸透大地的人却并不了解。[44]

卡森的预言揭示了当代的周期性新闻已经开始承认这种对家养蜜蜂和野生蜜蜂的威胁。

在很大程度上，这种意识的提高是由于 20 世纪最后 30 年出现了一种新型的环境倡导组织。这一转变最有力的例子是位于俄勒冈州波特兰城的薛西斯无脊椎动物保护协会。[45] 这是一个国际非营利组织，旨在促进无脊椎动物及其栖息地的保护，它的名字来源于加利福尼亚甜灰蝶（*Glaucopsyche xerces*），这是已知的第一种因人类活动而灭绝的北美蝴蝶。该组织成立于 1971 年，是一位刚从英国获得富布赖特奖学金回来的年轻鳞翅目昆虫学家和自然作家罗伯特·迈克尔·派尔着手成立的，他在英国研究的蝴蝶保护。许多警告信号促使蕾切尔·卡森采取行动，派尔决心为不断下降的北美昆虫种群的健康状况做点什么。在过去的半个世纪里，该协会致力于保护濒危无脊椎动物的栖息地，倡导建立专门的"传粉走廊"，以帮助重要的昆虫物种维持它们的迁徙路线，培训农民和土地管理者采取切实可行的环境保护策略，并提高人们对生活在森林、草原、沙漠和海洋中的无脊椎动物（其中许多是传粉昆虫）的认识。

派尔和薛西斯无脊椎动物保护协会的其他成员很快宣称，他们正在将 19 世纪的环境思潮或者在某些情况下来自印第安人传统生态知识的源泉引入更深层次。其中一种"意识流"是塞拉俱乐部创始人约翰·缪尔的写作和行动主义。彼时美国内战刚刚结束，这位 29 岁的苏格兰裔美国博物学家就独自踏上了穿越南方乡村的路途。他长途跋涉 1 000 英里，穿越肯塔基州、田纳西州、北卡罗来纳州、南卡罗来纳州、佐治亚州和佛罗里达州，到达墨西哥湾。一路上，缪尔描绘了他到访过的地方的情景，并生动地记录了他遇到的被解放的奴隶、潦倒的南部同盟士兵、贫穷的农民和迅速变化的地区的原住民。他对这些相互作用的描述本身就很有趣。然而，正是他对与非人类物质互动的细致描述，使他的散文充满活力。在南卡罗来纳州查尔斯顿郊区的博纳旺蒂尔公墓，在年久失修的墓园和青苔覆盖的橡树间睡了一夜之后，缪尔醒来时发现"大群的蝴蝶，各种各样快乐的昆虫，似乎正沉浸在完美的喜悦狂热和嬉戏的快乐中。整个地方如同生命的中心。死者并不是这里唯一的统治者"[46]。

作为 19 世纪中期的同时代人，约翰·缪尔和查尔斯·达尔文见证了一场席卷世界的科学革命和社会革命的非凡交汇点。

第 8 章 食 虫 谱

2006 年，美国一家著名的游乐园向游客们提出了一个挑战。伊利诺伊州格尼市的六旗游乐园宣布"一只蟑螂是你排到队伍最前面的门票"，承诺对任何自愿食用活的马达加斯加发声蟑螂（*Gromphadorhina portentosa*）[1] 的人给予特殊待遇。比赛前的新闻稿借用了深夜电视广告的情景剧："胆大的客人排到前面来吃，抓紧时间！蟑螂能以每小时 3 英里的速度逃跑。营养价值如何？蟑螂的脂肪含量极低，蛋白质含量极高。"[2] 尽管语气轻松，但这句话抓住了 21 世纪烹饪的时代精神。

近几十年来，食虫在某些美食爱好者、科学家和政策制定者中获得了重要地位。"食虫"这个术语出现的历史相对较短。[3] 它首次出现在 1871 年的《密苏里州有毒、有益昆虫和其他昆虫的第六次年度报告》中。该报告的作者、昆虫学家查尔斯·瓦伦丁·赖利是一位打破传统的人，他开发了一份昆虫食谱，以帮助陷入困境的农民应对 19 世纪 70 年代入侵大平原的落基山岩蝗（*Melanoplus spretus*）。赖利发明的这个词一直鲜为人知，直到 21 世纪初，环保

马达加斯加发声蟑螂为褐色椭圆形昆虫，它们的外骨骼有光泽，类似抛光的红木。它们没有翅膀，长着巨大的触角，成体体长可达两三英寸。它们不咬人。但在交配或感到威胁时，它们会通过呼吸孔排出空气，发出它们标志性的嘶鸣声。它们喜欢吃胡萝卜、新鲜蔬菜和狗粮，是日本和东南亚部分地区常见的家庭宠物

主义者和美食家重新发现了它的用途，这一术语才变成流行语。"食虫"因其解决未来粮食安全问题的潜力，以及对未知风味和质地的大胆探索而受到赞誉，如今在西方正经历着一场复兴。[4]

营养学家和政策专家吹捧食虫的健康益处和环境可持续性。昆虫将食物转化为体重的效率比体形较大的动物要高得多，它们产生的温室气体也比猪或牛少得多。与这些生态效益相匹配的是食用昆虫的高营养含量和低脂肪。[5]可食用的动物，如黄粉虫、蟋蟀、

　　蝴蝶效应：虫胶、蚕丝、胭脂虫红如何影响人类文明，塑造现代世界

蚱蜢、蛴螬和蚂蚁，都是健康脂肪、蛋白质、纤维和矿物质的仓库。我们只需要举一个例子来说明，蚱蜢所含的蛋白质和瘦牛肉的一样多，铁含量是瘦牛肉的 2 倍，钙含量是瘦牛肉的 4 倍，而脂肪含量只有瘦牛肉的三分之一。[6]

如果我们将奶牛和蟋蟀的土地使用需求和用水需求进行比较，可以得出：在美国，生产 1 磅牛肉需要 1 000 加仑的水和 2 英亩的牧场。而饲养 1 磅蟋蟀，你只需要 1 加仑的水和 2 立方英尺的空间。[7]饲养牲畜和种植牛饲料占据了世界农业土地的 70%。[8]联合国粮农组织 2010 年的一份报告宣布："科学分析证实……许多森林昆虫有特殊的营养价值，研究指出，若生产昆虫作为食物，那么对环境的负面影响将远远小于今天消费的许多主流食品。"[9]

大众媒体偏爱更浮夸的诱惑。《独立报》的一位英国作家用诗意的语言描述了昆虫美食带来的感官体验："咬一口蚂蚁就会爆出蜜汁。一大个大黄蜂蛹在你的舌尖上像奶油一样溶化开来。甲虫幼虫会在你的嘴里留下烟熏的味道。而这些还只是可以生吃的。"[10]名人代言也起到了助推作用。女演员安吉丽娜·朱莉在接受 BBC 采访时说过："你从蟋蟀配啤酒开始，接着可以升级试试狼蛛。"[11]国际流行偶像贾斯汀·汀布莱克在他 2018 年的专辑《森林之子》的纽约发布会派对上，也以类似的方式提供了由酥脆的蚂蚁和蚱蜢组成的自助餐，"涂上了巧克力、大蒜和玫瑰油"[12]。汀布莱克的昆虫餐盘是由丹麦名厨雷勒·雷哲度设计的，后者在哥本哈根的诺玛餐厅因对北欧美食的大胆诠释而摘得了米其林二星。

这种高调的宣传活动已经延伸到文学领域。如《可以吃！昆虫食用探索之旅和拯救地球的最后希望》和《令人毛骨悚然的爬行美食：可食用昆虫美食指南》等标题经渲染过的写作是一种致力于将梦幻飞行员（或夜间恐怖分子）转变为人间美味的生动典型。[13]《吃虫子的人：吃昆虫的艺术和科学》一书展示了色彩鲜艳的照片和生动的第一手记录，用最丰富多彩的例子展现了这种多样性。[14]这本书的作者是摄影记者彼得·门泽尔和作家费思费斯·达卢伊西奥，他们用了 8 年的时间前往十几个国家，品尝了各类昆虫美食。乌干达的咖喱摩羯座甲虫幼虫、澳大利亚的巫蛴螬点心和中国的蚂蚁酒都是当地十分受欢迎的昆虫食品。

全球美食旅游使许多美国人和欧洲人接触到一个更广泛的饮食文化世界，这些饮食文化有着根深蒂固的食虫传统。在 2018年去世之前，名厨兼旅行纪录片制作人安东尼·波登（Anthony Bourdain）与一代电视观众分享了咀嚼各种生的熟的可食用昆虫的乐趣。[15]

不管欧美倡导食虫生活方式的人理念如何，他们中的大多数都承认他们面临着令人生畏的禁忌。在西方文化中，对食虫的厌恶并不是一件新鲜事。19 世纪的一份题为《为什么不吃昆虫？》的宣言与它 21 世纪的同好有许多相似之处。1885 年，该宣言的作者、英国昆虫学家文森特·M. 霍尔特（Vincent M. Holt）写道："在着手这项工作时，我充分意识到与长期存在的、根深蒂固的公众偏见做斗争的难度。我只要求我的读者有一个公正的听证，公正地考虑我的论点，以及做出一个公正的判断。如果这些建议得到批准，我相信许多人会被说服，并拿出实际的证据来证明食用昆虫是有益的。"* 16 霍尔特的规劝没能改变维多利亚时代同代人的饮食习惯。即便如此，"食虫"对霍尔特同时代的人来说并不是陌生的。

19 世纪的食谱经常假设家庭主妇熟悉各种基本的昆虫食材。1840 年，著名的美国食谱作家伊丽莎·莱斯莉（大家都称她为"莱斯莉小姐"）建议她的读者在腌制卷心菜与保存榅桲和苹果时，用研钵和研杵碾碎一撮干胭脂虫，来获得"漂亮的红色"17，并补充说，蛋糕糖霜可以"通过添加一点胭脂虫"染成粉红色。6 年后，美国教育家凯瑟琳·埃丝特·比彻（Catharine Esther Beecher）倡导用胭脂虫粉作为糖果和甜点的浓郁色素。18

在欧洲，19 世纪的法国厨师们大力兜售一道菜肴——炒蛴螬——的优点，这里的蛴螬也就是干的金龟子幼虫（鳃金龟属的幼虫），在英语中被称为五月虫（May bug）或 doodlebug。一位法国食谱指导厨师教人们"把活的蛴螬放在醋里泡上数小时。然后放入鸡蛋、牛奶和面糊搅拌，再用黄油煎。或者直接在黄油中煎活的蛴螬，加入切碎的欧芹和大蒜"19。尽管有这些昆虫佳肴美味可口，但在大多数西方社会中，人们还是非常排斥吃昆虫的。

一种文化的饮食传统可看作其最著名的特征之一，这不言而喻。用菜肴、饮食习惯和烹饪技术来区分我们的种族背景和定义我们的社区似乎是永恒的，且不可改变的。20 世纪杰出的美食作家 M.

---

* 勒内·安托万·费尔绍·德·雷奥米尔（René Antoine Ferchault de Réaumur）六卷本的《昆虫史记》和富歇·奥布森维尔（Foucher d'Obsonville）1784 年的《关于各种外国动物举止的哲学随笔》（*Philosophic Essays on the Manners of Various Foreign Animals*），是欧洲人在他们的同胞中推广食虫的两种早期尝试。

F. K. 费雪认识到这种享乐主义的主要作用，她说："我们首先要吃饱，然后才能做其他事情。"[20] 这些基本的假设使得人们很难——几乎不可能——想象这样的品味和传统会发生怎样的变化。但迅速的转变已经发生。

18世纪欧洲人对马铃薯的态度的改变，以及19世纪末日本人对吃肉的迅速接受，生动地说明了人们对食物的偏好是如何发生根本性变化的。虽然马铃薯在美洲确实有非常悠久的历史，但它对欧洲烹饪的贡献却是较为晚近才开始的。大约公元前3400年，在安第斯山脉陡峭的山坡上，农民们开始驯化野生马铃薯。[21] 早在16世纪30年代西班牙征服者到来之前的数千年里，这些农民就从大量富含淀粉的块茎植物中精心挑选，培育了多达1 000种马铃薯品种，马铃薯的果肉颜色各异，有科林斯紫的，也有日落黄的。当西班牙人从美洲带着圆不溜秋、表面坑坑洼洼的马铃薯块茎回来时，人们最初对它报以冷眼。

这些担忧是有道理的。马铃薯是有花植物茄科的一员，也被称为茄属植物。[22] 茄属的许多成员，包括番茄、茄子、辣椒和烟草，都会产生生物碱，这是一种对食用者来说有毒的有机化合物。人们如果食用茄属植物的绿色茎、浆果或叶子，就会导致积滞或更严重的过敏反应。由于这些植物在美洲印第安文化中已经形成了长期的种植和食用习惯，而欧洲人对此只是"拿来主义"，因此误解比比皆是。马铃薯也因其非常规的繁殖而不为人喜爱。它不像有些淀粉植物（如小麦和水稻）那样是种子植物，它是从埋在地下的块茎表面的"芽眼"或者腋芽中萌发的。1748年，法国政府禁止种植这

蝴蝶效应：虫胶、蚕丝、胭脂虫红如何影响人类文明，塑造现代世界

种长得怪里怪气的马铃薯，民间也流传着谣言，说食用马铃薯会导致发烧、恶心、麻风和无法控制的腺体肿胀。

改变这种对马铃薯的偏见来自一位聪明的法国医生的工作。在巴黎拉雪兹神父公墓中有一座华丽的墓碑，游客们在其大理石壁架上摆放了一排排高尔夫球大小的棕色马铃薯。这是为了致敬安托万–奥古斯丁·帕尔芒捷（Antoine-Augustin Parmentier）——低调的马铃薯捍卫者。帕尔芒捷出生于 1737 年，后来成为一名法国随军药剂师。帕尔芒捷曾在七年战争（1756—1763）期间 5 次被普鲁士军队俘虏，他吃过无数的牢饭，在监狱中他的主食就是原产于安第斯山脉的马铃薯——这一品种当时正迅速成为中欧饮食的核心。他得出了结论：耐寒、富含能量的马铃薯可以帮助法国农民抵御周期性侵袭法国的饥荒。[23]

帕尔芒捷是一位无与伦比的宣传大师。他向国王路易十六和王后玛丽·安托瓦妮特献上了华丽的紫色马铃薯花束，并在招待包括本杰明·富兰克林和托马斯·杰弗逊等著名外宾的宴会上提供以马铃薯为原料的佳肴——汤、酒以及一切类似的食物。1789 年，在法国大革命前夕，帕尔芒捷出版了他的专著《马铃薯、红薯和洋蓟的栽培与利用》。小册子上标注着"奉国王之命印制"，用皇室为食用马铃薯背书。共和党人也接受了它开创性的作用，使马铃薯成为旧制度中为数不多的在断头台上幸存下来的"选民"之一。今天的烹饪书和烹饪网站上随处可见"帕尔芒捷马铃薯"的食谱，其做法就是将马铃薯切成块状，放入盘子，再加入香草和黄油一起烤制。

日本历史上也有类似的饮食习惯发生巨变的故事。中世纪日本的饮食文化以素食为主，以鱼和家禽为辅。在多个世纪的时间中，佛教主张不杀生的戒律对这个国家国民的饮食偏好有决定性的影响。公元 675 年，虔诚的天武天皇颁布"肉食禁止令"，规定"莫食牛、马、犬、猿（猴）、鸡之肉"。他的政策以各种形式在日本延续了近 1 200 年。

肉食禁止令在日本江户时代末期开始有所松动。日本人在与西方人接触后，吃哺乳动物的西方人给日本政策制定者留下了深刻的印象。1869 年，在这个与西方接触的新时代，改革家角田徹指出，英国人"经常吃牛肉"，"在战场上很少会疲乏"。[24] 对日本军事指挥官来说，肉食和增强士兵耐力所需的营养之间的联系是不言而喻的。

与此同时，日本政府放宽了全国范围内的肉食禁止令。掌权者口味的变化在这一转变中发挥了作用。日本最后一位幕府将军德川庆喜对猪肉表现出始终如一的喜爱，因此获得了"一桥家族爱吃猪肉的幕府将军"的绰号。特色餐厅开始向富有的顾客提供狩猎猎物作为"药膳"。在大城市，食客们可以走进"兽市"，点上野猪肉等菜肴，这些菜肴会以神秘的隐语"山鲸"代指。同样，红肉开始以"牡丹"的名字出现在菜单上。[25] 这些隐语提供了获得禁忌食物的途径。1872 年 1 月 24 日，一份正式公告证实，日本明治天皇经常食用牛肉和羊肉。这个公告结束了日本多个世纪以来的肉食禁止令。

食虫是否会在西方文化中经历革命性的转变还有待观察，就像欧洲人接受吃马铃薯和日本又开始出现的食肉饮食习惯一样。然而，在世界各地的许多文化中，食虫动物从不缺乏立足之地。其中一些地下饮食传统在意想不到的地方蓬勃发展起来。

位于地中海的撒丁岛，是意大利第二大岛屿（仅次于西西里岛），撒丁岛人沉迷于世界上一种非法的美食。卡苏马苏奶酪（Casu marzu，意为"腐臭的奶酪"）[26] 以一盘由羊奶制成的佩科里诺奶酪为食源，人们把奶酪搁进黑暗的小屋里几个月，加入蠕动的酪蝇（Piophila casei）幼虫让食材"腐烂"，被分解后的奶酪上会渗出些许汁液，尝起来味道浓郁、辛辣。除了专业食客之外，其他人并不容易看出差别，佩科里诺奶酪上的活蛆表明它已经经过了适当发酵，而不是变质。这些半透明的白色蠕虫的大小和形状同米粒差不多，以能跳跃几英寸而闻名。当地人建议第一次吃这种奶酪的人把柔软黏稠、含有蠕动活蛆的奶酪铺在一块湿的大饼上，吃这种含氨的美味时要闭上眼睛。习惯上，这一历史悠久的食物通常要佐以烈性红酒（如卡诺娜），让它丝滑地划过上颚，进入消化道，从肠子出去。尽管欧盟以违反卫生标准为由，取缔了这种乳酪，但撒丁岛各地的活蛆奶酪消费量仍然很旺盛，当地人保持着这一习惯，以辛辣的方式提醒人们他们的文化遗产。

在地中海的另一边，撒丁岛东南方向几千英里处，是《圣经》中最著名的食虫动物的故乡。《圣经·马可福音》中介绍的耶稣的施洗者是一位朴素的昆虫学家。施洗者约翰只穿着一件驼毛长袍，系着一条皮带，以蜂蜜和蝗虫为食，在荒凉的犹太荒野中幸存了下来。[27] 他的禁欲食虫养生法遵循了他的远祖的饮食模式。正如进化人类学家很快指出的那样，人们应该更多地关注食用昆虫在人类发展中的作用。越来越多的证据表明，由甲虫、蚂蚁、蜜蜂、白蚁、蝴蝶、飞蛾、蚱蜢和蟋蟀组成的大杂烩是原始人类觅食者最喜欢吃的食物。[28]

狩猎－采集者的理想化形象引发了一场被称为"穴居人饮食法"（又称旧石器饮食法）的现代饮食热潮。受美国营养学家洛伦·科丹 2002 年的畅销书《旧石器饮食法》的推波助澜，这种旧石器时代的饮食法有了一批追随者，他们只吃 1 万年前（早在谷物被广泛驯化之前）人类祖先能找到的食物。[29] 这种饮食法的支持者认为，人类还没有经历足够长的进化间隔，来进化出能够有效消化谷物的肠道，从而与农业革命和现代文明中久坐不动的生活方式相适配。因此，食品生产方面仓促的创新超过了身体的进化，造成了毁灭性的生物错配，导致了肥胖、糖尿病、心脏病和其他许多困扰发达国家的富贵病。旧石器时代饮食的更新世菜单倡导优先食用瘦肉、鱼、浆果、蔬菜、坚果和种子。它强调避免食用谷物、乳制品、精制糖、马铃薯和加工食品。

这种说法有一定的道理。不含人工添加剂、不含过量糖、不含盐和不富含胆固醇的食材可能会为其追随者带来更健康的身体。大多数人都从摄入瘦肉蛋白质、高纤维的水果和蔬菜中受益，以上都是维生素和矿物质的宝库。[30] 此外，弓着腰坐在发光的屏幕前，狼吞虎咽地吃着油炸薯片、微波卷饼和含糖软饮的"计算机人"（*Homo computus*）成为当代社会衰落的一个突出的象征。

即便如此，我们仍有理由对旧石器饮食法风潮背后一些不太可信的断言表示怀疑。美国进化生物学家马琳·祖克（Marlene Zuk）将这种对史前食物的怀旧之情称为"古幻想"——基于对人类饮食进化的根本误解。[31]科学家们已经了解到，我们遥远的祖先和食物的关系，远不像今天的烧烤师傅和他们的烤肋排，而更像大力水手和他的菠菜罐头。我们的祖先在很大程度上是靠吃蔬菜而不是靠吃肉来变得有力气的。越来越多的证据表明，他们的饮食以大量富含叶绿素的野菜为主。[32]

虽然我们很容易联想到成群结队的穿着毛皮的山顶洞人纷纷向长毛象投掷长矛和石头的画面，但吃上大型哺乳动物的肉可是不可多得的放纵呢。事实上，原始人摄取的大部分动物补充蛋白都来自昆虫。根据研究人员斯坦利·博伊德·伊顿和多萝西·A.纳尔逊的说法："从哺乳动物首次出现到5 000万年前——总共约1.5亿年，哺乳动物存在时间的四分之三——我们的祖先主要是食虫的。"[33]地理上的多样性当然影响了我们史前亲戚的饮食选择，但无论何时何地，虫子似乎都是菜单上的首选。

恢复昆虫在人类饮食中的中心地位，是过去10年中出现的几十家初创企业的核心使命。All Things Bugs、Bitty Foods、Bud's Cricket Power、Chapul、CRIK Nutrition、Exo Protein、Lithic Foods、Six Foods只是一些吸引人的名字，这些创新企业正在生产一系列富含高蛋白的蟋蟀面粉。这种"面粉"是将冷冻蟋蟀干烤后磨成粉末，尝起来会有一种温和的坚果味。蟋蟀会被研磨得非常精细，以至于粉碎后的产品甚至看不到一丁点儿虫子的触角或腿，从而掩盖了它的起源的任何证据。蟋蟀面粉公司的网站上配了丰富的插图，介绍了各种各样的烹饪方法和食谱，从昆虫冰沙到可可脆皮布朗尼，以及蟋蟀蛋白煎蛋卷和乳清干酪煎饼。巴克莱银行 2019 年的一份报告曾预测，到 2030 年，可食用昆虫将发展成为一项价值 80 亿美元的业务。[34]

此外，一种新型的倡导组织已经出现，它们宣传食虫的优点。自 2013 年成立以来，位于得克萨斯州奥斯汀的"小牧群"一直倡导食用昆虫，支持将可食用昆虫看作一个日益不稳定的世界的稳定食物来源。[35] 针对思想开放的怀疑论者，这个非营利教育组织向公众宣传高蛋白"迷你家畜"在环境和饮食方面的优势，这些牲畜能够在城市地区可持续养殖。"小牧群"组织举办关于昆虫的营销创意的竞标活动，帮助农民利用蛆将泔水变成鸡饲料，并为小学制作食虫教材。

虽然美国和欧洲的一些组织正在努力倡导人们克服限制食用昆虫的心理禁忌，但世界其他地区的文化仍在延续着他们虔诚的食虫传统。六大洲至少 113 个国家长期以来都有食虫的习惯。[36]

这种习俗在许多亚洲国家，包括韩国、泰国和日本，已经盛行了几千年。在弥漫于传统韩国市场的众多独特气味中，你可能会发现许多食品摊位散发出浓烈的海鲜味。这道广受欢迎的街头小吃在韩语里叫作"beondegi"[37]——可以翻译为"蚕蛹"，是将蚕蛹放在肉汤中炖，或用油和香料煎制而成。小贩们用摞起的纸杯盛出热气腾腾的蚕蛹，食客则用牙签串着吃。蚕蛹身体上的甲壳素散发出一种咸咸的泥土味，类似于虾和花生的奇妙混合气味。

在亚洲的其他地方，印度田鳖（*Lethocerus indicus*）长期以来一直是一种广受欢迎的食用昆虫。[38] 这种生物有手掌大小，看起来如同古铜色的蟑螂，前腿有钳子。在泰国北部，它是街头小吃和餐馆里常见的菜肴。泰国厨师经常将较大的雌性印度田鳖炸透，然后整只吃掉；而用研钵和研杵将雄性印度田鳖碾碎，与辣椒、洋葱和大蒜混合在一起，做出辣味十足的印度田鳖辣椒酱。当雄性印度田鳖被碾碎后，它们的信息素会散发出成熟花朵的麝香香气。印度田鳖辣椒酱和四川的花椒一样，也会让消费者的舌尖产生轻微的麻木感。

日本也有悠久的食虫传统。在天龙川上游（蜿蜒穿过日本本州岛中心的主要水道），渔民们灵巧地操纵竹制罩网，捕捉聚集在河底岩石间蠕动的红棕色的石蛾幼虫。*Zazamushi*[39]（意为"缓流下的昆虫"）被看作一种难得的美味。厨师的做法是将幼虫煮熟，然后加入酱油和甜米酒或糖翻炒。

一些传统的非洲菜肴同样以昆虫宴为特色。在日本西南 8 000 英里外，另一种蛾的幼虫正在成为备受追捧的珍馐。在博茨瓦纳、纳米比亚、南非、赞比亚和津巴布韦，像雪茄一样粗、有人手那么长的非洲帝王蛾的幼虫（可乐豆木毛虫）支撑着一个价值数百万美元的产业。[40] 可乐豆木毛虫是非洲南部半干旱地区的一种原生物种，它的身上有十分鲜明的特征：白绿色和黄色相间的条纹，以及黑色或红色的短刺，周身覆盖着白色的细毛。一项庞大的家庭手工业是由妇女和儿童的劳动推动的，他们手工收集可乐豆木毛虫，挤出虫子的内脏，将虫子放入盐水中煮，然后摊开在阳光下晒干。根据制作方法的不同，这种昆虫不仅可以散发出红茶的味道，还让人联想到肉干，或者尝起来像全熟的牛排。脱水后的可乐豆木毛虫可以保存长达 1 年，这在冷藏设备经常短缺的炎热地区是一个优点。

就像培育紫胶虫、家蚕和胭脂虫需要掌握传统的生态知识一样，培育这些南部非洲的飞蛾也需要对可乐豆木毛虫的寄主植物有深入的了解。可乐豆木毛虫专门以可乐豆木（香松豆，*Colophospermum mopane*）蝴蝶形状的叶子为食，一些村民会在南方夏季采收时，将他们的树林租给可乐豆木毛虫的收集者，以增加收入。[*41]

可乐豆木毛虫已经进入了文学和政治领域。在英国裔津巴布韦作家亚历山大·麦考尔·史密斯（Alexander McCall Smith）的畅销系列小说《博茨瓦纳第一女子侦探社》中，主人公拉莫茨维小姐（Mma Precious Ramotswe）是一位可乐豆木毛虫虫干的强迫消费者。[† 42] 在现实生活中，马拉维铁腕总统海斯廷斯·卡穆祖·班达（Hastings Kamuzu Banda）出了名的爱吃可乐豆木毛虫。在他执政的 30 年里，他经常到农村去看望孩子，然后把放在口袋里的可乐豆木毛虫拿出来给孩子们当零食。[43]

在地球的另一端，昆虫在许多新世界的菜肴中也扮演着重要的角色。垂涎三尺的昆虫消费者挤满了墨西哥繁华的户外市场。朱砂色的油炸蚱蜢，做法是在烤过的蚱蜢表面撒上辣椒粉，放入蒜油中煸炒，再淋上新鲜的酸橙汁，这是墨西哥南部最独特、最令人垂涎的美食之一。早在 16 世纪早期西班牙人到来之前，这个地

---

[*] 可乐豆木也是红褐色野生蚕蛾（*Gonometa rufobrunnea*）的食用植物，这种蛾子结出的茧可以采收并纺成线。

[†] 茨瓦纳语是博茨瓦纳两种官方语言之一，在茨瓦纳语中，"Mma" 是一种表示尊重的称呼——就像 "Mrs." 或 "Madam" 一样——用在女性名字前面。男性（如 "Sir" 或 "Mr."）则用的是 "Rra"。

区的居民就已经开始享用油炸蚱蜢了，他们仍然使用传统的烹饪技术——在一口光滑的铸铁烤盘上烤这些昆虫。安娜·加西亚是瓦哈卡州中央谷地农村的一个农民，她这样描述捕虫："如果你想在大白天抓住虫子，你会看起来像个上蹿下跳的傻瓜，而且你是无论如何也抓不到它们的。天气太热了。你需要早早起来带着网出去捕捉它们。"[44]

油炸蚱蜢不受国界的限制，一直在向北迁移。油炸蚱蜢并不是美国传统的热狗、花生、啤酒和爆米花菜单上的典型食物。然而，当西雅图波基托斯餐厅的主厨曼尼·阿尔塞（Manny Arce）找到"西雅图水手"棒球队主场塞菲科球场（现为 T-Mobile 球场）

非洲帝王蛾的幼虫被认为是一种营养丰富的零食，在非洲南部大部分地区支撑着价值数百万美元的产业

的管理层，提出在比赛期间在他的小吃摊上出售这些瓦哈卡小吃时，体育馆的管理人员同意了这个提议。自 2017 年油炸蚱蜢首次出现在菜单上以来，这种辛辣的昆虫开胃菜意外地受到了球场观众的热烈欢迎。用一位粉丝的话来说："我认为大多数人在想象吃虫时害怕的一件事是，虫子在嘴里的口感是黏糊糊的。但油炸蚱蜢又酥又脆，尝起来就像酸橙配一点辣椒。"[45] 在 2017 年棒球赛季的前两周，阿尔塞卖出了超过 1.8 万份辣烤蚱蜢。

其他墨西哥昆虫美食还没有进入里奥格兰德河（美国和墨西哥的界河）以北的主流饮食之中。彝斯咖魔也被叫作"墨西哥昆虫鱼子酱"，是用树蚁（*Liometopum apiculatum*）的幼虫制成。这种蚂蚁原产于瓜纳华托州、普埃布拉州、伊达尔戈州和特拉斯卡拉州。它们可以为丰盛的前菜提供精致的搭配，比如慢炖牛肉（barbacoa，在炕窑蒸熟的牛肉）和卤肉（mixiote，用香蕉叶包裹，在烤箱中烤熟的卤肉）。彝斯咖魔尝起来就和玉米粒一样，散发出一种坚果和黄油的味道。[46] 由于树蚁的幼虫只能在三四月份采集，而且需要艰苦的劳动才能将它们从墨西哥中部高原多刺的龙舌兰根部的地下蚁穴中取出来，所以这些商品十分珍贵，它们在墨西哥特产市场上的零售价格每磅高达 50 美元。

这样的传统并不新鲜。事实上，食虫是美洲古代饮食方式的主要组成部分，企业家（今天的昆虫食品创新者们自称为企业家）利用了这种根深蒂固的历史遗产。正如旧金山湾区一家初创公司所做的广告："'Don Bugito'西班牙风情小吃店，是一家总部位于旧金山的公司，专注于开发对地球友好的蛋白质零食，以美味的可食

　　蝴蝶效应：虫胶、蚕丝、胭脂虫红如何影响人类文明，塑造现代世界

用昆虫为特色，口味有咸有甜……'Don Bugito'受前哥伦布时期的墨西哥美食启发，并一直致力于改造祖先的食物。"[47] 这样的促销策略并没有言过其实。《佛罗伦萨手抄本》是 16 世纪西班牙方济各会修士贝尔纳迪诺·德·萨阿贡所著的民族志文献，这本文献中就记录了许多传统的中美洲食虫习俗。例如，萨阿贡和他的合著者纳瓦社区的原住民提到，阿兹特克人视龙舌兰毛虫（*Aegiale hesperiaris*）[48] 为珍馐，他们把毛虫装在叶袋里，然后在烘焙石或灼热的余烬上烤脆。墨西哥南部的瓦哈卡州盛产梅斯卡尔酒，酒中的红色龙舌兰虫也是一种"gusanos"（蠕虫）。

数十种昆虫在北美印第安人社区高度发达的烹饪传统中也占据着重要的地位。奥农多加人是易洛魁联盟最初的五个民族之一，他们用蚂蚁在各种食谱中添加一种柠檬风味。正如一位 20 世纪初的观察家所言，奥农多加人吃蚂蚁"不是把它们当作主食，而是把它们当作珍馐"[49]。这些生物并不是在贫困时期用来勉强维生的"饥荒食物"。相反，人们选择吃蚂蚁是因为它美味。

在其他地方，美洲原住民社区会用可食用昆虫来增加饮食的多样性，补充野生狩猎提供的蛋白质，并提供可靠的营养来源。19世纪的民族学家沃尔特·J.霍夫曼描述了肖肖尼人部落和美国西部其他印第安人部落的蚱蜢大丰收：

> 印第安人在一块两三平方米见方的地上生火，当木材被烧成木炭和灰烬时，所有人开始围成一个大圈，用毯子或灌木把蚱蜢向中心驱赶，在那里它们被烧焦或不

得动弹，（然后）它们被收集起来，晾干，磨成粉。印第安人在蚱蜢面粉中加入少量的水，揉成面团，做成小蛋糕，放在沙子上用火烤。[50]

这些做法正是今天蟋蟀面粉初创企业在遥远时空中的先驱。

19世纪中期，美洲原住民的食虫传统在白人西进运动期间也经常维持着。肯塔基州的报纸编辑埃德温·布赖恩特（Edwin Bryant）在1846年经陆路来到加利福尼亚，他在书中写道，用缝纫针换取大盆地印第安人的食物。他的叙述中既有优越感，也有勉强接受这些昆虫对他的政党生存的重要性的一面。有一次，几个肖肖尼妇女给旅行者们提供了一些糕点，"经过仔细检查，我们确定这是将浆果碾碎成果酱，和蚱蜢面粉混合在一起做的。这些糕点在阳光下晒干，直到变硬，就是这些沙漠里可怜的孩子们的'水果蛋糕'"[51]。正如布赖恩特不情愿地承认的那样："一开始对蚱蜢'水果蛋糕'的偏见很强烈，但这种偏见很快就消失了，没有一种美味会被丢弃或丢失。"

美洲原住民吃昆虫的传统从根深蒂固的文化偏见中幸存下来，一直延续到今天。每半年，加利福尼亚州欧文斯谷的大松树派尤特部落的成员在针叶树周围挖沟，收集飞蛾的毛虫。[52]在他们用烟把毛虫从树冠中熏出来之后，男男女女就收集掉下来的毛虫，然后将这些毛虫先烤再煮，它们可以被单独食用，也可以作为一道美味炖菜的配料。

鉴于食虫在世界上大部分地区都是如此普遍，我们要如何解

蝴蝶效应：虫胶、蚕丝、胭脂虫红如何影响人类文明，塑造现代世界

释西方社会为什么普遍讨厌这种行为呢？英国著名人类学家布莱恩·莫里斯（Brain Morris）提出："没有任何证据表明人类不喜欢把昆虫当作食物出自本能。相反，在整个人类历史中，人类群体会食用许多种类的昆虫，不仅是将其作为'饥荒'食物，而且是作为他们饮食中固有的一部分。"[53] 对食用昆虫的一些偏见可能源于以下一个事实：北美和南美的欧洲殖民者经常来自更寒冷的北纬地区，那里可食用的昆虫并不多，而且昆虫从来也不是传统上的烹饪支柱。

作为殖民主义帮凶的种族偏见将食物偏好和所谓野蛮之间形成联系。当墨西哥耶稣会牧师弗朗西斯科·哈维尔·克拉维赫罗描述墨西哥下加利福尼亚的库梅耶人频繁食用蝗虫时写道："传教士的良好建议和 1772 年获得的经验，使他们戒掉了这种（食虫）习惯，当时印第安人因为吃了太多蝗虫而遭受了一场大流行病的袭击。"[54] 十有八九，这场 18 世纪的流行病是天花的暴发，与库梅耶人的饮食偏好并无关系。[55]

这种偏见一直延续到 20 世纪。哈佛大学昆虫学家查尔斯·托马斯·布鲁斯在他 1946 年出版的《昆虫、食物和生态学》一书中毫不避讳地将吃虫和不吃虫的人之间的界限种族化："即使是人类自己，也并没有完全把昆虫排除在饮食之外，尽管目前我们西方文明的成员食用昆虫是完全无意的。其他民族就不是这样了，如果时间允许的话，我们可以回到这个问题上来，因为它非常有助于增强种族优越感，不管是北欧人还是其他民族。"[56] 具有讽刺意味的是，依赖昆虫作为基本蛋白质来源的"其他民族"可能正在规避许多健康风险。

一种有毒的病原体在今天的动物生产设施中愈演愈烈，等待着从动物种群转移到人类宿主身上的机会。工厂化养鸡场培养了数量激增的耐抗生素细菌，[57]而工业化规模的养猪场则是引发大流行的流感病毒的巨大培养皿。[58]英国厨师休·费恩利－惠廷斯托尔等活动人士已经成功地发起了反对工业化生产方式的活动，这种生产方式不仅是对动物的虐待，还会带来严重的健康风险。[59]2011年，荷兰昆虫学家马塞尔·迪克（Marcel Dicke）和阿诺德·范·赫斯（Arnold van Huis）在《华尔街日报》上撰文指出："饲养昆虫作为食物可以避免许多与牲畜有关的问题。例如，猪和人类非常相似，它们可以共享许多疾病。共同感染（co-infection）可能产生对人类致命的新疾病，就像20世纪90年代末在荷兰暴发的猪瘟一样。因为昆虫与人类如此不同，因此这种风险也会相应降低。"[60]从1971年弗朗西丝·穆尔·拉佩（Frances Moore Lappé）的畅销书《一颗小行星的新饮食方式》（*Diet for a Small Planet*）开始，美食作家们经常把饮食描述为一种政治行为。现在已经清楚的是，这也是一个流行病学的赌注。[61]

从很多方面来说，争论吃昆虫有没有好处是没有意义的。我们都是食虫学家，不管我们知不知道。最虔诚的素食主义者可能会惊讶地得知，美国食品及药物管理局规定，"每100克花生酱中平均含有30片左右的昆虫碎片"是合格的。[62]而巧克力的要求是昆虫碎片含量是花生酱中的2倍即为合格，政府食品检查员允许每50克肉桂粉中，昆虫碎片最多有400块。即使是你每天早上喝的那杯咖啡当中，也会混入昆虫的上颚和触角。未经烘焙的咖啡豆里通常含有高达 10% 的昆虫碎片。就像糖果和鸡尾酒里的胭脂虫，或是阿司匹林和光滑的苹果上的虫胶，昆虫和它们的分泌物每天都在我们体内进进出出。

然而，有意的食虫行为将在未来的食物中扮演什么角色？随着气候持续变暖，地球变得越来越热、越来越干燥，经济约束和生物限制将深深影响 21 世纪的人类饮食。我们的星球也在变得越来越拥挤。联合国预测，到 2050 年，世界人口将达到 97 亿。[63] 气候变化加剧，再加上增加的约 20 亿人口，这些将对我们现有的全球粮食体系构成一系列新的挑战。

在这个不确定的时代，为数不多的具有确定性的特征之一是大米、小麦、玉米、小米和高粱等谷物将继续作为大多数饮食中的淀粉来源。目前世界人口的一半，即超过 35 亿人，每天摄入的热量有五分之一来自大米。[64] 这并不是什么新趋势。几千年来，大米一直供养着人类。亚洲、非洲和南美洲的人们都独立培育了这种顽强的稻属草本植物。无论怎样强调我们共同对它的种子的依赖，都不为过。[65]

小麦也将成为全世界人口的主食，尽管仅仅一个世纪前的食客如今可能已经辨认不出它的形态。其中一个新奇的化身是一块 4×4×1 英寸的金黄色卷面。二战后，一位名叫安藤百福（Momofuku Ando）的富有创新精神的华裔日本商人发明了这种由面粉、淀粉、水和盐制成的油炸食品，为日本人提供了一种在熟悉的文化下食用美国占领军配给的小麦的方式。正如人类学家德博拉·格韦茨、弗雷德·埃林顿和藤仓达郎在《面条叙事》(*The Noodle Narratives*)一书中指出的那样，2010 年，全世界的消费者吃掉了数量惊人的 950 亿碗方便面。[66]

世界各国政府都在押注，如果用昆虫作为大米和小麦的配料，会越来越流行。超现代的设计趋势在这些赌博中扮演了重要角色。最近，斯德哥尔摩、中国台湾和伦敦都举办了名为"嗡嗡大楼"的大型展览，这是一个半透明的管状蟋蟀农场，由屡次获奖的瑞典公司 Belatchew Arkitekter 设计。[67]这座建筑采用环形的发光玻璃和钢铁外骨骼结构，当中包括大约 10 350 平方米的可耕地，一个昆虫主题餐厅，一个让游客可以看到整个蟋蟀养殖过程的互动走廊，同时，它也是蜜蜂和其他被困的迁徙传粉昆虫的避难所。"嗡嗡大楼"昆虫农场是"农业建筑"的一个领先典范，这是一种专注于城市食品生产的设计方法。在一个高度城市化的世界里，都市农业有着许多优势，不仅可以更有效地利用土地，还可以减少长距离的食品运输。

尽管人们对食虫有正当的炒作，但许多问题仍未得到解答。乌普萨拉的瑞典农业科学大学的保护生物学家阿萨·贝里格伦(Åsa Berggren)在 2019 年指出："缺乏对几乎所有生产环节的基础研究，意味着大规模饲养昆虫对未来环境的影响在很大程度上是未知的。"[68]其中可能需要注意的一系列问题就包括规模如何。虽然小型昆虫养殖业已经在土地利用和能源效率领域取得了进展，但当养殖规模扩大时，我们就不能保证每次都获得这样好的结果了。[69]2015 年一项研究的作者提出，蟋蟀生产的工业化扩张导致饲料转化率

（生物体达到可采收尺寸所需要消耗的食物量）提高，从而否定了一些食虫的可持续发展"卖点"。

大量生产食用昆虫还可能造成其他方面的低效率。[70] 与经常生卖的肉类（想想肉店冷藏柜里摆放着的肥美的大理石纹牛排、堆成小山的红色牛肉糜和成堆的去皮鸡胸肉）不同，可食用昆虫通常是在加热的仓库里饲养的。工人们将昆虫的身体进行研磨、脱水和冻干，做成消费者喜欢的可口美食。每一个步骤都需要相应的能源投资，而这些投资通常来自燃煤发电厂。

另一方面，如果把食虫作为解决世界粮食短缺的一劳永逸的办法，就掩盖了首先导致这些问题的更大的结构性不平等。在打破营养缺乏、饥荒和饥饿的长期循环的斗争中，没有"免费的午餐"。正如诺贝尔奖得主、印度经济学家阿马蒂亚·森（Amartya Sen）在对 1943 年孟加拉饥荒的详细研究中所揭示的那样，多达 300 万人的死亡并不是食物绝对短缺造成的。[71] 事实上，那一年的稻子收成只比 1942 年的略低。而正如森所证明的，不民主的环境才是罪魁祸首。饥饿源于"权利失败"，即穷人和失业者无法获得食物供应。这些人缺乏足够的社会和经济力量来维护他们获得营养的权利。* 虽然未来的食物很可能涉及人类对昆虫的消费，但不平等获取食物的问题不会通过一个有翅膀、触角和六条腿的"银弹"（"万金油"策略）来解决。

---

* 爱尔兰经济历史学家科马克·奥·格拉达对孟加拉饥荒提出了一种截然不同的观点。他没有把责任归咎于市场失灵，相反，他认为印度的英国殖民统治者不愿意从抗击日本的战争中转移粮食。（Ó Gráda 2015: 38–91）

除了这些日常的生存斗争，科学家们正在设想让昆虫在星际探索中发挥关键作用。一组日本研究人员得出结论，可食用昆虫——具有适应力强的体格、快速的繁殖速度和营养丰富的身体——是维持人类火星探险最可行的食物来源之一。[72]

昆虫星际旅行的概念乍一听，可能让人觉得是异想天开，其实不然。第一批被发射到太空的动物既不是猴子也不是狗，它们是果蝇。同样的物种（黑腹果蝇），在我们人类基因景观的神秘地形中充当着指南针的角色，也带领我们进入了"最后的边界"。1947年2月20日，美国军方用一枚缴获的纳粹 V-2 火箭将果蝇送入了太空。[73] 科学家们从新墨西哥州的白沙导弹试验场发射了这枚弹道导弹（只不过是一个装满乙醇和液氧的巨大管道）。V-2 在 190 秒内达到了 109 千米的高度。就在这时，一个分离舱脱离了火箭，展开了降落伞，将不知情的昆虫"宇航员"降到了沙漠上。研究人员发现这些不幸的昆虫在旅途中幸存了下来，而且没有受到明显的伤害，这让他们松了一口气。

回到地球上，确保能吃上下一顿饭是大多数人的首要任务。在未来的几十年里，食虫必将在应对这一永无止境的挑战中扮演越来越重要的角色。然而，有大量的警世故事可以让有关一种由冻干蟋蟀和虫粉制成的"万能蛋白质"的炒作降温。藻类和大豆等神奇物质在过去有关全球饥饿问题最终解决方案的叙事中也曾充当过类似的角色。[74] 这两种物质所获得的结果都与之前的宏伟蓝图相差甚远。尽管在 20 世纪五六十年代曾有关于"小球藻烹饪"和以大豆为基础的饮食前景的光辉预言，但地球上的大多数人并没有从此以后就大嚼藻类汉堡或吃豆腐火鸡。事实上，当前的现实是这种情景令人不安的反转。正如美食作家克里斯汀·M. 杜波依斯所指出的："世界上大约 70% 的大豆蛋白被用于为人类提供猪肉和家禽所含蛋白质的低效过程中。"[75] 这种浪费的食物链正在以不可持续的速度吞噬资源。

可食用昆虫为通向不同未来提供了一条可能的途径，但这种饮食的转变将取决于根深蒂固的习惯和偏见是否能够改变。然而，我们仔细观察就会发现，美国和欧洲持续存在的对食虫的反感仅建立在脆弱的基础上。以色列昆虫学家弗里德里希·希蒙·博登海默（Friedrich Shimon Bodenheimer）曾指出："西方文明对昆虫食物的反感，虽然是既定事实，但并不是基于遗传本能。它是由习俗和偏见建立起来的。"[76] 行为和先入之见的代际转变是历史学家记录的最可靠的趋势之一。不难想象，面对文森特·M. 霍尔特（Vincent M. Holt）1885 年提出的"为什么不吃昆虫"的挑衅，21 世纪的消费者的反应可能与 19 世纪和 20 世纪的先人有所不同。

后记 听，昆虫的乐曲

　　听昆虫的乐曲是什么意思？著名的英国"日记"作家塞缪尔·佩皮斯（Samuel Pepys）讲述了他的同胞自然哲学家罗伯特·胡克（Robert Hooke）是如何"通过苍蝇在飞行时发出的乐音来判断它们拍打了几下翅膀的（那些苍蝇在飞行时会发出嗡嗡声）"[1]。事实上，胡克识别各种空中飞行的苍蝇发出的不同音调的能力已经被后续研究证实了。就像声波指纹一样，几乎每一种飞虫的振翅频率都会留下独特的声波痕迹。[2]我们通过辨别飞虫发出哪种嗡嗡声，可以揭示这种生物的身份。在人类健康领域，识别昆虫的翼拍频率已经成为一种检测携带疾病的蚊子存在的方法。通过使用装有激光束的传感器，科学家们可以测量微小的空中动物群的翼拍频率，以确定在任何给定的环境中，从坦桑尼亚的大草原到路易斯安那州的沼泽，有哪些昆虫存在。

　　不可否认的是，在人类历史上，虫子的嗡嗡声一直是瘟疫的先兆。然而，在其他时间和地点，它们发出的响亮的唧唧声、啾啾声和嗡嗡声则是更悦耳的。希腊诗人加达拉的梅勒格写于公元前 1

世纪的蝉颂，就巧妙地表达了这种态度：

> 哦，尖叫的虫子；带着甜蜜的露珠，
>
> 醉醺醺地，在沙漠绿洲中歌唱；
>
> 锯齿般的腿停在花朵上，
>
> 黝黑的身体发出竖琴般的回响。
>
> 来呀，亲爱的蝉，吃遍树林吧，
>
> 如宁芙与潘初遇，一场热烈的求爱；
>
> 让我，偷偷在爱中午睡，
>
> 斜倚在悬铃木遮住的树荫下。[3]

并非只有古希腊人对昆虫之歌如此推崇。在日本江户时代的秋夜，情侣们会成群结队地来到东京的道灌山，这里是野餐、喝清酒、听蟋蟀鸣叫[4]和蝉鸣的热门地点。

相隔半个地球之外，几个世纪之后，亚马孙河流域夜间的声景为安德鲁·雷夫金（Andrew Revkin）给巴西雨林保护者奇科·门德斯（Chico Mendes）写的传记奠定了基础："夜晚到来，蝉开始嗡嗡地鸣叫，这声音听起来就像锡塔琴演奏者的乐队在调试乐器。声浪如同一条毯子将小镇和周围的雨林包裹起来。"[5]在这样的背景下，昆虫的旋律仪式为动荡的世界提供了安慰和稳定。

昆虫的声音也与人类的激情产生了共鸣。在《触摸我》的三分之一处，"桂冠诗人"斯坦利·库尼茨（Stanley Kunitz）回忆了这样一个时刻：

蝴蝶效应：虫胶、蚕丝、胭脂虫红如何影响人类文明，塑造现代世界

整个下午我都在户外

在炮铜色的天空下

给我的花园松土，

我向蟋蟀们跪下

它们在我脚下颤声鸣叫

那声音仿佛是从硬壳里迸发出来的；

我又像个孩子那样

惊奇地听见，一支

如此清晰而勇敢的音乐

从这么小的机器里倾泻出来。

是什么在驱动引擎？

欲望，欲望，欲望。

对舞蹈的渴望

骚动在这被埋葬的生命中。

仅仅一个季节，

它就完了。*6

库尼茨以他独特的风格，用野性、迷人和优美的诗句来描述这场短暂的物种间的邂逅。

人类对昆虫声音的反应是特定文化背景的产物。然而，有一个超越性的元素将所有这些不同的例子联系在了一起。打破传统的

---

* 马永波译。——译者注

哲学家和先锋爵士艺术家大卫·罗森伯格（David Rothenberg）提出，昆虫的声音是人类音乐基本元素的先驱。在他 2013 年出版的《昆虫音乐：昆虫如何带给我们节奏和噪音》（*Bug Music: How Insects Gave Us Rhythm and Noise*）一书中，他认为"蟋蟀的鸣叫、蝉的鼓声、角蝉的嗒嗒嗒嗒声……可能是我们对节奏、节拍和有规律的曲调感兴趣的源泉"[7]。罗森伯格的说法既诱人又有说服力。俄罗斯作曲家尼古拉·里姆斯基 - 科尔萨科夫的《野蜂飞舞》中所穿插的嗡嗡的颤音，以及爱德华·格里格的《牛虻对苍蝇说》中以苍蝇为灵感的旋律线中轻快的嗡嗡声，都恰如其分地说明了这种断言。*

　　不管我们是否能随着昆虫的节拍进入"旋"的状态，很明显，昆虫正在向我们传递有关环境的声音信息。我们六条腿的表亲是周围环境看似难以察觉的变化的非凡晴雨表。你可以试试数蟋蟀在 14 秒内鸣叫的次数，然后在这个数字上加上 40，就是当前近似的华氏温度。这种方法可靠得惊人。[8]

　　昆虫也可以传递天气变化的信息。事实上，昆虫向我们传递信息时甚至经常不发出一点儿声响。在芭芭拉·金索沃 2012 年的小说《逃逸行为》中，28 岁的德拉罗比娅·特恩鲍看到 1 500 万只君主斑蝶在田纳西州阿巴拉契亚南部小镇费瑟镇附近的树林里栖息，欣喜若狂。[9]最终，我们了解到，这种奇迹的出现实际上是一种令人担忧的现象发生的征兆。这群迁徙的君主斑蝶已经完全偏离了轨道，它几百年的迁徙模式已经被全球变暖带来的混乱天气所

---

* 1960 年，史密森尼民俗唱片公司发行了《昆虫之声》，这是一张充满昆虫歌曲和声音的黑胶唱片，昆虫学家奥尔布罗·高尔在其中担任解说。

改变了。

　　金索沃虚构场景的前提得到了现实世界中科学研究的证实。在 2019 年一项名为《全球昆虫动物的数量减少》的研究中，研究人员对来自全球各地的 73 个案例研究进行了广泛的调查，得出的结论是，超过 40% 的昆虫物种面临着灭绝的直接危险。[10] 这项研究的作者确定，农药密集型农业、城市化导致的栖息地丧失、病原体和入侵物种的快速传播破坏了昆虫栖息地，不仅如此，地球气候变化不可预测的天气模式是造成昆虫和栖息地数量下降的最重要的驱动因素。亨利·戴维·梭罗（Henry David Thoreau）认为"昆虫的嗡嗡声"是"大自然健康或健全状态的证据"。[11] 在今天这个瞬息万变的世界里，他于 19 世纪发表的这一见解似乎比以往任何时候都更加贴切。

　　在 20 世纪上半叶，一个带有误导性的消灭虫子的任务是一个坚定的政策目标。《哈珀杂志》1925 年 3 月版发表的一篇特稿宣称："昆虫即将获胜：一份关于千年战争的报告。"这篇由美国内政部部长行政助理威廉·阿瑟顿·杜佩（William Atherton DuPuy）撰写的文章指出："这一问题至关重要，不亚于人类的生死存亡。如果人类赢了，我们将继续是主宰地球的物种。如果人类输了，我们将被这个最野心勃勃的种族'敌人'消灭。"[12] 大量积累的数据表明，人类即将赢得这场战争，这对我们自身和基本的环境过程都是不利的。事实上，我们迄今为止的胜利都是得不偿失的。这些行为无异于自杀，因为没有昆虫，人类将很难在地球上维持生命。

　　昆虫和人类之间许多亦敌亦友的关系由来已久，我们不可能确切地知道未来会怎样。但我们可以确定的是，这些关系在未来几十年会在塑造我们星球的自然方面具有巨大的意义。成为"墙上的苍蝇"*是一种关于客观性的诱人幻想，是人类的白日梦，即希望成为重要事件中不被注意的观察者。昆虫往往是人类生活中被忽视的见证者。因为虫子经常在墙壁之间、黑暗的角落里、一堆堆树叶下和草叶间钻洞、翻找、乱窜，所以我们常常注意不到它们。我们乐于瞥见蜜蜂在花园里嗡嗡叫，蝴蝶在花丛中飞落，但人类往往只在察觉到昆虫构成危险时才会注意听它们的声音。

然而，在我们生活的这个星球上，昆虫在繁殖和腐烂（也就是所有生命的出生和死亡）的关键过程中发挥着显著的支配作用。从有花植物的授粉到有机物的分解，这些循环从根本上都是由无数形状和大小不一的六足生物调节的，它们构成了地球上生物多样性最丰富的群体。

正如我在本书中所论证的那样，人类和昆虫的生活以不那么显而易见的方式深深地纠缠在一起。虫胶、蚕丝和胭脂虫红等由昆虫产生的产品就在我们体内、身上和周围，将古老的技艺与现代的生活方式联系起来。毫不夸张地说，昆虫塑造了我们聆听、品味、感觉和观察世界的方式。作为传粉者、潜在的食物来源和实验室研究的模型，我们六条腿的表亲在世界食物供应链中，以及在我们对人类遗传密码的深入研究中都处于核心地位。

1989年，在"人类世"（Anthropocene）一词占据全球时代

---

* 原文为"fly on the wall"，指在不被人注意的情况下随意观察局势的一种状态。现在，这个表达多用于指代"观察型纪录片"。——译者注

蝴蝶效应：虫胶、蚕丝、胭脂虫红如何影响人类文明，塑造现代世界

精神之前，美国古生物学家斯蒂芬·杰伊·古尔德（Stephen Jay Gould）评论说："不要接受把我们的时代贴上哺乳动物时代标签的沙文主义传统。这是节肢动物的时代。无论从物种、个体，还是从进化延续的前景来看，节肢动物的数量都超过了我们。在所有已命名的动物物种中，节肢动物占到大约 80%，其中绝大多数是昆虫。"* 13 如果要认真对待古尔德的劝诫，我们就必须超越"行星历史仅限于人类历史"这一广为流行的观念。

　　一些评论员的洞察力足以超越这些限制。其中一位是遁身远迹但才华横溢的法国博物学家让－亨利·法布尔。法布尔没有受过正规的科学训练，只是自学成才，却成为 19 世纪最受尊敬的昆虫学家之一。查尔斯·达尔文和路易斯·巴斯德都曾给他写过咨询信，维克多·雨果称法布尔为"昆虫界的荷马"。法布尔 10 卷本的《昆虫记》是他一生与昆虫互动的杰出证明。在 20 世纪初，法布尔评论说："昆虫并不追求如此多的荣耀。它只向我们展示生命无穷无尽的各种表现形式，它在一定程度上帮助我们破译出最晦涩的书，我们自己的书。" 14

　　恐惧和敬畏在人类的情感光谱上并没有看起来的那么遥远。法布尔对昆虫生命的各种形式的关注提供了一座桥梁，让我们由恐惧转变成钦佩。如果我们愿意倾听，我们六条腿的表亲们会为我们

---

* 自 21 世纪初以来，科学家、政策制定者和权威人士都把当前的时代称为人类世。2000 年，荷兰大气化学家保罗·克鲁岑和美国生物学家尤金·F. 斯托默（Eugene F. Stoermer）首次推广了这一口号。它宣称人类对地球物理过程产生了前所未有的影响，人类对地球地质和生物圈发生的广泛且往往是毁灭性的变化负有责任。当然，人类消灭其他物种的能力表明了这种观点的正确性。（Crutzen 2002: 23.）

星球的多样性以及人类和非人类历史的相互依存提供有力的证据。它们的生命也证明了复杂系统中的微小波动可以产生广泛的影响。事实便是如此，一只蝴蝶在巴西扇动翅膀就能在得克萨斯州引发一场龙卷风。

致 谢

大多数昆虫是群居动物，依靠蜂巢、巢穴或蚁丘的亲缘关系来获得安全、食物和群落。同样地，我也依靠着一群乐天的家庭成员、朋友和同事，在他们的帮助下，这本书才得以顺利出版。

我的朋友、环境史学家查尔斯·C.曼恩从一开始就鼓励我，并在无数个关键时刻给予我帮助。乔恩·西格尔是我在克诺夫出版社的编辑，他一直是我灵感的源泉，是我长篇大论的倾向的明智对照。我的文学经纪人法利·蔡斯是出版界的专家。文字编辑邦妮·汤普森对如何改进我的写作提出了许多深思熟虑的建议，编辑助理艾琳·塞勒斯在引导这本书的出版方面做得非常好。

30 年前，在马萨诸塞州伍兹霍尔的儿童科学学院，贝姬·拉希让我第一次见识了昆虫学家的迷人世界。我高中的生物学老师艾莉森·阿门特鼓励我在课堂内外接触昆虫。在斯沃斯莫尔学院，李丽莲帮助我了解了中国悠久的丝绸传奇，马克·华莱士激励我以想象力思考人类和非人类。我在耶鲁大学的几年里，让－克里斯托夫·阿格纽、比阿特丽斯·巴特利特、鲍勃·哈姆斯、罗伯特·约翰斯顿、吉尔·约瑟夫和吉姆·斯科特在我跨越学科边界和地区边界的时候，激励我追根究底，并给予了精干的指导。我在阿默斯特学院的同事在我的研究和本书的写作过程中给予了支持。

火奴鲁鲁的伯尼斯·波希·毕晓普博物馆的昆虫学藏品经理吉姆·布恩曾花了几个小时向我展示他照看的昆虫藏品，数量惊人。柯尔斯滕·卡尔森在为这本书设计君主斑蝶解剖图时展现了她惊人的艺术天赋，制图师尼克·斯普林格做了一件令人钦佩的工作，把我对昆虫商品贸易路线的历史概念转移到更直观的世界地图上。

在我痴迷昆虫的研究中，凯文·陈慷慨地提供了他的历史直觉和昆虫学见解。阅读了本书章节草稿或贡献想法的人还包括：尼娜·戈登、史蒂文·格雷、汉娜·格林沃尔德、肯·科普、芭芭拉·克劳萨默、特里西娅·利普顿、迈克尔·奥康纳、唐·彼得森、卡里·波尔克、伊丽莎白·普赖尔、约翰·索鲁里、西奥多·瓦德洛、路易斯·韦斯和本·伍加夫特。克莱尔·布罗邀请我在布朗大学的柯古特人文中心分享我最初的发现，马克斯·苏克廷在阿默斯特学院的"伟大的著作"暑期课程中为我提供了一个思考的场所。同样地，基科·马特森给了我一个机会，让我在夏威夷大学的世界环境史课上讨论我对昆虫的看法，蒂姆·麦克沃在迪尔菲尔德学院的环境史研讨会上也提供了一个类似的论坛。

吉姆·盖特伍德、罗布·琼斯、本·马德利和谢莉斯·尤德尔不仅对我的工作给出了详细的反馈，在将本书打磨至成熟的充满挑战的一年里，他们还提供了明智的建议和无尽的友谊。

我的父亲杰里和母亲拉莉斯·梅利洛理应得到"蜂后"的那份荣誉，因为他们在40多年里给予了我无条件的爱和明智的指导。

注 释

前言

1　关于化学战的交织发展和杀虫剂：Russell 2001。农作物损失统计数字：Culliney 2014。昆虫损失作为现代化的一个衡量标准：Sallam 1999。

2　Ammer 1989.

3　Klein et al. 2007: 303–13.

4　Bleichmar et al. 2009; Maat 2001; Drayton 2000; Grove 1995; and Brockway 1979.

5　Lorenz 2000: 91–94. 洛伦茨可能受到雷·布雷德伯里（Ray Bradbury）的《一声惊雷》（*A Sound of Thunder*）的启发："它落到地板上，一个精致的东西，一个可以打破平衡的小东西，撞倒一排小多米诺骨牌，然后是大多米诺骨牌，然后是巨大的多米诺骨牌，贯穿多年。埃克尔斯的头脑一片混乱。这改变不了什么。杀死一只蝴蝶并没有那么重要！不是吗？"（Bradbury 1962: 93）

6　Dillard 1974: 64.

7　Usher and Edwards 1984: 19–31.

8　Vogel 2008: 667–73; Foster 2005: 3–15. 我借用了卡斯珀 2003 年出版的《合成星球》中的概念。我也借鉴了布鲁诺·拉图尔的观点，即现代性是矛盾的。它一方面肯定"自然"与"社会"是不同的；另一方面，它同时依赖于抵制这些严格分离的人类和非人类属性的融合（Latour 1993）。

9　Pandey and Nichols 2011: 411–36.

10　Van Huis et al. 2013: 1.

11 Wilson 1990: 6. 威尔逊的话经常被错误引用和转载，而未有任何出处。感谢凯尔文·陈（Kelvin Chen）纠正了这个长期以来的错误。

12 Darwin 1896: 327–28.

13 Dickinson 1924: 1755.

第一部分　变形记

第 1 章　系统中的虫子

1 Nicholson 1995: 81.

2 Eiland 2003: 80; Fazlýoďlu and Aslanapa 2006.

3 Myerly 1996: 68.

4 California Academy of Sciences 2017.

5 Leong et al. 2017: 6.

6 Washington 2003: 5.

7 MacArthur 1927: 487.

8 Hume 1956: 53.

9 Donne 1971: 58. 詹姆斯·乔伊斯 1939 年的小说《芬尼根的守灵夜》（*Finnegans Wake*）中充满了"昆虫"和"乱伦"的俏皮结合。最后，家庭成员会"尽可能地亲密"（Joyce 1939: 417）。

10 Evans et al. 2015: 299.

11 Kiauta 1986: 91–96; Davis 1912: xiv.

12 Manchester City Council 2019.

13 Flick 2006: 155.

14 Petty 2018: 38.

15 Mandeville 1714.

16 Fox-Davies 2007: 260. 古典主义者苏珊·A. 斯蒂芬斯认为，拿破仑有意借鉴了古埃及人的做法，古埃及人用蜜蜂的象形文字来象征埃及的国王。（Stephens 2003: 1）

17   Sleigh 2003: 57.

18   Merlin, Gegear, and Reppert 2009: 1700–04.

19   Franceschini, Pichon, and Blanes 1992: 283.

20   Gullan and Cranston 2014; Dudley 2000.

21   Norberg 1972: 247–50.

22   Laërtius 1853: 231.

23   Bodson 1983: 3–6.

24   Pliny 1855–57: vol. 3, 1.

25   Pliny 1601.

26   Neri 2011: xii.

27   一些科学史学家也对他们的同事汉斯·利伯希（Hans Lippershey）和雅各布·梅修斯（Jacob Metius）表示高度认可。Bardell 2004: 78–84.

28   Bradbury 1967: 68.

29   Miall and Denny 1886: 1.

30   近年来，梅里安一直是多部传记和小说的主角。Friedewald 2015; Todd 2007; Stevenson 2007.

31   英国著名生态学家乔治·伊夫林·哈钦森写道，玛丽亚的航行是"史上第一次，即使不是首创，也是第一个怀着唯一且明确的目的——研究新大陆的问题——而穿越大西洋的人"。Hutchinson 1977: 14.

32   17 世纪末和 18 世纪初的苏里南：Van Lier 1971 and Boxer 1965: 271–72。苏里南奴隶的残酷遭遇：Davis 2011: 925–84。

33   Maria Sibylla Merian 1975: plate 2.《苏里南昆虫变态图谱》的原版著作藏于美国自然博物馆。

34   Wilson 1984: 1.

35   J. D. 赫莱因（J. D. Herlein）引用自 Fatah-Black 2013: 8。

36   Goslinga 1979: 100. 关于一位妇女和她的女儿在 1770 年作为奴隶来到苏里南的故事，请参阅 Hoogbergen 2008。殖民地种植园环境恶劣，2013 年的荷兰电影《糖多少钱》（*Hoe duur was de suiker*）就是以此为历史背景。该剧改编自辛西娅·麦克劳德（Cynthia McLeod）的同名小说，她是苏里南独立后的首任总统约翰·费里埃（Johan Ferrier）的女儿。（McLeod 1987）

37   Merian 1975: plate 36. Also see plates 18, 51, and 43 (*Goliath Birdeater, Sweet*

Bean, and Marmalade Box). 科学家们后来得出结论，狼蛛很少吃鸟类，但人们普遍认为这些狼蛛的口味很多样。（Striffler 2005: 26–33）

38   Rücker and Stearn 1982: 65.

39   Davis 1995: 177. 艺术史学家贾尼丝·内里提醒说，梅里安杰出的艺术天赋和科学创新有时被学者夸大了。梅里安并不是第一个用同一张图片展示昆虫生命周期的人；在同侪中，她也不是唯一一个把昆虫提升到"高级艺术"境界的人。（Neri 2011: 141）

40   Merian 1975: ii.

41   theridge 2011: 38. 梅里安跟《虫めづる姫君》的女主角有着不可思议的相似之处。这是 12 世纪的日本故事，标题翻译过来就是《爱昆虫的女士》，讲述了一位平安时代宫廷妇女违背社会习俗的举动，她与昆虫为友，并以她的毛毛虫和蝴蝶的名字为她的随从命名。（Backus 1985:41-69）巴克斯将这个故事的标题翻译为"崇拜害虫的女士"。

42   Nation 2016; Strausfeld and Hirth 2013: 157–61.

43   Liang et al. 2012: 1225–28.

44   Frank et al. 2017.

45   Misof et al. 2014: 763–67.

46   Hublin et al. 2017: 289–92.

47   Shaw 2014: 85.

48   Clapham and Karr 2012: 10927–30.

49   Wigglesworth 1942: 194.

50   Chetverikov 1920: 449.

51   Moffett 2010: 1. 昆虫数量统计：Moore 2001: 223; and Berenbaum 1995: xi。

52   Westwood 1833: 118.

53   昆虫种类在 260 万～780 万种之间。Stork, McBroom, Gely, and Hamilton 2015: 7519.

54   Morris 2004: 2.

55   关于霍尔丹的故事很可能是杜撰的；见 Hutchinson 1959: 146n1.

56   Kadavy et al. 1999: 1477–82.

57   Ashlock and Gagné 1983: 47–55.

58   Hoare 2009: 165.

59 Lovejoy 1936: 236–40.

60 "Condition of Ireland," Illustrated London News (December 15, 1849): 394.

61 Lehane 2005.

62 Zinsser 1935: 14.

63 Cloudsley-Thompson 1976; McNeill 2010; Winegard 2019. 历史上，昆虫对人类事务有害影响的例子见 Giesen 2011; Patterson 2009; McWilliams 2008; Sutter 2007; Lockwood 2004; and Buhs 2004。

64 World Health Organization 2020.

65 World Health Organization 2016.

66 Tedlock 1996: 49–50.

67 Lockwood 2009: 75. 这种虫子甚至被称为"Shermanite"，指代联邦将军威廉·特库姆塞·舍曼。（Capinera 2008: vol. 3, 1766）

68 Harris 1994: 79.

69 Roberts 1932: 531.

70 Goff 2000.

71 Boissoneault 2017.

72 Schuh and Slater 1995.

73 Ibn Khallikan 1843–71: vol. 1, 234 .

74 Schur 2013: 183.

75 Hughes 1989: 75.

76 Marx 2002: 41–42; Shapiro 1987: 376–78; Yale University 2017.

77 Hoyt and Schultz 1999: 52.

78 Anonymous 1897: 175.

79 *Modern Mechanix Magazine*: Miller 1930: 68.

80 Kinkela 2011.

81 Madley 2016: 325.

82 Office of the United States Chief of Counsel for Prosecution of Axis Criminality 1946: vol. 4, 574. Also see Raffles 2007: 521–66.

83 Wheeler 1922: 386.

84 Tsutsui 2007: 237–53.

85 O'Bannon 2003.

86   *A Bug's Life production notes* (October 10, 1998), 14, quoted in Price 2009: 162.

87   Crane 1999: 43: Toussaint-Samat 2009: 15.

88   Kritsky 2015: 8–12.

89   Plutarch 1875: vol. 2, 192.

90   National Archives of the United Kingdom 1225.

91   Crane 1999: 498.

92   Ransome 1937: 264. Statistics: Bianco, Alexander, and Rayson 2017: 99. 1836 年，比利时植物学家查尔斯·莫伦（Charles Morren）发现玛雅皇蜂是原产于墨西哥的香荚兰的天然传粉者。由于在世界其他地方没有这种蜜蜂，所以欧洲人无法在其他地方生产香草。（Arditti, Rao, and Nair 2009: 239）

93   Fijn 2014: 41–61; Fijn and Baynes-Rock 2018: 207–16.

94   Crane 1999: 597.

95   Turner 2008: 562; and Brothwell and Brothwell 1998: 165.

96   Enright 1996.

97   Lévi-Strauss 1973.

98   Mintz 1985.

99   Marston 1986: 103.

100   Milne 1926. 值得注意的是，帕丁顿熊更喜欢橘子酱。在埃瑞·卡尔的《好饿的毛毛虫》中，主角是一种杂食动物，它会吞食任何看到的食物，无论甜的还是咸的。

101   Danny Hakim, "Are Honey Nut Cheerios Healthy? We Look Inside the Box," *New York Times* (November 10, 2017).

102   Carvalho 1904: 97–101; Hahn, Malzer, Kanngiesser, and Beckhoff 2004: 234–39.

103   Harvey and Mahard 2014: 149; Houston 2016: 99–101; Rijksdienst voor het Cultureel Erfgoed Ministerie van Onderwijs, Cultuur en Wetenschap, 2011. 即便如此，直到 1974 年，德国政府仍在某些官方文件中使用铁胆墨水。

104   "现代人类学之父"克劳德·列维－斯特劳斯的一个评论——"Les ani-maux sont bonsàpenser"（动物善于思考）——直抵问题的核心。"Bonsà penser"是列维－斯特劳斯模仿"Les animaux sont bonsàmanger"（动物

很好吃）而设计出的措辞。"动物善于思考"更准确地抓住了他的意图。
Lévi-Strauss 1962: 89.

第 2 章　虫胶

1　Berliner 1994: 349.

2　Almond 1995: 130; *Oxford English Dictionary* entry for "groove." https://
　www.oed.com/view/Entry/81733?rskey=qe5YbA &result=1#eid.

3　Lochtefeld 2002: 211. 关于虫胶的历史记载很少。一个过时但仍然有用的
　参考书目：Varshney 1970。

4　Yule and Burnell 1903: 499–500.

5　Mohanta, Dey, and Mohanty 2012: 237–40; Buch et al. 2009: 694–703;
　Mukhopadhyay and Muthana 1962. 柬埔寨、印度尼西亚、缅甸、泰国、越
　南和中国养殖紫胶虫。例如，云南省哈尼族长期饲养紫胶虫。（Saint-Pierre
　and Bingrong 1994: 21–28）紫胶虫数量：Negi 1996: 106。在中国、泰国和
　东南亚的其他一些地区，棠花经常被用来生产紫胶。（Singh 2013: 4）

6　Dave 1950; Sarkar 2002: 224–30.

7　Suter 1911: 36.

8　Van Linschoten 1885: 90.

9　Venetian dyeing manual: Rosselli 1644: 12. 他声称早在 1220 年，印度虫胶
　就被进口到加泰罗尼亚和普罗旺斯，参见 Merrifield 1849: vol. 1, clxxviii。

10　vol. 2, 221. 塔韦尼耶因 1666 年在印度发现并获得一颗 116 克拉的蓝钻而
　闻名。两年后，他将这颗巨大的宝石以相当于 17.2 万盎司纯金的价格卖
　给了法国国王路易十四，并获得了皇室授予的贵族身份。最终，宝石切
　割者将这颗叫作"塔韦尼耶之蓝"（Tavernier Blue）的蓝钻打磨成核桃
　大小的希望钻石，这颗钻石至今仍是世界上最著名的宝石之一。（Patch
　1976）

11　Bristow 1994: 49.

12　Pollens 2010: 264; Steph Yin, "The Sound of Music: Secrets of the Stradivari
　May Be in the Wood," *New York Times* (January 3, 2017): D2.

13   Chatterton 1971.

14   Arasaratnam 1986: 104.

15   Perlstein 2008: 526.

16   Watt 1908: 1063. Also see Watt 1905: 650–52. Statistic: Misra 1928: 3.

17   Sainath 1996: 148–53.

18   Orta 1895: vol. 2, 40. "Lakka"：Watt 1905: 646. Salmasius: Watt 1908: 1055.
      James Kerr: Kerr and Banks 1781: 374–82. *Chermes lacca*: Roxburgh 1791:
      228–35.

19   Kirby, Spring, and Higgitt 2007: 82. Langmuir 1915: 696.

20   Webb 2000: xvii. 植物分类学家也把中国漆树称为 *Toxicodendron vernicifluum*。
      虫胶的起源仍然笼罩在迷雾之中。在著名旅行作家、科普作家比尔·布莱
      森 2010 年出版的《家：私人生活简史》一书中，他错误地将紫胶虫称为
      "甲虫"。（Bryson 2010: 156）紫胶虫实际上是一种介壳虫。乍一看，这似乎
      是一场关于分类学细节的愚蠢争吵。事实上，人们需要回到 3.72 亿年前，
      才能找到甲虫和介壳虫的共同祖先。

21   Goldsmith and Wu 2006: 57.

22   Mackay 1861: 440.

23   引用自 Stalker and Parker 1688: ii。关于概括性说明，见 Dow 1927: 238;
      and Mussey 1981。

24   Coe 1976.

25   Krainik, Krainick, and Walvoord 1988.

26   "William Zinsser & Company, Inc. History," http://www.fundinguniverse.com/
      company-histories/william-zinsser-company-inc-history/.

27   Voloshin 2002: 39; and Chanan 1995: 29.

28   Thompson 1995: 138.

29   Millard 2005: 202; and Day 2000: 19.

30   Chamber of Commerce of the United States of America 1921: 19.

31   Crandall 1924: 32–33.

32   Sharma 2017: 185–86.

33   沃尔特引用自 Kaufman and Kaufman 2003: 325。美国文化历史学家迈克
      尔·丹宁（Michael Denning）认为，每分钟 78 转的唱片在世界各港口城

市的海上流通，为 20 世纪的反殖民革命创造了声景。远在非洲、东南亚和拉丁美洲的人们突然开始发现并交流"音乐方言"——桑巴舞、探戈、爵士乐——这些既激发了反抗，也伴随着欧洲殖民主义余烬中独立国家的出现。（Denning 2015）

34　Stravinsky 1936: 123–24.

35　Dodds 1992: 71. 关于这个现象的更多信息见 Katz 2010。"in the groove" 一词的起源见 Wallace 1952: 102。

36　Millard 2005: 203. Cosimo Matassa: Broven 1978: 106.

37　"Little Bugs and Big Business," *Popular Mechanics* 1937: 693.

38　Jones 2006: 7.

39　*The Gramophone* (February 1943): 16. 在 20 世纪 40 年代早期，"三大"唱片公司——RCA Victor、Columbia 和 Decca——生产了美国大部分的唱片。（Dowd 2006: 208）

40　Myers 1946: 413. 比如战时企业主导的回收运动：Durr 2006: 361–78。

41　Russ Parmenter, "Business Booming, Say Record Makers," *New York Times* (November 21, 1953): 4.

42　Shicke 1974: 120; Millard 2005: 204; Frith 2004: 277; and Granata 2002: 8.

43　Barack Obama: White House, Office of the Press Secretary 2010.

44　Mitchell Landsberg, "Oldies but Goodies: Jukebox Turns 100 and Brings Back Memories of Old-Time Rock 'n' Roll," *Los Angeles Times* (November 19, 1989): 2.

45　La Point 2012: 114.

第 3 章　蚕丝

1　Illica, Giacosa, Elkin, and Puccini 1906: 9.

2　Hearn 1899: 59.

3　"Shuo Ren," poem 57 in *The Book of Odes* (*Shijing*) Ward 2008: 36.

4　Kyo 2012: 15.

5　Hargett 2006: 26.

6　Crawford 1859: 187.

7　Priscilla Jacobs: Arrington 1978: 381.

8　Wood 2002: 32. 虽然中国人至少从公元前 3000 年就开始采集野生蚕丝，但中国的蚕桑养殖大约在公元前 2700 年开始发展起来。 Whitfield 2018: 191–92; and Datta and Nanavaty 2005: 113.

9　Sue Kayton, correspondence with author; Sun et al. 2012: 483–96; and Millward 2013.

10　Kuhn 1984: 213–45.

11　Eugenides 2002: 63.

12　John McPhee, "Silk Parachute," *New Yorker* (May 12, 1997): 108.

13　这件丝织品于 1984 年在河南省清台遗址被发现。（Schoeser 2007: 17）

14　Yu 1967: 11.

15　Bulnois 1966: 10; and Hopkirk 1980: 20. 也许关于丝绸旗的记载是不可信的。普鲁塔克的《克拉苏生平》（*Life of Crassus*）和卡西乌斯·迪奥的《罗马史》（*Roman History*）都未提及此物。（Plutarch 1916; and Cassius 1914–27: vol. 3, book 40, 437–47）

16　Arrizabalaga y Prado 2010: 330. 这句话引自 Anonymous, *The Scriptores Historiae Augustae*, vol. 2, 171。

17　Ammianus Marcellinus quoted in Hudson 1931: 77. 拜占庭帝国是东罗马帝国的延续。 Pliny (the Elder) 1855– 57: vol. 2, 36–37 （"so famous"）. Also see Vainker 2004: 6.

18　Fong 2004: 6; and Bozhong 1996: 99–107.

19　Hammers 1998: 197. 南宋绍兴年间，楼璹创作了 45 幅图，每幅图表现一个场面，采用的是上方记载耕织图诗，下方描绘图画的方式。这些诗歌被收录在《耕织图》中，后经摹绘后流传民间，并附有一系列木版画，成为中国朝廷官方的图像志。

20　Sue Kayton, correspondence with author.

21　正如中国历史学家李明珠所指出的，"种植桑树需要投资大量的时间和土地。（中国的）养蚕手册指出，一棵桑树成熟需六七年时间，如果在这之前就气馁了，之前的努力都可能白费"。（Li 1981: 142）

22　Hill 2009: 466–67.

23   McLaughlin 2016: 11.

24   Procopius 1928: 229–31.

25   Muthesius 2003: vol. 1, 325–54.

26   Frankopan 2017: xvi. Richthofen's travels: Elisseeff 1998: 1–2. 费迪南德是
      曼弗雷德·冯·李希霍芬的叔叔，曼弗雷德是第一次世界大战的王牌飞
      行员，被称为"红男爵"。

27   Beckwith 2009: 183.

28   Lewis and Morton 2004: 121.

29   Lopez 1952: 73.

30   Seijas 2014: 27.

31   Parry 1966: 132.

32   Schurz 1939: 32.

33   Davis, 2001.

34   Verosub and Lippman 2008: 141–48; and Thirsk 1997: 120.

35   Peck 2005: 87.

36   Hertz 1909: 710; and Scoville 1952: 300.

37   Smith 1910: vol. 1, 56. 关于弗吉尼亚和北美殖民地蚕桑养殖历史的综合研
      究，见 Hatch 1957 and Klose 1963。美国的蚕丝生产规模直到南北战争后
      才明显扩大，当时英国丝绸商在新泽西州佩特森等城镇开设了店铺。

38   Morgan 1962: 147.

39   Stoll 2002.

40   Miller and Gleason 1994: 38.

41   Xue 2005: 60.

42   Oliver 1975–86: vol. 3, 640. 更多关于肥料的例子，见 Mather and Hart 1956:
      25–38。

43   Hugo 1915: 84.

44   Marks 1997: 119. 阿尔文·索认为，1840 年以前，中国出口的丝绸有四分
      之一来自广东（So 1986: 81n2）。中国的另一个主要丝绸产区是长江三角
      洲。历史学家肯尼思·波梅兰兹（Kenneth Pomeranz）比较了 1750 年这
      两个地区的丝绸产量。（Pomeranz 2000: 327-38）

45   Yimin 1995: 143.

46　Adkins and Adkins 2008: 161–63(emphasis added).

47　Wilde 1894: 90. 尽管王尔德的讽刺在这里有所体现，但他本身就是个花花公子。正如他在《道林·格雷的画像》第二章中所说，"只有肤浅的人才不会以貌取人"（Wilde 1891:34）。产 25 个蚕茧需要 220 磅的桑叶。生产一磅蚕丝需要大约 3 000 个蚕茧。休·凯顿（Sue Kayton）指出，"制作一件丝绸连衣裙需要 1 700~2 000 个蚕茧（或者制作一件丝绸衬衫需要 1 000 个蚕茧）"（correspondence with author）。

48　Challamel 1882: 98. 这句话引自 Beauquais 1886: 248。

49　Trouvelot 1867: 32.

50　Spear 2005: 23. Also see Liebhold, Mastro, and Schaefer 1989: 20–22. 舞毒蛾经常被误认为是天幕毛虫（枯叶蛾科天幕毛虫属），但前者不会像后者一样在它们所寄生的树上建造"帐篷"或巢穴。（UMass Extension 2015: 1）

51　Trouvelot 1882. Details about these: Rees 1999: 80.

52　Wood 2002: 33.

53　Henderson 1958: 129. 失落感在其他方面将人类与蚕联系在一起。公元前 99 年，中国著名历史学家司马迁因为直言不讳地替李陵败降辩护，而遭受宫刑。宫刑又称"蚕室"。（Durrant 1995: 150）

54　Glickman 2005: 573.

55　Ndiaye 2007: 101.

56　*Fortune magazine*: Hermes 1996: xiv.

57　Pérez-Rigueiro, Viney, Llorca, and Elices 1998: 2439. 关于蚕丝的新应用，见 Leal-EgañaandScheibel 2010。蜘蛛丝甚至比蚕丝还要坚韧，但事实证明，要大量生产蜘蛛丝是极其困难的。蜘蛛与蚕不同，不是群居昆虫。它们往往不会"在一起相处"，所以人们很难饲养足够多的蜘蛛来扩大蜘蛛丝的产量。（Shao and Vollrath 2002: 741）

58　Anonymous 1874: 165.

59　Lawry 2006: 18.

第 4 章　胭脂虫红

1　"生物剽窃"一词首次出现在 1993 年国际农村发展基金会（RAFI）的简报中：RAFI, "Bio-Piracy: The Story of Natural Colored Cottons of the Americas," *RAFI Communiqué* (November 11993):1 - 7。这一概念描述的是对生物资源的盗窃，这些资源往往来自较不富裕的国家或边缘化的人民。

2　Thiéry de Menonville 1787: vol. 1, cvi. 所有的法语都是由本书作者翻译的。

3　Phipps 2010: 33.

4　Thiéry de Menonville 1787: vol. 1, ciii.

5　Ibid.: vol. 1, 4.

6　James 1938.

7　Thiéry de Menonville 1787: vol. 1, 76.

8　Ibid.: vol. 1, 5–6.

9　Ibid., vol. 1, 105.

10　Galeano 1987: vol. 2, 94. 1791 年，韦拉克鲁斯的人口大约是 8 000 人。（Knaut 1997: 622）

11　Thiéry de Menonville 1787: vol. 1, 59.

12　Ibid.: vol. 1, 57.

13　Ibid.: vol. 1, 60. 这座城市的居民可能也因为蒂埃里的发现对经济的影响而感到高兴。药喇叭根是 17 世纪初西班牙人从美洲出口到欧洲的一种药用植物。（Williams 1970: 399–401）

14　Thiéry de Menonville 1787: vol. 1, 138.

15　Ibid.: vol. 1, 126–27.

16　Ibid.: vol. 1, 69–70.

17　Ibid.: vol. 1, 114.

18　Ibid.: vol. 1, 145.

19　Ibid.: vol. 1, 184.

20　vol. 1, 208–09.

21　Ibid.: vol. 1, civ. 每年 6 000 里弗赫的年金是付给殖民地皇家医生工资的 2.5 倍。法兰西角现在被称为海地角，这座位于海地北岸的城市因其物质富饶和文化发达而被称为"安的列斯群岛的巴黎"。

22   Moreau de Saint Méry 1798: vol. 2, 367–68.

23   McClellan 2010: 156.

24   Saltzman 1986: 27–39.

25   Rodríguez and Niemeyer 2001: 76. 历史上，中美洲是一个文化区，从墨西哥中部向南延伸到伯利兹、危地马拉、萨尔瓦多、洪都拉斯、尼加拉瓜和哥斯达黎加北部。

26   Ferrer 2007: 58. 其他依赖于驯化寄主植物的经济昆虫包括龙舌兰毛虫，它生长在龙舌兰叶子上，用于龙舌兰酒业。(Staller 2010: 39–40)

27   16 世纪的《门多萨法典》中列出了阿兹特克联盟各地的贡品，包括几袋胭脂虫 (Berdan and Anawalt 1997: 90–91)。胭脂虫是阿兹特克人驯化的 5 种动物之一。其他的分别是火鸡 (*Meleagris gallopavo*)、疣鼻栖鸭 (*Cairina moschata*)、犬 (*Canis lupus familiaris*) 和现已灭绝的古北美蜜蜂 (*Apis nearctica*)。(Conlin 2009: 16–17)

28   Cortés 1962: 88.

29   Grimaldi and Engel 2005: 301.

30   Eisner, Nowicki, Goetz, and Meinwald 1980: 1039.

31   Cobo 1890–95: vol. 1, 445.

32   Chávez Santiago and Meneses Lozano 2010: 2; and Donkin 1977: 15.

33   为胭脂虫红的生产做准备，见 Baskes 2000: 129–30; and Dahlgren de Jordán 1961: 387–99. 把染料装进皮袋子里，见 Downham and Collins 2000: 12。

34   Pomeranz and Topik 2006:115.

35   Mills and Taylor 2006: 91. 感谢约翰·索鲁里（John Soluri）让我注意到这个来源。

36   Donkin 1977: 26.

37   Baskes 2005: 192.

38   Sahagún 1829–30: vol. 3, 287.《新西班牙事物通史》(*Historia general de las cosas de la Nueva España*) 也被称为《佛罗伦萨手抄本》，是新西班牙最完整的关于印第安人染料的著作。弗莱·贝尔纳迪诺·德·萨阿贡（Fray Bernardino de Sahagún）于 1575 年至 1580 年在墨西哥城创作了通史。然而，这本书直到 19 世纪初才出版。因为这三卷书（分为十二册）保存在意大利佛罗伦萨的老楞佐图书馆，所以它们被统称为《佛罗伦萨手抄本》。这件作品包含了 2 000 多幅由当地艺术家绘制的插图，仍然是对西班牙征服时期印第安人生活最全面的描述。16世纪墨西哥染料的另一个有用的来源是《巴狄亚努斯手稿》(*Badianus Manuscript*)，也被称为《西印度群岛的草药书》或《巴尔贝里尼抄本》。1552 年，两名阿兹特克抄写员在墨西哥特拉特洛尔科的圣克鲁斯学院编纂了此书。

39　"哥伦布大交换"的概念由克罗斯比于 1972 年提出。

40　Black 1992: 1739.

41　Mann 2011: 6.

42　Voltaire 1876–78: vol. 8, 379. Columbus and syphilis to Europe: Choi 2011.

43　Greenfield 2005: 1–2.

44　Leggett 1944: 69–82; and Donkin 1977: 7.

45　Hofenk–De Graaff 1983: 75; and Lee 1951: 206.

46　Gómez de Cervantes 1944: 163–64; and Brading 1971: 96.

47　Salazar 1982.

48　Elizabeth Malkin, "An Insect's Colorful Gift, Treasured by Kings and Artists," *New York Times* (November 28, 2017): C2.

49　Francis 2003: 73. Another account of the incident: Schreiber 2006: 132.

50　Petty 1702: 796–97; and Cowan 1865: 261.

51　Hakluyt 1903: vol. 9, 358.

52　Donkin 1977: 3. 在《商业之轮》(*The Wheels of Commerce*) 一书中，费尔南·布罗代尔讲述荷兰霍普银行曾在 1787 年尝试垄断胭脂虫贸易，但失败了。(Braudel 1992: vol. 2, 421–23)

53　Chávez-Moreno, Tacante, and Casas 2009: 3347; andHamilton 1807: vol. 3, 399–400.

54　State of Queensland, Department of Agriculture and Fisheries 2016. 在 19 世纪 50 年代，德国医生和植物学家威廉·希勒布兰德（William Hillebrand）制订出一项详细的计划——在火奴鲁鲁的福斯特植物园饲养这种产染料的昆虫。但他当时并没有弄清楚驯化胭脂虫的正确寄主植物，这成了发展夏威夷胭脂虫产业的阻碍。William Hillebrand, "The Cochineal," *Commercial Advertiser* (August 20, 1857): 1.

55　Anonymous, "Good Lac," *Anglo-American Magazine*, vol. 3 (1853), 297. 与此

同时，艾米莉·狄更生开始了她多产的创作生涯。她的几首诗都以胭脂虫为主题，包括《一条消逝的路径》(A Route of Evanescence)，在这首诗之中，她将蜂鸟描述为"一阵胭脂红的奔腾"(Dickinson 2003: 91)。

56　Phipps 2010: 10. 当可溶性染料（如胭脂虫红）与金属盐沉淀时，这被称为"色淀"(lake)。

57　McCreery 2006: 53–75; and Balfour-Paul 1998.

58　Contreras Sánchez 1987: 49–74. 巴西木从未成为欧洲染匠的主要替代品，原因之一是殖民者从巴西沿海生态系统中提取这种树的速度太快了。到1605年，葡萄牙王室已经颁布了法律，以保护周围的森林不被肆意砍伐。这些保护措施被证明是徒劳的。(Frickman Young 2003: 105)

59　Edwardes 1888: 50. 其他来源认为胭脂虫是在1820年通过西班牙加的斯从墨西哥引入加那利群岛的。(Gonzáez Lemus 2001: 178)

60　Travis 2007: 2.

61　Romero 1898: 53. 苯胺染料产量上升，墨西哥胭脂虫出口量相应下降，见Coll-Hurtado 1998: 81。

62　"cochineal is near end : Soon to Become Thing of History Like Tyrian Purple of Antiquity," *Alexandria Gazette* (January 6, 1912): 3.

63　Hamowy 2007: 188.

64　Schul 2000: 1–10; Wrolstad and Culver 2012: 59–77; and Jane Zhang, "Is There a Bug in Your Juice? New Food Labels Might Say," *Wall Street Journal* (January 27, 2006): B1.

65　Wild Colors from Nature website 2013.

66　Karin Klein, "Starbucks Is Getting the Bugs Out," *Los Angeles Times* (April 23, 2012). 对胭脂虫有不良反应的病例，见 Cindy Skrzycki, "Allergy Fears Tinge Debate on Bug-Dye Rule," *Washington Post* (May 9, 2006): D1。

67　Rodríguez and Niemeyer 2001: 78; Carlos Rodríguez and Pascual 2004: 243–52. 加那利群岛也重振了它的胭脂虫生产，见 Desiree Martin, "Spanish Islands Launch a Cochineal Comeback," *Taipei Times* (September 18, 2011): 11。

68　Padilla and Anderson 2015.

69　*Red Room* (http://elenaosterwalder-atelier.com/#/amati-installation/). 早在西班牙人入侵之前，墨西哥的印第安居民就已经可以制作阿马特纸。事实上，

西班牙单词 amate 来自纳瓦特尔语（属阿兹特克语群）āmatl。在殖民时期，西班牙禁止生产阿马特纸，因为这种纸与印第安人的宗教习俗有关。（López Binnqüist 2003: 115）

第 5 章　复兴与复原力

1　Jaffe 1976: 131. 这些结果见 Wöhler 1828: 253–56。总结见 Kinne-Saffran and Kinne 1999: 290–94。若一种化合物是有机的，则它必须同时含有碳和氢。

2　Wilkes and Adlard 1810: vol. 4, 167 (emphasis added).

3　Le Corbusier 1927: 232.

4　Le Corbusier 1927: 95. 当时其他著名的现代主义建筑师包括瓦尔特·格罗皮乌斯（Walter Gropius）、阿尔瓦尔·阿尔托（Alvar Aalto）、路德维希·密斯·范·德·罗厄（Ludwig Mies van der Rohe）和弗兰克·劳埃德·赖特（Frank Lloyd Wright）。

5　Killeffer 1943: 1140–45.

6　Adams 1952: 163. 在他 1989 年出版的《自然的终结》(The End of Nature)一书中，环保主义者比尔·麦吉本将亚当斯描述为"一个油嘴滑舌的涤纶崇拜者"（McKibben 2006: 70）。

7　Rosin and Eastman 1953: 7. 20 世纪初，伊斯门是纽约著名的政治活动家，也是哈勒姆文艺复兴的主要赞助人。到了 20 世纪 50 年代，伊斯门放弃了早期对社会主义和激进事业的支持，成为一名坚定的反共主义者，并加入了由弗里德里希·冯·哈耶克、路德维希·冯·米塞斯等人创立的由古典自由主义支持者组成的朝圣山学会。

8　Carroll Kilpatrick, "Economic Problems in Synthetics Cited: One in Series of Reports," *Washington Post* (September 20, 1959): B12.

9　Anonymous 2006: 53; Mannheim 2002: 52–54; Cooper 1989: 76.

10　Barthes 1972: 97. 法国人对塑料和其他合成物的矛盾心理，见 Smith 2007: 135–51。

11　Avila 2004: 16.

12　Bird 1999: 23. 在 20 世纪 70 年代，孟山都公司使用了类似的广告语："没有化学物质，生命本身就不可能存在。"（Noble 1979: 24）杜邦后来将这一广告语精简为"化学让生活更美好"，并一直使用到 1982 年。1982 年到 1999 年之间，它的广告语是"为了更好的生活而创造更好的东西"。

13　Firn 2010: 127–39.

14　Wexler 2018: 437.

15　Nunn 1996: 30–34.

16　Liu 2015: 89–97.

17　这本杂志最初叫作 *Sammlung von Vergiftungsfällen*，翻译过来就是《中毒案例汇编》。

18　Davis 2008: 674–83.

19　Wise, 1968; Logan 1953: 336–38.

20　George 2001.

21　Stephens and Brynner 2001; and McFadyen 1976: 79–93.

22　Coon and Maynard 1960: 19.

23　Carson 1962: 7. 在《寂静的春天》上市前 6 个月，阿尔弗雷德·A. 克诺夫出版了默里·布克钦的《我们的合成环境》。布克钦以刘易斯·赫伯的笔名出版，著名土壤科学家威廉·A. 阿尔布雷希特（William A. Albrecht）介绍，这本开创性的著作大声疾呼关于使用农药对美国环境和人口的危害，这是史无前例的。（Herber 1962）

24　Lear 1989: 429. 对袭击的描述出现在该书的第 8 章。

25　Gibbs 1982. 对身体健康的影响，见 Janerich et al. 1981: 1404–07。

26　Chouhan 1994. 对身体健康的影响，见 Mehta et al. 1990: 2781–87; and Taylor 2014。

27　Mitchell 2002: 21.

28　Nash 2008: 651.

29　Colborn, Dumanoski, and Myers 1996. 内分泌系统的主要腺体有下丘脑、垂体、甲状腺、甲状旁腺、肾上腺、松果体和生殖器官（卵巢和睾丸）。

30　Murphy 2008: 697. Also: Davis 1998; and Wargo 1998.

31　Wang et al. 2018.

32　密歇根州立大学食品科学家乔治·博格斯特伦在 1965 年首次提出了"幽灵面积"的概念。15 年后，环境社会学家小威廉·卡顿（William Catton

Jr.）将博格斯特伦的概念扩展到包括过去的"化石面积"或"从史前来源进口的能源"。（Borgström 1965; and Catton 1980: 41）用劳动力和资本替代自然资源所产生的矛盾，见 Ayres 2007: 115–28; and Hornborg 2001: 32。

33 Beattie 2011; Prudham 2005; and Scott 1998.

34 Deshpande 2002: 227. 德莱尼条款，见 United States Statutes: 21 USC. 348(c) (3)(A)(199)。

35 enault 2019. Also: Mozzarelli and Bettati 2011: xxiv; and Squires 2002: 1002–05.

36 Finlay 2009. Statistic: Charles C. Mann, personal communication. 1955 年，他预言天然胶乳将很快被合成胶乳所取代，见 Solo 1955: 55–64。

37 Firn 2010: 80; Reineccius 2006: 250; and Kahane et al. 2008: 23–29.

38 Holland, Vollrath, Ryan, and Mykhaylvk 2012: 105 and 108.

39 BusinessWire 2017.

40 Schoeser 2007: 180.

41 Datta and Nanavaty 2005: 10–11; Geetha and Indira 2011: 89–102; Earth et al. 2008: 43–66; and Rani 2006.

42 Islam and Hossain 2006: 158.

43 Huq et al. 2010: 1–5; and Abigail Zuger, "Folding Saris to Filter Cholera Contaminated Water," *New York Times* (September 27, 2011): D7. 纱丽来源于梵文 sati，翻译过来是"一块布"，sari 也可以拼写为"saree"。

44 Ginsberg 2007.

45 Francis Childs, "Rub Your Face with Silkworm Cocoons to Wipe Away Wrinkles. It Sounds Bizarre—but It Works," *Daily Mail* (November 16, 2014).

46 Owen 2006: 226. Also: Allen 1994: 36–46.

47 Petrusich 2014: 239.

48 Wright 2015: 30–31; and Keene 1891: 71.

49 Altman 1998: 98.

50 Ma, Qiu, Fu, and Ni 2017: 53401–06. 其他的用途见 Stummer et al. 2010: 1312–20; Le Coz et al. 2002: 149–52; Al-Hayani et al. 2011: 1561–67; and Hoang-Dao et al. 2009: 124–31。

51 Alana Semuels, "The World Has an E-Waste Problem," *Time* (May 23, 2019).

52 United Nations News Center 2015.

53　Feig, Tran, and Bao 2018: 337–48; and Irimia-Vladu et al. 2013: 1473–76.

54　Ghosh 2015: 105; India Brand Equity Foundation 2018. 超过 90% 的印度虫胶来自 6 个邦：恰尔肯德邦、比哈尔邦、中央邦、西孟加拉邦、马哈拉施特拉邦和奥里萨邦。虫胶生产中的雇员数量，见 Bhardwaj and Pandey 1999–2000: vol. 6, 229; and Sharma, Jaiswal, and Kumar 2006: 894。

55　Sarin 1999: 238; Kameswari 2004: 169; and Sharma and Kumar 2003: 80. 非森林产品包括几乎所有从森林中收集的非木材产品。包括水果和坚果，蔬菜，鱼和野味，药用植物，树脂，香精，可持续收获的树皮（如软木或肉桂），纤维（如竹子、藤条），以及其他棕榈树和大麻。

56　Müller-Maatsch and Gras 2016: 385–428.

57　Grand View Research 2018.

58　Imbarex Natural Colors & Ingredients 2019.

59　Schweid 1999: 160.

60　"The Insects Shall Inherit the Earth," *Nation* (March 3, 1962): 187. 米尔顿·布拉克（Milton Bracker）也提到过本文的部分内容（不是直接引用格拉斯的演讲），见 "Atomic War Held Threat to Nature; Only Insects and Bacteria Will Survive, Scientist Says," *New York Times* (June 17, 1962): 46。

61　*New York Times* (July 22, 1965): 13. 蟑螂幸存者神话，见 Robert W. Stock, "It's Always the Year of the Roach," *New York Times Magazine* (January 21, 1968): 34–39。

62　Catherine Breslin, "Coping with the Cockroach," *New York Magazine* (March 9, 1970): 57.

63　Grupen and Rodgers 2016: 86.

64　*MythBusters* 2008. 瑞士科学插画家科妮莉亚·黑塞 - 洪格一直致力于记录昆虫暴露在严重辐射下而引起的突变。她通过精妙的水彩画描绘了来自切尔诺贝利放射性沉降物区和世界各地其他核设施区域的畸形昆虫。（https://atomicphotographers.com/cornelia-hesse-honegger）

65　Datta 2010: 55.

66　Bell, Roth, and Nalepa 2007: 37.

67　Bell, Roth, and Nalepa 2007: 6–7. 迄今为止，昆虫学家已经确定了 47 种切叶蚁，有两个属，分别是芭切叶蚁属（*Atta*）和顶切叶蚁属（*Acromyrmex*）。

（Speight, Watt, and Hunter 1999: 156）

68　Smith 1624: vol. 5, 171.

69　Calonius 2006: 110–11. 美国在 1808 年正式宣布禁止国际贩奴，但贩奴这
　　种做法通过秘密手段继续存在。"流浪者号"可能是这条奴隶航线的倒数
　　第二艘船。1860 年，"克洛蒂尔达号"从达荷美王国运送了 110 名奴隶，
　　是已知的最后一艘将非洲奴隶送至美国的船只。（Diouf 2007）

70　Miall and Denny 1886: 41.

71　Song et al. 2003: 243.

72　Kafka 2014: 121.

73　Beezley and Ranking 2017: 128; and Rodríguez Marín 1883: 328–75. 有一些
　　版本的《蟑螂》嘲讽了韦尔塔吸食大麻的习惯。蟑螂不能走路，"因为它
　　没有大麻可以抽"。

74　Mukasonga 2016.

75　Katie Hopkins, "Rescue Boats? I'd Use Gunships to Stop Migrants!" *Sun* (April
　　17, 2015): 11.

76　Patrick Kingsley, Alessandra Bonomolo, and Stephanie Kirchgaessner, "700
　　Migrants Feared Dead in Mediterranean Shipwreck," *Guardian* (April 19,
　　2015).

77　Fardisi, Gondhalekar, Ashbrook, and Scharf 2019.

78　Inward, Beccaloni, and Eggleton 2007: 331–35.

79　Stephen Vincent Benét, "Metropolitan Nightmare," *New Yorker* (July 1, 1933):
　　15. 贝尼特因长诗《约翰·布朗的遗体》（*John Brown's Body*）而闻名，并
　　于 1929 年获得普利策奖。

80　Kolbert 2014; and Brooke Jarvis, "The Insect Apocalypse Is Here," *New York
　　Times Magazine* (November 27, 2018): 40–45, 67, and 69.

81　Sánchez-Bayo and Wyckhuys 2019: 8–27; and Hallman et al. 2017.

82　MacKinnon 2013: 37.

第二部分　现代性的蜂巢

第6章　高贵的苍蝇

1　摩尔根不是第一个研究黑腹果蝇的科学家。1901年，遗传学家威廉·欧内斯特·卡斯尔和他在哈佛大学的学生开始使用果蝇作为模式生物。卡斯尔的开创性著作《遗传学和优生学》（Genetics and Eugenics，1916）为研究动物遗传奠定了基础。（Snell and Reed 1993: 751-53）今天，研究人员还用玉米粉、糖和酵母喂养果蝇。

2　Shine and Wrobel 1976: 1–30. 1866年8月20日，安德鲁·约翰逊总统签署了《157号公告——宣告和平、秩序、安宁，民事当局现在存在于整个美利坚合众国》（Proclamation 157—Declaring That Peace, Order, Tranquility, and Civil Authority Now Exist in and Throughout the Whole of the United States of America，https://www.loc.gov/item/rbpe.23600 100/）。

3　Shine and Wrobel 1976: 5.

4　"History of the MBL," https://www.mbl.edu/history -of-the-mbl/.

5　Keenan 1983: 867–76.

6　Shine and Wrobel 1976: 112.

7　Ibid.: 2.

8　Carson 1998: 148.

9　Cauchi 2014: 19.

10　Morgan 1910: 120–22.

11　Fisher and De Beer 1947: 451–66.

12　Kanfer 2000: 5.

13　Kohler 1994: 47.

14　Weiner 1999: 9.

15　Mawer 2006: 3.

16　Gustafsson 1969: 240.

17　Henig 2000: 169.

18　Bateson 1913: 2.

19 Sturtevant 2001: 3.

20 Bateson 1928: 392.

21 Lintner 1882: 216.

22 Sturtevant 2001: 3.

23 Keller 2007: R77-R81.

24 MacBride 1937: 348.

25 Greenspan 1997: 1. 20 世纪初，德国社会学家马克斯·韦伯将理性取代迷信称为"世界的祛魅"。（Weber 1946: 148）韦伯借用了德国剧作家、诗人和哲学家弗里德里希·席勒的这句话。

26 Jaubert, Mereau, Antoniewski, and Tagu 2007: 1211–20.

27 Ejsmont and Hassan 2014: 385–414.

28 Blake 1977: 124.

29 Lindsay 2002: 30–31.

30 Wangler, Yamamoto, and Bellen 2015: 639–53.

31 Nobel Assembly at Karolinska Institutet 2017.

32 Siegel 2009: 5–6. 佩林的助手很可能在对美国资助橄榄果蝇（*Bactrocera oleae*）研究的一笔小额拨款感到困惑后，给她提供这个话题。

33 Andrews et al. 2008: 3839–48.

34 Whitman 2007: 65.

第 7 章　花之王

1 "Biddulph Grange Is a Horticultural Disneyland," *Independent* (September 24, 2006).

2 Darwin 1862, "Charles Darwin to Joseph Dalton Hooker." 对这一事件的叙述还可参见 Arditti, Elliott, Kitching, and Wasserthal 2012: 403–32。约瑟夫·道尔顿·胡克是一位著名的植物学家，他的科学足迹遍布全球，其本人对植物地理学亦有杰出贡献。他是达尔文最忠实的支持者。1865 年至 1885 年，胡克担任英国皇家植物园的园长。（Endersby 2008）

3 Darwin 1896: 44.

4   Campbell 1867: 44.

5   Wallace 1867: 471–88.

6   Kritsky 1991: 206–10. 达尔文在 1882 年去世，而华莱士活到了 1913 年。

7   Netz and Renner 2017: 471.

8   Ollerton, Winfree, and Tarrant 2011: 321–26.

9   Darwin 1908: 303.

10   Holden 2006: 397.

11   Food and Agriculture Organization of the United Nations 2016.

12   Weiss 1991: 227–29.

13   Oliver 1986: 50.

14   Woodgate, Makinson, Lim, Reynolds, and Chittka 2017: 1–15.

15   Turner 1892: 16–17.

16   Abramson 2009: 343–59; and Cullen 2006: 82–104.

17   Abramson 2017: 31.

18   Mickens 2002: vii.

19   von Frisch 1954: 101.

20   von Frisch 1967.

21   Thorpe 1954: 897.

22   Munz 2005: 535–70.

23   Munz 2016: 80–81.

24   "Political evaluation of Dr. Karl von Frisch by Wilhelm Führer," October 19, 1937, in Deichmann 1996: 42.

25   Munz 2016: 86.

26   Munz 2016: 6. 冯·弗里希简要地提到了特纳在 1914 年的研究，但他说，他是在完成自己的实验后才看到特纳的研究的。（Wehner 2016: 254）

27   Mark Bittman, "Heavenly Earth," *New York Times Magazine* (October 14, 2012): MM50.

28   Jabr 2013.

29   Kremen, Bugg, Nicola, Smith, Thorp, and Williams 2002: 41–49.

30   European Synchrotron Radiation Facility 2012.

31   Fijn 56; Quezada-Euán, Nates-Parra, Maués, Imperatriz-Fonseca, and Roubik

2018: 538; and Wilson and Rhodes 2016.

32   Einstein 2010: 479.

33   Hanson 2018: 89.

34   David K. Randall, "Beekeepers Confronted by Demise of Colonies," *New York Times* (March 4, 2007): NJ7; and John Vidal, "Threat to Agriculture as Mystery Killer Wipes Out Honeybee Hives," *Guardian* (April 20, 2007).

35   United States Department of Agriculture 1869: 278.

36   Aikins 1897: 480.

37   Barron 2015: 45–50.

38   Kielmanowicz et al. 2015: e1004816.

39   Doublet, Labarussias, Miranda, Moritz, and Paxton 2015: 969–83.

40   Ujváry 1999: 29–69.

41   Hopwood et al. 2012; and Goulson 2013: 977–87.

42   Hapwood et al. 2012.

43   George Monbiot, "Neonicotinoids Are the New DDT Killing the Natural World," *George Monbiot's Blog, Guardian*, August 5, 2013, https://www.theguardian.com/environment/georgemonbiot/2013/aug/05/neonicotinoids -ddt-pesticides-nature.

44   Carson 1962: 73–74.

45   Hughes 2015.

46   Muir 1954: 89.

第 8 章   食虫谱

1   Clark and Shanklin 1995.

2   Great Adventure Outpost 2006.

3   Riley 1871: 144.

4   Evans et al. 2015: 295–96.

5   van Huis et al. 2013: xiv.

6   Payne, Scarborough, Rayner, and Nonaka 2016: 285–91; and Dobermann,

Swift, and Field 2017: 293–308.

7   Martin 2014: 18–19.

8   Steinfeld et al. 2006: xxi.

9   Konuma 2010: iii.

10   Charlotte Payne, "Entomophagy: How Giving Up Meat and Eating Bugs Can Help Save the Planet," *Independent* (March 21, 2018).

11   Le Vine 2017.

12   Witmer 2018.

13   Martin 2014; and Ramos-Elorduy and Menzel 1998.

14   Menzel and D'Aluisio 1998.

15   Ligaya Mishan, "Why Aren't We Eating More Insects?," *New York Times Magazine* (September 7, 2018): 84.

16   Holt 1885: 5.

17   Leslie 1840: 226 and 339.

18   Beecher 1846: 172 and 177.

19   Schwabe 1979: 371.

20   Fiona Wilson, "*The Gastronomical Me* by MFK Fisher," London *Times* (May 13,2017).

21   Rumold and Aldenderfer 2016: 13672–77.

22   Salaman 1949.

23   Spary 2014: 167–202.

24   Shimizu 2011: 163.

25   Krämer 2008: 39.

26   L'Unione Sarda 2008.

27   Mark 1:6, Matthew 3:4.

28   McGrew 2014: 4–11.

29   Cordain 2002.

30   Zhang 2018: 12–18.

31   Zuk 2013.

32   Hardy et al. 2012: 617–26.

33   Eaton and Nelson 1991: 281S.

34   Taylor 2019.

35   "Little Herds HQ," http://www.littleherds.org/.

36   Jongema 2017.

37   Sula 2013: 320.

38   Hanboonsong 2010: 173–82.

39   和 *zazamushi* 同种的昆虫主要有石蝇目、石蛾（毛翅目）、蛇蜻蜓（广翅目）和豆娘（蜻蛉目）等。

40   Dube and Dube 2010: 28–36.

41   Schiefenhövel and Blum 2007: 166; and Makhado, Potgieter, and Luus-Powell 2018: 84–90.

42   McCall Smith 1998: 114.

43   Clark and Scott 2014: 78.

44   Cohen, Mata Sánchez, and Montiel-Ishino 2009: 62.

45   Gomez 2018.

46   Antonio Vásquez, "Meals on Wings," *Negocios ProMéxico* (December 2013–January 2014): 66–68 (statistic about price: 67).

47   See https://www.donbugito.com/pages/about-us.

48   Staller 2010: 39–41; Acuña, Caso, Aliphat, and Vergara 2011: 159.

49   Waugh 1916: 138–39.

50   Hoffman 1878: 465.

51   Bryant 1849: 162. 1847 年，在美国的军事统治下，布赖恩特成为旧金山市的第二任行政长官（加利福尼亚建州前的市长）。（Clark 1971: 29–43）

52   Fowler and Walter 1985: 155–65.

53   Morris 2004: 53.

54   Clavijero 1937: 65.

55   Shipek 1981: 305.

56   Brues 1972: 399.

57   McKenna 2017.

58   Ma, Kahn, and Richt 2009: 158–66.

59   Paul Vallely, "Hugh Fearnley-Whittingstall: Crying Fowl," *Independent* (January 12, 2008).

60   Marcel Dicke and Arnold van Huis, "The Six-Legged Meat of the Future," *Wall Street Journal* (February 19, 2011).

61   Lappé 1971.

62   United States Food and Drug Administration 2018.

63   United Nations Department of Economic and Social Affairs 2015.

64   Mintz 1985: 9; and Lampe 1995.

65   Hilbert et al. 2017: 1693–98.

66   Errington, Gewertz, and Fujikura 2013: 1.

67   Belatchew Arkitekter, "BuzzBuilding," https://belatchew.com/en/projekt/buzzbuilding/.

68   Berggren, Jansson, and Low 2019: 132.

69   Lundy and Parrella 2015.

70   Müller, Evans, Payne, and Roberts 2016: 121–36; and Dobermann, Swift, and Field 2017: 293–308.

71   Sen 1981.

72   Katayama et al. 2008: 701–05.

73   Campbell and Garbino 2011: 470. 卡门线——一个位于海平面以上 62 英里的假想边界，定义了地球大气层和太空之间的边界。大多数国际空间条约和国家航空航天机构都使用这条线。（Voosen 2018）

74   Belasco 1997: 608–34. 感谢本·乌尔加夫特（Ben Wurgaft）与我分享这篇精彩的文章。

75   Du Bois 2018: 215.

76   Bodenheimer 1951: 10.

后记　听，昆虫的乐曲

1   Pepys 2004: 155.

2   Gross 2017.

3   Webster 1897: 38.

4   Waley 2000: 173. "浮世绘"——字面意思是"描绘漂浮不定的尘俗世

界"——指的是描绘当时城市游乐区域的木版画等。其中一幅名为《在道坎山听昆虫》(*Dōkanyama Mushikiki no Zu*)的画,来自艺术家歌川广重的《东都名所》系列。

5　Revkin 1990: 1.

6　Kunitz 2005: 107–08.

7　Rothenberg 2013: 2.

8　Sloane 1952: 7.

9　Kingsolver 2012.

10　Sánchez-Bayo and Wyckhuys 2019: 8–27. Also: Hallmann et al. 2017. 2018 年 11 月 27 日,《纽约时报》用一篇特写——《昆虫启示录在这里:它对地球上的其他生命意味着什么?》——报道了这场即将到来的大规模死亡。

11　Thoreau 1873: 48.

12　DuPuy 1925: 435.

13　Gould 1989: 102.

14　Fabre 1911: 128. 法布尔在日本的名气远比在他的祖国法国要响亮。电影制作人杰茜卡·奥雷克 2009 年的纪录片《甲虫女王征服东京》探索了日本人对昆虫的迷恋。

参 考 文 献

Abramson, C. I. 2017. "Charles Henry Turner Remembered." *Nature* 542: 31.

———. 2009. "A Study in Inspiration: Charles Henry Turner (1867–1923) and the Investigation of Insect Behavior." *Annual Review of Entomology* 54: 343–59.

Acuña, A. M., L. Caso, M. M. Aliphat, and C. H. Vergara. 2011."Edible Insects as Part of the Traditional Food System of the Popoloca Town of Los Reyes Metzontla, Mexico." *Journal of Ethnobiology* 31: 150–69.

Adams, M. D. 2000. "The Genome Sequence of *Drosophila melanogaster*." *Science* 287: 2185–95.

Adams, R. 1952. "Man's Synthetic Future." *Science* 115: 157–63.

Adkins, R., and L. Adkins. 2008. *Jack Tar: The Extraordinary Lives of Ordinary Seamen in Nelson's Navy*. London: Little, Brown.

Aikin, R. C. 1897. "Bees Evaporated: A New Malady." *Gleanings in Bee Culture* 25:479–80.

Al-Hayani, A. A., et al. 2011."Shellac: A Non-Toxic Preservative for Human Embalming Techniques." *Journal of Animal and Veterinary Advances* 10: 1561–67.

Allen, S. 1994. *Classic Finishing Techniques*. New York: Sterling.

Almond, J. 1995. *Dictionary of Word Origins: A History of Words, Expressions, and Clichés We Use*. Secaucus, NJ: Carol.

Altman, T. A. 1998. *FDA and USDA Nutrition Labeling Guide: Decision Diagrams, Checklists, and Regulations*. Lancaster, PA: Technomic.

Ammer, C. 1989. *It's Raining Cats and Dogs . . . and Other Beastly Expressions*. New York: Paragon House.

Andrews, G. L., et al. 2008. "Dscam Guides Embryonic Axons by Netrin-Dependent and -Independent Functions." *Development* 135: 3839–48.

AnimalResearch.Info. 2019. "Nobel Prizes." http://www.animalresearch.info/en/medical-advances/nobel-prizes/.

Anonymous. 2014. "Global Demand for Polyethylene to Reach 99.6 Million Tons in 2018." *Pipeline & Gas Journal* 241. https://pgjonline.com/magazine/2014/december-2014-vol-241-no-12/features/global-demand-for-polyethylene-to-reach-996-million-tons-in-2018.

Anonymous. 2006. "The Future Imagined." *Wilson Quarterly* 30: 50–57.

Anonymous. 1922–32. *The Scriptores Historiae Augustae*. Translated by David Magie. 3 vols. New York: G. P. Putnam's Sons.

Anonymous. 1897. "Nyasa-Land." *Nature* 57: 174–75.

Anonymous. 1874. *The Happy Hour; or, Holiday Fancies and Every-day Facts for Young People*. New York: D. Appleton.

Arasaratnam, S. 1986. *Merchants, Companies, and Commerce on the Coromandel Coast, 1650–1740*. New York: Oxford University Press.

Arditti, J., J. Elliott, I. J. Kitching, and L. T. Wasserthal. 2012. "'Good Heavens What Insect Can Suck It'—Charles Darwin, *Angraecum sesquipedale* and *Xanthopan morganii praedicta*." *Botanical Journal of the Linnaean Society* 169: 403–32.

Arditti, J., A. N. Rao, and H. Nair. 2009. "Hand-Pollination of *Vanilla*: How Many Discoverers?" In *Orchid Biology: Reviews and Perspectives, X,* edited by T. Kull, J. Arditti, and S. M. Wong. Dordrecht: Springer, 233–49.

Arrington, C. R. 1978. "The Finest Fabrics: Mormon Women and the Silk Industry in Early Utah." *Utah Historical Quarterly* 46: 376–96.

Arrizabalaga y Prado, L. de. 2010. *The Emperor Elagabalus: Fact or Fiction?* New York: Cambridge University Press.

Ashlock, P. D., and W. C. Gagné. 1983. "A Remarkable New Micropterous *Nysius* Species from the Aeolian Zone of Mauna Kea, Hawai'i Island (Hemiptera: Heteroptera: Lygaeidae)." *International Journal of Entomology* 25: 47–55.

Avila, E. 2004. "Popular Culture in the Age of White Flight: Film Noir, Disneyland, and the Cold War (Sub)Urban Imaginary." *Journal of Urban History* 31: 3-22.

Ayres, R. U. 2007. "On the Practical Limits to Substitution." *Ecological Economics* 61: 15–28.

Backus, R. L., ed. 1985. *The Riverside Counselor's Stories: Vernacular Fiction of Late Heian Japan*. Trans. R. Backus. Stanford, CA: Stanford University Press.

Balfour-Paul, J. 1998. *Indigo*. London: British Museum Press.

Bardell, D. 2004. "The Invention of the Microscope." *Bios* 75: 78–84.

Barron, A. B. 2015. "Death of the Bee Hive: Understanding the Failure of an Insect Society." *Current Opinion in Insect Science* 10: 45–50.

Barthes, R. 1972 (1957). *Mythologies*. Trans. A. Lavers. New York: Hill and Wang.

Baskes, J. 2005. "Colonial Institutions and Cross-Cultural Trade: *Repartimiento* Credit and Indigenous Production of Cochineal in Eighteenth-Century Oaxaca, Mexico." *Journal of Economic History* 65: 186–210.

———. 2000. *Indians, Merchants, and Markets: A Reinterpretation of the Repartimiento and Spanish-Indian Economic Relations in Colonial Oaxaca, 1750–1821.* Stanford, CA: Stanford University Press.

Bateson, B., ed. 1928. *William Bateson, F.R.S.: His Essays and Addresses Together with a Short Account of His Life*. Cambridge: Cambridge University Press.

Bateson, W. 1913. *Problems of Genetics*. New Haven, CT: Yale University Press.

Beattie, J. 2011 *Empire and Environmental Anxiety: Health, Science, Art and Conservation in South Asia and Australasia, 1800–1920.* New York: Palgrave Macmillan.

Beauquais, A. 1886. *Histoire économique de la soie*. Grenoble: Grands Établissements de l'Imprimerie Générale.

Beckwith, C. I. 2009. *Empires of the Silk Road: A History of Central Asia from the Bronze Age to the Present*. Princeton, NJ: Princeton University Press.

Beecher, C. 1846. *Miss Beecher's Domestic Receipt Book: Designed as a Supplement to Her Treatise on Domestic Economy*. New York: Harper.

Beezley, W. H., and M. A. Ranking, eds. 2017. *Problems in Modern Mexican History: Sources and Interpretations*. Lanham, MD: Rowman & Littlefield.

Belasco, W. 1997. "Algae Burgers for a Hungry World? The Rise and Fall of Chlorella Cuisine." *Technology and Culture* 38: 608–34.

Bell, L. S. 1999. *One Industry, Two Chinas: Silk Filatures and Peasant-Family Production in Wuxi County, 1865–1937.* Stanford, CA: Stanford University Press.

Bell, W. J., L. M. Roth, and C. A. Nalepa. 2007. *Cockroaches: Ecology, Behavior, and Natural History.* Baltimore: Johns Hopkins University Press.

Berdan, F. F., and P. R. Anawalt, eds. 1997. *The Essential Codex Mendoza.* Berkeley: University of California Press.

Berenbaum, M. 1995. *Bugs in the System: Insects and Their Impact on Human Affairs.* Reading, MA: Addison-Wesley.

Berggren, Å, A. Jansson, and M. Low. 2019. "Approaching Ecological Sustainability in the Emerging Insects-as-Food Industry." *Trends in Ecology & Evolution* 34: 132–38.

Berliner, P. F. 1994. *Thinking in Jazz: The Infinite Art of Improvisation.* Chicago: University of Chicago Press.

Bhardwaj, S. P., and R. K. Pandey. 1999–2000. "Study of Production, Trade and Policy Reform for Lac Cultivation in India." In *Encyclopedia of Agricultural Marketing,* edited by Jagdish Prasad. 12 vols. New Delhi: Mittal Publications, 227–48.

Bianco, B., R. T. Alexander, and G. Rayson. 2017. "Beekeeping Practices in Modern and Ancient Yucatán: Going from the Known to the Unknown." In *The Value of Things: Prehistoric to Contemporary Commodities in the Maya Region,* edited by Jennifer P. Mathews and Thomas H. Guderjan. Tucson: University of Arizona Press, 87–103.

Bird, W. L., Jr. 1999. *"Better Living": Advertising, Media and the New Vocabulary of Business Leadership, 1935–1955.* Evanston, IL: Northwestern University Press.

Black, F. L. 1992. "Why Did They Die?" *Science* 258: 1739–40.

Blake, W. 1977. *The Complete Poems.* Edited by A. Ostriker. Harmondsworth, UK: Penguin.

Bleichmar, D., et al., eds. 2009. *Science in the Spanish and Portuguese Empires, 1500–1800.* Stanford, CA: Stanford University Press.

Bodenheimer, F. S. 1951. *Insects as Food: A Chapter of the Ecology of Man.* The Hague: W. Junk.

Bodson, L. 1983. "The Beginnings of Entomology in Ancient Greece." *The Classical Outlook* 61: 3-6.

Boissoneault, L. 2017. "Why an Alabama Town Has a Monument Honoring the Most Destructive Pest in American History." *Smithsonian.* https://www.smithsonianmag .com/history/agricultural-pest-honored-herald-prosperity-enterprise-alabama -180963506/.

Borgström, G. 1965. *The Hungry Planet: The Modern World at the Edge of Famine.* New York: Macmillan.

Boxer, C. R. 1965. *The Dutch Seaborne Empire, 1600–1800.* New York: Alfred A. Knopf.

Bozhong, L. 1996. "From 'Husband-and-Wife Working Side-by-Side in the Fields' to 'Men Plow, Women Weave.'" *Research on Chinese Economic History* 11: 99-107.

Bradbury, R. 1962. *R Is for Rocket.* New York: Doubleday.

Bradbury, S. 1967. *The Evolution of the Microscope.* Oxford: Pergamon.

Brading, D. A. 1971. *Miners and Merchants in Bourbon Mexico, 1763–1810.* New York: Cambridge University Press.

Braudel, F. 1992. *Civilization and Capitalism: 15th–18th Century.* Translated by Siân Reynolds. 3 vols. Berkeley: University of California Press.

Bristow, I. C. 1994. "House Painting in Britain: Sources for American Paints, 1615 to 1830." In *Paint in America: The Colors of Historic Buildings,* edited by Roger W. Moss. New York: John Wiley & Sons, 42–53.

Brockway, L. H. 1979. *Science and Colonial Expansion: The Role of the British Royal Botanic Gardens.* New York: Academic Press.

Brothwell, D. R., and P. Brothwell. 1998 (1969). *Food in Antiquity: A Survey of the Diet of Early Peoples.* Baltimore: Johns Hopkins University Press.

Broven, J. 1978. *Rhythm and Blues in New Orleans.* New York: Pelican.

Brues, C. T. 1972 (1946). *Insects, Food, and Ecology.* New York: Dover.

Bryant, E. 1849. *What I Saw in California: Being the Journal of a Tour, by the Emigrant Route and South Pass of the Rocky Mountains, Across the Continent of North America, the Great Desert Basin, and Through California, in the Years 1846, 1847.* 3rd ed. New York: D. Appleton.

Bryson, B. 2010. *At Home: A Short History of Private Life.* New York: Doubleday.

Buch, K., et al. 2009. "Investigation of Various Shellac Grades: Additional Analysis for Identity." *Drug Development and Industrial Pharmacy* 35: 694–703.

Buhs, J. B. 2004. *The Fire Ant Wars: Nature, Science, and Public Policy in Twentieth-Century America.* Chicago: University of Chicago Press.

Bulnois, L. 1996. *The Silk Road.* Trans. D. Chamberlain. New York: E. P. Dutton.

Burrows, D. 2018. "America's Most Popular Breakfast Cereals (and the Stocks Behind Them)." *Kiplinger.* https://www.kiplinger.com/slideshow/investing/T052-S001 -america-s-most-popular-breakfast-cereals-stocks/index.html.

BusinessWire. 2017. "Changing Fashion Trends to Boost the Global Silk Market." https:// www.businesswire.com/news/home/20171206005626/en/Changing-Fashion-Trends -Boost-Global-Silk-Market.

California Academy of Sciences. 2017. "Academy Scientists Travel Down Under for Seven-Continent Exploration of Bugs in Our Homes." https://www.calacademy .org/press/releases/academy-scientists-travel-down-under-for-seven-continent -exploration-of-bugs-in-our.

California Department of Food and Agriculture. 2018. "2017 California Almond Acreage Report." https://www.nass.usda.gov/Statistics_by_State/California/Publications /Specialty_and_Other_Releases/Almond/Acreage/201804almac.pdf.

Calonius, E. 2006. *The Wanderer: The Last American Slave Ship and the Conspiracy That Set Its Sails.* New York: St. Martin's.

Campana, M. G., N. M. Robles García, and N. Tuross. 2015. "America's Red Gold: Multiple Lineages of Cultivated Cochineal in Mexico." *Ecology and Evolution* 5: 607–17.

Campbell, G. 1867. *The Reign of Law.* 2nd ed. London: Strahan.

Campbell, M. R., and A. Garbino. 2011."History of Suborbital Spaceflight: Medical and Performance Issues." *Aviation, Space, and Environmental Medicine* 82: 469–74.

Capinera, J. L. 2008. "Harlequin Bug, *Murgantia histrionica* (Hahn) (Hemiptera: Pentatomidae)." In *Encyclopedia of Entomology,* edited by John L. Capinera. 3 vols. New York: Springer.

Carlos Rodríguez, L., and U. Pascual. 2004. "Land Clearance and Social Capital in Mountain Agro-ecosystems: The Case of Opuntia Scrubland in Ayacucho, Peru." *Ecological Economics* 49: 243–52.

Carson, R. 1998. *Lost Woods: The Discovered Writing of Rachel Carson,* edited by L. Lear. Boston: Beacon.

———. 1962. *Silent Spring.* Boston: Houghton Mifflin.

Carvalho, D. N. 1904. *Forty Centuries of Ink.* New York: Banks Law Publishing Co.

Casper, M. J., ed. 2003. *Synthetic Planet: Chemical Politics and the Hazards of Modern Life.* New York: Routledge.

Cassius, Dio. 1914–27. *Roman History.* Translated by E. Cary and H. B. Foster. 9 vols. New York: Harvard University Press.

Catton, W. R., Jr. 1980. *Overshoot: The Ecological Basis of Revolutionary Change.* Urbana: University of Illinois Press.

Cauchi, R. J. 2014. "Flying in the Face of Neurodegeneration." *Think Magazine* 8: 16–21.

Césard, N., S. Komatsu, and A. Iwata. 2015. "Processing Insect Abundance: Trading and Fishing of *Zazamushi* in Central Japan (Nagano Prefecture, Honshū Island)." *Journal of Ethnobiology and Ethnomedicine* 11.https://doi.org/10.116/s13002-015-0066-7.

Challamel, A. 1882. *The History of Fashion in France; or, The Dress of Women from the Gallo-Roman to the Present Time.* Translated by F. C. Hoey and J. Lillie. London: Sampson, Low, Marston, Searle and Rivington.

Chamber of Commerce of the United States of America. 1921. *Our World Trade in 1920.* Washington, DC: U.S. Government Printing Office.

Chanan, M. 1995. *Repeated Takes: A Short History of Recording and Its Effects on Music.* New York: Verso.

Charter of the Forest. 1225. *The National Archives of the United Kingdom.* http://www.nationalarchives.gov.uk/education/resources/magna-carta/charter-forest-1225-westminster/.

Chatterton, E. K. 1971. *The Old East Indiamen.* London: Conway Maritime.

Chávez-Moreno, C. K., A. Tacante, and A. Casas. 2009. "The *Opuntia* (Cactaceae) and *Dactylopius* (Hemiptera: Dactylopiidae) in Mexico: A Historical Perspective of Use, Interaction and Distribution." *Biodiversity Conservation* 18: 3337-55.

Chávez Santiago, E., and H. M. Meneses Lozano. 2010. "Red Gold: Raising Cochineal in Oaxaca." *Textile Society of America Symposium Proceedings.* Paper 39. Lincoln: University of Nebraska Press.

Chetverikov, S. S. 1920. *The Fundamental Factor of Insect Evolution.* Translated by J. Kotinsky. Washington, DC: U.S. Government Printing Office.

Choi, C. Q. 2011."Case Closed? Columbus Introduced Syphilis to Europe." *Scientific American.* https://www.scientificamerican.com/article/case-closed-columbus/.

Chouhan, T. R. 1994. *Bhopal, the Inside Story: Carbide Workers Speak Out on the World's Worst Industrial Disaster.* New York: Apex.

Christensen, T. 2012. *1616: The World in Motion.* Berkeley, CA: Counterpoint.

Clapham, M. E., and J. A. Karr. 2012. "Environmental and Biotic Controls on the Evolutionary History of Insect Body Size." *Proceedings of the National Academy of Sciences* 109: 10927–30.

Clark, D., and D. Shanklin. 1995. "ENTFACT-014: Madagascar Hissing Cockroaches (*Gromphadorhina portentosa*)." http://entomology.ca.uky.edu/ef014.

Clark, T. D. 1971. "Edwin Bryant and the Opening of the Road to California." In *Essays in Western History: In Honor of Professor T. A. Larson,* edited by R. Daniels. Laramie: University of Wyoming, 29–43.

Clark, V., and M. Scott. 2014. *Dictators' Dinners: A Bad Taste Guide to Entertaining Tyrants.* London: Gilgamesh.

Clavijero, F. J. 1937 (1789). *The History of [Lower] California.* Translated by S. E. Lake and A. A. Gray. Stanford, CA: Stanford University Press.

Cloudsley-Thompson, J. L. 1976. *Insects and History.* New York: St. Martin's.

Cobb, M. 2000. "Reading and Writing *The Book of Nature:* Jan Swammerdam (1637–1680)." *Endeavor* 24: 122–28.

Cobo, B. 1890–95 (1653). *Historia del Nuevo Mundo,* edited by M. Jiménez de la Espada. 4 vols. Sevilla: Sociedad de Bibliófilos Andaluces.

Cockerell, T.D.A. 1893. "Notes on the Cochineal Insect." *American Naturalist* 27: 1041–49.

Coe, B. 1976. *The Birth of Photography: The Story of the Formative Years, 1800–1900.* London: Ash & Grant.

Cohen, J. H., N. D. Mata Sánchez, and F. Montiel-Ishino. 2009. "*Chapulines* and Food Choices in Rural Oaxaca." *Gastronomica* 9: 61–65.

Colborn, T., D. Dumanoski, and J. P. Myers. 1996. *Our Stolen Future: Are We Threatening Our Fertility, Intelligence, and Survival? A Scientific Detective Story.* New York: E. P. Dutton.

Coll-Hurtado, A. 1998. "Oaxaca: Geografía histórica de la Grana Cochinilla." *Investigaciones geográficas boletín (Universidad Nacional Autónoma de México)* 36: 71–82.

Conlin, J. R. 2009 (1984). *The American Past: A Survey of American History.* Vol. 1, *To 1877.* 9th ed. Boston: Wadsworth.

Contreras Sánchez, A. 1987. "El palo de tinte, motivo de un conflicto entre dos naciones, 1670–1802." *Historia mexicana* 37: 49–74.

Coon, J. M., and E. A. Maynard. 1960. "Problems in Toxicology." *Federation Proceedings* (Federation of American Societies for Experimental Biology) 19: 1–52.

Cooper, B. 1989. "The House of the Future." *Grand Street* 8: 73–104.

Cordain, L. 2002. *The Paleo Diet: Lose Weight and Get Healthy by Eating the Food You Were Designed to Eat.* New York: John Wiley & Sons.

Cortés, H. 1962 (1519–26). *Five Letters of Cortés to the Emperor.* Translated by J. B. Morris. New York: W. W. Norton.

Cowan, F. 1865. *Curious Facts in the History of Insects, Including Spiders and Scorpions.* Philadelphia: J. B. Lippincott.

Crandall, E. B. 1924. *Shellac: A Story of Yesterday, Today & Tomorrow.* Chicago: James B. Day.

Crane, E. E. 1999. *The World History of Beekeeping and Honey Hunting.* New York: Routledge.

Crawford, M. S. 1859. *Life in Tuscany.* Columbus, OH: Follett, Foster.

Crosby, A. 1972. *The Columbian Exchange: The Biological and Cultural Consequences of 1492.* Westport, CT: Greenwood.

Crutzen, P. J. 2002. "Geology of Mankind." *Nature* 415: 23.

Cullen, K. E. 2006. *Biology: The People Behind the Science.* New York: Chelsea House.

Culliney, T. W. 2014. "Crop Loss Due to Arthropods." In *Integrated Pest Management,* edited by D. Pimentel and R. Peshin. Dordrecht, Netherlands: Springer, 201–25.

Dahlgren de Jordán, B. 1961. "El nocheztli o la grana de cochinilla mexicana." In *Homenaje a Pablo Martínez del Río en el vigesimoquinto aniversario de la primera edición de Los orígenes americanos,* edited by A. Caso. Mexico: Instituto Nacional de Antropología e Historia, 387–99.

Darwin, C. 1908. *Charles Darwin: His Life Told in an Autobiographical Chapter, and in a Selected Series of His Published Letters,* edited by Francis Darwin. London: John Murray.

———. 1896 (1871). *The Descent of Man, and Selection in Relation to Sex.* New York: D. Appleton.

———. 1862. "Charles Darwin to Joseph Dalton Hooker. 25 [and 26] January [1862]." *Darwin Correspondence Project.* https://www.darwinproject.ac.uk/letter/DCP-LETT -3411.xml.

———. 1862. *On the Various Contrivances by Which British and Foreign Orchids Are Fertilised by Insects, and on the Good Effects of Intercrossing.* London: John Murray.

Datta, R. K., and M. Nanavaty. 2005. *Global Silk Industry: A Complete Sourcebook.* Boca Raton, FL: Universal.

Datta, S. 2010. "Cockroaches: Defying the Passage of Time." *Science Reporter* 47: 55.

Dave, K. N. 1950. *Lac and the Lac-insect in the Athara-Veda.* Nagpur: International Academy of Indian Culture.

Davis, D. L. 1998. *The Secret History of the War on Cancer.* New York: Basic Books.

Davis, F. H. 1912. *Myths and Legends of Japan.* London: Ballantyne.

Davis, F. R. 2008. "Unraveling the Complexities of Joint Toxicity of Multiple Chemicals at the Tox Lab and the FDA." *Environmental History* 13: 674–83.

Davis, M. 2001. *Late Victorian Holocausts: El Niño Famines and the Making of the Third World.* New York: Verso.

Davis, N. Z. 2011. "Judges, Masters, Diviners: Slaves' Experience of Criminal Justice in Colonial Suriname." *Law and History Review* 29: 925–84.

———. 1995. *Women on the Margins: Three Seventeenth-Century Lives.* Cambridge, MA: Harvard University Press.

Day, T. 2000. *A Century of Recorded Music: Listening to Musical History.* New Haven, CT: Yale University Press.

Deichmann, U. 1996. *Biologists Under Hitler.* Translated by Thomas Dunlap. Cambridge, MA: Harvard University Press.

DeLong, D. M. 1960. "Man in a World of Insects." *Ohio Journal of Science* 60: 193–206.

Denning, M. 2015. *Noise Uprising: The Audiopolitics of a World Musical Revolution*. New York: Verso.

Deshpande, S. S. 2002. *Handbook of Food Toxicology*. New York: Marcel Dekker.

Dickinson, E. 2003. *The Collected Poems of Emily Dickinson*, edited by R. Wetzsteon. New York: Barnes & Noble Classics.

———. 1924. *The Complete Poems of Emily Dickinson*. Boston: Little, Brown.

Dillard, A. 1974. *Pilgrim at Tinker Creek*. New York: Harper's Magazine Press.

Diouf, S. A. 2007. *Dreams of Africa in Alabama: The Slave Ship* Clotilda *and the Story of the Last Africans Brought to America*. New York: Oxford University Press.

Dobermann, D., J. A. Swift, and L. M. Field. 2017. "Opportunities and Hurdles of Edible Insects for Food and Feed." *Nutrition Bulletin* 42: 293–308.

Dodds, B. 1992. *The Baby Dodds Story*. Rev. ed. Baton Rouge: Louisiana State University Press.

Donkin, R. A. 1977. *Spanish Red: An Ethnogeographical Study of Cochineal and the Opuntia Cactus*. Philadelphia: American Philosophical Society.

Donne, J. 1971. *John Donne: The Complete English Poems*, edited by A. J. Smith. New York: Penguin.

Doublet, V., M. Labarussias, J. R. Miranda, R.F.A. Moritz, and R. J. Paxton. 2015. "Bees Under Stress: Sublethal Doses of a Neonicotinoid Pesticide and Pathogens Interact to Elevate Honey Bee Mortality Across the Life Cycle." *Environmental Microbiology* 17: 969–83.

Dow, G. F. 1927. *The Arts and Crafts of New England 1704–1775*. Topsfield, MA: Wayside.

Dowd, T. 2006. "From 78s to MP3s: The Embedded Impact of Technology in the Market for Prerecorded Music." In *The Business of Culture: Strategic Perspectives on Entertainment and Media*, edited by J. Lampel, J. Shamsie, and T. K. Lant. New York: Routledge, 205–24.

Downham, A., and P. Collins. 2000. "Colouring Our Foods in the Last and Next Millennium." *International Journal of Food Science and Technology* 35: 5–22.

Drayton, R. H. 2000. *Nature's Government: Science, Imperial Britain, and the "Improvement" of the World*. New Haven, CT: Yale University Press.

Dube, S., and C. Dube. 2010. "Towards Improved Utilization of Macimbi *Imbrasia belina* Linnaeus, 1758 as Food and Financial Resource for People in the Gwanda District of Zimbabwe." *Zimbabwe Journal of Science and Technology* 5: 28–36.

Du Bois, C. M. 2018. *The Story of Soy*. London: Reaktion.

Dudley, R. 2000. *The Biomechanics of Insect Flight: Form, Function, Evolution*. Princeton, NJ: Princeton University Press.

DuPuy, W. A. 1925. "The Insects Are Winning: A Report on the Thousand-Year War." *Harper's Magazine*, 435–40.

Durr, K. D. 2006. "The 'New Industrial Philosophy': U.S. Corporate Recycling in World War II." *Progress in Industrial Ecology* 3: 361–78.

Durrant, S. W. 1995. *The Cloudy Mirror: Tension and Conflict in the Writings of Sima Qian*. Albany: State University of New York Press.

Earth, B., et al. 2008. "Intensification Regimes in Village-Based Silk Production, North-east Thailand: Boosts (and Challenges) to Women's Authority." In *Gender and Natural Resource Management: Livelihoods, Mobility and Interventions*, edited by B. P. Resurreccion and R. Elmhirst. Sterling, VA: Earthscan, 43–66.

Eaton, S. B., and D. A. Nelson. 1991. "Calcium in Evolutionary Perspective." *American Journal of Clinical Nutrition* 54: 281S–87S.

Edwardes, Charles. 1888. *Rides and Studies in the Canary Islands.* London: T. Fisher Unwin.

Eiland, E. 2003 (2000). *Oriental Rugs Today: A Guide to the Best New Carpets from the East.* Albany, CA: Berkeley Hills Books.

Einstein, A. 2010. *The Ultimate Quotable Einstein,* edited by A. Calaprice. Princeton, NJ: Princeton University Press.

Eisner, T. 2005. *For the Love of Insects.* Cambridge, MA: Belknap.

Eisner, T., S. Nowicki, M. Goetz, and J. Meinwald. 1980. "Red Cochineal Dye (Carminic Acid): Its Role in Nature." *Science* 208: 1039–42.

Ejsmont, R. K., and B. A. Hassan. 2014. "The Little Fly That Could: Wizardry and Artistry of *Drosophila* Genomics." *Genes* 5: 385–414.

Elisseeff, V. 1998. "Approaches Old and New to the Silk Roads." In *Silk Roads: Highways of Culture and Commerce,* edited by V. Elisseeff. New York: Berghahn.

Endersby, J. 2008. *Imperial Nature: Joseph Hooker and the Practices of Victorian Science.* Chicago: University of Chicago Press.

Engel, M. S. 2018. *Innumerable Insects: The Story of the Most Diverse and Myriad Animals on Earth.* New York: Sterling.

Enright, M. J. 1996. *Lady with a Mead Cup: Ritual, Prophecy, and Lordship in the European Warband from La Tène to the Viking Age.* Portland, OR: Four Courts.

Errington, F., D. Gewertz, and T. Fujikura. 2013. *The Noodle Narratives: The Global Rise of an Industrial Food into the Twenty-First Century.* Berkeley: University of California Press.

Etheridge, K. 2011. "Maria Sibylla Merian: The First Ecologist?" In *Women and Science, 17h Century to Present: Pioneers, Activists and Protagonists,* edited by Donna Spalding Adreolle and Veronique Molinari. Newcastle, UK: Cambridge Scholars, 35–54.

Eugenides, J. 2002. *Middlesex.* New York: Farrar, Straus and Giroux.

European Synchrotron Radiation Facility. 2012. "First Ever Record of Insect Pollination from 100 Million Years Ago." *ScienceDaily.* https://www.sciencedaily.com/releases/2012/05/120514153113.htm.

Evans, J., et al. 2015. "'Entomophagy': An Evolving Terminology in Need of Review." *Journal of Insects as Food and Feed* 1: 293–305.

Fabre, J.-H. 1911. *The Life and Love of the Insect.* Translated by Alexander Teixeira de Mattos. New York: Macmillan.

———. 1879–1907. *Souvenirs entomologiques,* edited by Yves Delange. 10 vols. Paris: Robert Laffont.

Fardisi, M., A. D. Gondhalekar, A. R. Ashbrook, and M. E. Scharf. 2019. "Rapid Evolutionary Reponses to Insecticide Resistance Management Interventions by the German Cockroach (*Blattella germanica* L.)." *Science Reports* 9. https://doi.org/10.1038/s41598-019-44296-y.

Fatah-Black, K. J. 2013. "Suriname and the Atlantic World, 1650–1800." PhD thesis, Leiden University.

Fazlýoðlu, A., and O. Aslanapa. 2006. *The Last Loop of the Knot: Ottoman Court Carpets.* Istanbul: TBMM.

Feig, V. R., H. Tran, and Z. Bao. 2018. "Biodegradable Polymeric Materials in Degradable Electronic Devices." *ACS Central Science* 4: 337-48.

Fenichell, S. 1996. *Plastic: The Making of a Synthetic Century.* New York: Harper Business.

Ferrer, Eulalio. 2007 (1999). *Los lenguajes del color.* Mexico: Fondo de Cultura Económica.

Fijn, N. 2014. "Sugarbag Dreaming: The Significance of Bees to Yolngu in Arnhem Land, Australia." *Humanimalia* 6: 41-61.

Fijn, N., and M. Baynes-Rock. 2018. "A Social Ecology of Stingless Bees." *Human Ecology* 46: 207–16.

Finlay, M. R. 2009. *Growing American Rubber: Strategic Plants and the Politics of National Security.* New Brunswick, NJ: Rutgers University Press.

Firn, R. 2010. *Nature's Chemicals: The Natural Products That Shaped Our World.* New York: Oxford University Press.

Fisher, R. A. 1936. "Has Mendel's Work Been Rediscovered?" *Annals of Science* 1: 115–26.

Fisher, R. A., and G. R. De Beer. 1947. "Thomas Hunt Morgan, 1866–1945." *Obituary Notices of Fellows of the Royal Society* 5: 451-66.

Flick, D. 2006. *Africa: Continent of Economic Opportunity.* Johannesburg, South Africa: STE Publishers.

Fong, G. S. 2004. "Female Hands: Embroidery as a Knowledge Field in Women's Everyday Life in Late Imperial and Early Republican China." *Late Imperial China* 25: 1-58.

Food and Agriculture Organization of the United Nations. 2016. "Pollinators Vital to Our Food Supply Under Threat." http://www.fao.org/news/story/en/item/384726/icode/.

Foster, J. B. 2005. "The Vulnerable Planet." In *Environmental Sociology: From Analysis to Action,* edited by L. King and D. McCarthy. Lanham, MD: Rowman & Littlefield, 3–15.

Fowler, C. S., and N. P. Walter. 1985. "Harvesting Pandora Moth Larvae with the Owens Valley Paiute." *Journal of California and Great Basin Anthropology* 7: 155-65.

Fox-Davies, A. C. 2007 (1969). *A Complete Guide to Heraldry.* New York: Bonanza.

Franceschini, N., J. M. Pichon, and C. Blanes. 1992. "From Insect Vision to Robot Vision." *Philosophical Transactions of the Royal Society of London, Series B: Biological Sciences* 337:283–94.

Francis, C., ed. 2003. *There Is Nothing Like a Thane! The Lighter Side of "Macbeth."* New York: Thomas Dunne.

Frank, E. T., et al. 2017. "Saving the Injured: Rescue Behavior in the Termite-Hunting Ant *Megaponera analis.*" *Science Advances* 3. DOI: 10.1126/siadv.1602187

Frankopan, P. 2017. *The Silk Roads: A New History of the World.* New York: Vintage.

Frickman Young, C. E. 2003. "Socioeconomic Causes of Deforestation in the Atlantic

Forest of Brazil." In *The Atlantic Forest of South America: Biodiversity Status, Threats, and Outlook,* edited by C. Galindo Leal and I. de Gusmão Câmara. Washington, DC: Island Press.

Friedewald, B. 2015. *A Butterfly Journey: Maria Sibylla Merian, Artist and Scientist.* Translated by S. von Pohl. New York: Prestel.

Frith, S. 2004. *Popular Music: Critical Concepts in Media and Cultural Studies.* New York: Routledge.

Gajanan, D. 2009. "Ahimsa Peace Silk—An Innovation in Silk Manufacturing." *Man-made Textiles in India* 52: 421–24.

Galeano, E. 1987. *The Memory of Fire.* Vol. 2, *Faces and Masks.* 3 vols. New York: Pantheon.

Geetha, G. S., and R. Indira. 2011. "Silkworm Rearing by Rural Women in Karnataka: A Path to Empowerment." *Indian Journal of Gender Studies* 18: 89–102.

George, T. S. 2001. *Minamata: Pollution and the Struggle for Democracy in Postwar Japan.* Cambridge, MA: Harvard University Press.

Geyer, R., J. R. Jambeck, and K. L. Law. 2017. "Production, Use, and Fate of All Plastics Ever Made." *Science Advances* 3. https://doi.org/10.1186/s13002-015-0066-7.

Ghosh, M. K. 2015. "Lac Industry in India: A Momentary View." *Open Eyes: Indian Journal of Social Science, Literature, Commerce, & Allied Areas* 12: 165.

Gibbs, L. M. (as told to M. Levine). 1982. *Love Canal: My Story.* New York: Grove.

Giesen, J. C. 2011. *Boll Weevil Blues: Cotton, Myth, and Power in the American South.* Chicago: University of Chicago Press.

Ginsberg, M. 2007. "Donatella & Allegra." *Harper's Bazaar.* https://www.harpersbazaar .com/fashion/designers/a82/donatella-allegra-versace-0307/.

Glickman, L. B. 2005. "'Make Lisle the Style': The Politics of Fashion in the Japanese Silk Boycott, 1937–1940." *Journal of Social History* 38: 573–608.

Global Market Insights, Inc. 2016. "Edible Insects Market Size Worth $522mn by 2023." https://www.gminsights.com/pressrelease/edible-insects-market.

Goff, M. L. 2000. *A Fly for the Prosecution: How Insect Evidence Helps Solve Crimes.* Cambridge, MA: Harvard University Press.

Goldsmith, J. L., and T. Wu. 2006. *Who Controls the Internet? Illusions of a Borderless World.* New York: Oxford University Press.

Gomez, E. 2018. "A Side of Grasshoppers." *ESPN.com.* http://www.espn.com/espn/feature /story/_/id/22946221/at-seattle-mariners-games-grasshoppers-favorite-snack.

Gómez de Cervantes, G. 1944 (1599). *Vida económica y social de Nueva España al finalizar el siglo XVI,* edited by A. María Carreño. Mexico: Antigua Librería Robredo.

González Lemus, N. 2001. "La explotación de la cochinilla en las Canarias del siglo XIX." *Arquipélago-História* 5: 175–92.

Goslinga, C. 1979. *A Short History of the Netherlands Antilles and Surinam.* The Hague: M. Nijhoff.

Gould, S. J. 1989. *Wonderful Life: The Burgess Shale and the Nature of History.* New York: W. W. Norton.

Goulson, D. 2013. "Review: An Overview of the Environmental Risks Posed by Neonicotinoid Insecticides." *Journal of Applied Ecology* 50: 977–87.

Grabowski, C. 2017. *Maria Sibylla Merian zwischen Malerei und Naturforschung* (Maria Sibylla Merian Between Painting and Natural Science). Berlin: Reimer Verlag.

Granata, C. L. 2002. "The Battle for the Vinyl Frontier." In *45 RPM: A Visual History of the Seven-Inch Record,* edited by Spencer Drate. Princeton, NJ: Princeton Architectural Press, 6–11.

Grand View Research. 2018. "Carmine Market Size, Share & Trends Analysis Report By Application (Beverages, Bakery & Confectionary, Dairy & Frozen Products, Meat, Oil & Fat), By Region, And Segment Forcasts, 2018–2025." https://www.grandview research.com/industry-analysis/carmine-market.

Great Adventure Outpost. 2006. "Six Flags' 'Fright Fest' Halloween Celebration Offers Guests Both Tricks AND Treats." http://www.gadvoutpost.com/index .php?topic=911.0.

Greenfield, A. B. 2005. *A Perfect Red: Empire, Espionage, and the Quest for the Color of Desire.* New York: HarperCollins.

Greenspan, R. J. 1997. *Fly Pushing: The Theory and Practice of* Drosophila *Genetics.* Plainview, NY: Cold Spring Harbor Laboratory Press.

Grimaldi, D., and M. S. Engel. 2005. *Evolution of the Insects.* New York: Cambridge University Press.

Gross, D. A. 2017. "Why We Need to Start Listening to Insects." *Smithsonian Magazine.* https://www.smithsonianmag.com/science-nature/why-we-need-start-listening -insects-180963014/.

Grove, R. H. 1995. *Green Imperialism: Colonial Expansion, Tropical Island Edens and the Origins of Environmentalism, 1600–1860.* New York: Cambridge University Press.

Grupen, C., and M. Rodgers. 2016. *Radioactivity and Radiation: What They Are, What They Do, and How to Harness Them.* Cham, Switzerland: Springer.

Gullan, P. J., and P. S. Cranston. 2014 (2000). *The Insects: An Outline of Entomology.* Hoboken, NJ: John Wiley & Sons.

Gustafsson, Å. 1969. "The Life of Gregor Johann Mendel—Tragic or Not?" *Hereditas* 62: 239–58.

Hahn, O., W. Malzer, B. Kanngiesser, and B. Beckhoff. 2004. "Characterization of Iron-Gall Inks in Historical Manuscripts and Music Compositions Using X-Ray Fluorescence Spectrometry." *X-Ray Spectrometry* 33: 234–39.

Hakluyt, R. 1903. *The Principal Navigations, Voyages, Traffiques & Discoveries of the English Nation.* 12 vols. New York: Macmillan.

Hallman, C. A., et al. 2017. "More Than 75 Percent Decline over 27 Years in Total Flying Insect Biomass in Protected Areas." *PLOS One* 12. https://doi.org/10.1371/journal .pone.0185809.

Halloran, A., R. Flore, P. Vantomme, and N. Roos, eds. 2018. *Edible Insects in Sustainable Food Systems.* Cham, Switzerland: Springer.

Hamilton, F. 1807. *A Journey from Madras Through the Countries of Mysore, Canara, and Malabar.* 3 vols. London: T. Cadell and W. Davies.

Hammers, R. 1998. "The Fabrication of Good Government: Images of Silk Production in Southern Song (1127–1279) and Yuan (1279–1368) China." *Textile Society of America Symposium Proceedings* 171: 195–203.

Hamowy, R. 2007. *Government and Public Health in America.* Northampton, MA: Edward Elgar.

Hanboonsong, Y. 2010. "Edible Insects and Associated Food Habits in Thailand." In *Forest Insects as Food: Humans Bite Back,* edited by P. B. Durst, et al. Bangkok: Food and Agriculture Organization of the United Nations, Regional Office for Asia and the Pacific, 173–82.

Hanson, T. 2018. *Buzz: The Nature and Necessity of Bees.* New York: Basic Books.

Hardy, K., et al. 2012. "Neandertal Medics? Evidence for Food, Cooking, and Medicinal Plants Entrapped in Dental Calculus." *Naturwissenschaften* 99: 617–26.

Hargett, J. M. 2006. *Stairway to Heaven: A Journey to the Summit of Mount Emei.* Albany: State University of New York Press.

Harpp, K. 2002. "How Do Volcanoes Affect World Climate?" *Scientific American.* https://www.scientificamerican.com/article/how-do-volcanoes-affect-w/.

Harris, S. H. 1994. *Factories of Death: Japanese Biological Warfare, 1932–45, and the American Cover-up.* New York: Routledge.

Harvey, R., and M. R. Mahard. 2014. *The Preservation Management Handbook: A 21st-Century Guide for Libraries, Archives, and Museums.* Lanham, MD: Rowman & Littlefield.

Hatch, C. E., Jr. 1957. "Mulberry Trees and Silkworms: Sericulture in Early Virginia." *Virginia Magazine of History and Biography* 65: 3-61.

Hearn, L. 1899. *In Ghostly Japan.* Boston: Little, Brown.

Henderson, H. G. 1958. *An Introduction to Haiku: An Anthology of Poems and Poets from Basho to Shiki.* New York: Doubleday.

Henig, R. M. 2000. *The Monk in the Garden: The Lost and Found Genius of Gregor Mendel, the Father of Genetics.* Boston: Houghton Mifflin.

Herber, L. [M. Bookchin]. 1962. *Our Synthetic Environment.* New York: Alfred A. Knopf.

Hermes, M. E. 1996. *Enough for One Lifetime: Wallace Carothers, Inventor of Nylon.* Washington, DC: Chemical Heritage Foundation.

Hertz, G. B. 1909. "The English Silk Industry in the Eighteenth Century." *English Historical Review* 24: 710-27.

Hesse-Honegger, C. 2001. *Heteroptera: The Beautiful and the Other; or, Images of a Mutating World.* Translated by C. Luisi. New York: Scalo.

Hilbert, L., et al. 2017. "Evidence for Mid-Holocene Rice Domestication in the Americas." *Nature Ecology & Evolution* 1: 1693–98.

Hill, J. E. 2009. *Through the Jade Gate to Rome: A Study of the Silk Routes During the Later Han Dynasty 1st to 2nd Centuries CE.* Charleston, SC: BookSurge.

Hoang-Dao, B.T., et al. 2009. "Clinical Efficiency of a Natural Resin Fluoride Varnish (Shellac F) in Reducing Dentin Hypersensitivity." *Journal of Oral Rehabilitation* 36: 124–31.

Hoare, B. 2009. *Animal Migration: Remarkable Journeys in the Wild.* Berkeley: University of California Press.

Hofenk–De Graaff, J. H. 1983. "The Chemistry of Red Dyestuffs in Medieval and Early Modern Europe." In *Cloth and Clothing in Medieval Europe,* edited by N. B. Harte and K. G. Ponting. London: Heinemann, 71–79.

Hoffman, W. J. 1878. "Miscellaneous Ethnographic Observations on Indians Inhabiting Nevada, California, and Arizona." In *Tenth Annual Report of the United States Geological and Geographical Survey of the Territories—Being a Report of Progress of the Exploration for the Year 1876*. Washington, DC: Government Printing Office, 465–66.

Hofstra, W. R. 2004. *The Planting of New Virginia: Settlement and Landscape in the Shenandoah Valley*. Baltimore: Johns Hopkins University Press.

Holden, C. 2006. "Report Warns of Looming Pollination Crisis in North America." *Science* 314: 397.

Holland, C., F. Vollrath, A. J. Ryan, and O. O. Mykhaylvk. 2012. "Silk and Synthetic Polymers: Reconciling 100 Degrees of Separation." *Advanced Materials* 24: 105–09.

Holt, V. M. 1885. *Why Not Eat Insects?* London: Field & Tuer, Leadenhall Press.

Hoogbergen, W.S.M. 2008. *Out of Slavery: A Surinamese Roots History*. Berlin: Lit Verlag.

Hopkirk, P. 1980. *Foreign Devils on the Silk Road: The Search for the Lost Cities and Treasures of Central Asia*. London: Murray.

Hopwood, J., et al. 2012. *Are Neonicotinoids Killing Bees? A Review of Research into the Effects of Neonicotinoid Insecticides on Bees, with Recommendations for Action*. Xerces Society for Invertebrate Conservation. http://cues.cfans.umn.edu/old/pollinators /pdf-pesticides/Are-Neonicotinoids-Killing-Bees_Xerces-Society.pdf.

Horn, T. 2005. *Bees in America: How the Honey Bee Shaped a Nation*. Lexington: University Press of Kentucky.

Hornborg, A. 2001. *The Power of the Machine: Global Inequalities of Economy, Technology, and Environment*. Walnut Creek, CA: AltaMira.

Houston, K. 2016. *The Book: A Cover-to-Cover Exploration of the Most Powerful Object of Our Time*. New York: W. W. Norton.

Hoyt, E., and T. Schultz, eds. 1999. *Insect Lives: Stories of Mystery and Romance from a Hidden World*. Edinburgh: Mainstream.

Hublin, J.-J., et al. 2017. "New Fossils from Jebel Irhoud, Morocco and the Pan-African Origin of *Homo sapiens*." *Nature* 546: 289–92.

Hudson, G. F. 1931. *Europe and China: A Survey of Their Relations from the Earliest Times to 1800*. London: Edward Arnold.

Hughes, H. J. 2015. "Reflections on 50 Years of Engagement with the Natural World: Interview with Robert Michael Pyle." *Terrain.org*. https://www.terrain.org/2015 /interviews/robert-michael-pyle/.

Hughes, T. P. 1989. *American Genesis: A Century of Invention and Technological Enthusiasm, 1870–1970*. New York: Penguin Books.

Hugo, V. 1915. *Les Misérables*. Translated by I. F. Hapgood. New York: Thomas Y. Crowell.

Hume, D. 1956 (1757). *The Natural History of Religion*, edited by H. E. Root. London: A. and C. Black Ltd.

Huq, A., et al. 2010. "Simple Sari Cloth Filtration of Water Is Sustainable and Continues to Protect Villagers from Cholera in Matlab, Bangladesh." *mBio* 1: 1-5.

Hutchinson, G. E. 1977. In "The Influence of the New World on the Study of Natural History." *Changing Scenes in the Natural Sciences, 1776–1976*, edited by Clyde E. Goulden. Philadelphia: Academy of Natural Sciences, 13–34.

————. 1959. "Homage to Santa Rosalia; or, Why Are There So Many Kinds of Animals?" *American Naturalist* 93: 145–59.

Ibn Khallikan. 1843–71.*Ibn Khallikan's Biographical Dictionary.* Translated by B.M.G. de Slane. 4 vols. Paris: Oriental Translation Fund of Great Britain and Northern Ireland.

Illica, L., G. Giacosa, R. H. Elkin, and G. Puccini. 1906. *Madam Butterfly: A Japanese Tragedy.* Founded on the book by John L. Long and the drama by David Belasco. 2nd ed. London: G. Ricordi.

Imbarex Natural Colors & Ingredients. 2019. "Which Food Products Contain Carmine?" https://www.imbarex.com/wich-food-products-contain-carmine/.

India Brand Equity Foundation. 2018."Shellac And Forest Products Industry & Exports In India." https://www.ibef.org/exports/shellac-forest-products-industry-india.aspx.

Inward, D., G. Beccaloni, and P. Eggleton. 2007. "Death of an Order: A Comprehensive Molecular Phylogenetic Study Confirms That Termites Are Eusocial Cockroaches." *Biology Letters* 3: 331-35.

Irimia-Vladu, M., et al. 2013. "Natural resin shellac as a substrate and a dielectric layer for organic field-effect transistors." *Green Chemistry* 15: 1473–76.

Islam, I., and M. Hossain. 2006. *Globalisation and the Asia-Pacific: Contested Perspectives and Diverse Experience.* Northampton, MA: Edward Elgar.

Jabr, F. 2013. "The Mind-Boggling Math of Migratory Beekeeping." https://www.scientific american.com/article/migratory-beekeeping-mind-boggling-math/.

Jaffe, B. 1976 (1948). *Crucibles: The Story of Chemistry from Ancient Alchemy to Nuclear Fission.* 4th ed. New York: Dover.

James, C.L.R. 1938. *The Black Jacobins: Toussaint L'Ouverture and the San Domingo Revolution.* London: Secker & Warburg.

Janerich, D. T., et al. 1981. "Cancer Incidence in the Love Canal Area." *Science* 212: 1404–07.

Jaubert, S., A. Mereau, C. Antoniewski, and D. Tagu. 2007. "MicroRNAs in *Drosophila*: The Magic Wand to Enter the Chamber of Secrets?" *Biochimie* 89: 1211-20.

Jenkins, M. 2011.*ContamiNation: My Quest to Survive in a Toxic World.* New York: Avery.

Jones, J. B. 2006. *The Songs that Fought the War: Popular Music and the Home Front, 1939–1945.* Waltham, MA: Brandeis University Press.

Jongema, Y. 2017. "List of Edible Insects of the World." Department of Entomology, Wangeningen University and Research. https://www.wur.nl/en/Research-Results /Chair-groups/Plant-Sciences/Laboratory-of-Entomology/Edible-insects/World wide-species-list.htm.

Joyce, J. 1939. *Finnegans Wake.* London: Faber & Faber.

Kadavy, D. R., et al. 1999. "Microbiology of the Oil Fly, *Helaeomyia petrolei.*" *Applied and Environmental Microbiology* 65: 1477–82.

Kafka, F. 2014 (1915). *The Metamorphosis.* Translated by Susan Bernofsky. New York: W. W. Norton.

Kahane, R., et al. 2008. "Bourbon Vanilla: Natural Flavour with a Future." *Chronica Horticulturae* 48: 23–29.

Kameswari, V.L.V. 2004. "Communication Network in Forest Management: Privileging Men's Voices over Women's Knowledge." *Gender Technology and Development* 8: 167–83.

Kanfer, S. 2000. *Groucho: The Life and Times of Julius Henry Marx.* New York: Alfred A. Knopf.

Katayama, N., et al. 2008. "Entomophagy: A Key to Space Agriculture." *Advances in Space Research* 41: 701–05.

Katz, M. 2010. *Capturing Sound: How Technology Has Changed Music.* Berkeley: University of California Press.

Kaufman, L., and A. Kaufman. 2003. *A Fiddler's Tale: How Hollywood and Vivaldi Discovered Me.* Madison: University of Wisconsin Press.

Keenan, K. 1983. "Lilian Vaughan Morgan (1870–1952): Her Life and Work." *American Zoologist* 23: 867–76.

Keene, J. H. 1891. *Fly-fishing and Fly-making for Trout, Bass, Salmon, Etc.* New York: Forest and Stream.

Keller, A. 2007. "*Drosophila melanogaster*'s History as a Human Commensal." *Current Biology* 17: R77–R81.

Kerr, J., and J. Banks. 1781. "Natural History of the Insect Which Produces the Gum Lacca. By Mr. James Kerr, of Patna; Communicated by Sir Joseph Banks, P.R.S." *Philosophical Transactions of the Royal Society of London* 71: 374–82.

Kiauta, M. 1986. "Dragonfly in Haiku." *Odonatologica* 15: 91-96.

Kielmanowicz, M. G., et al. 2015. "Prospective Large-Scale Field Study Generates Predictive Model Identifying Major Contributors to Colony Losses." *PLoS Pathogens* 11. http://dx.doi.org/10.1371/journal.ppat.1004816.

Killeffer, D. H. 1943. "Promise and Problems of Peace: Chemical Industry's Postwar Role." *Industrial and Engineering Chemistry* 35: 1140–45.

Kingsolver, B. 2012. *Flight Behavior: A Novel.* New York: Harper.

Kinkela, D. 2011. *DDT and the American Century: Global Health, Environmental Politics, and the Pesticide That Changed the World.* Chapel Hill: University of North Carolina Press.

Kinne-Saffran, E., and R.K.H. Kinne. 1999. "Vitalism and Synthesis of Urea: From Friedrich Wöhler to H. A. Krebs." *American Journal of Nephrology* 19: 290–94.

Kirby, J., M. Spring, and C. Higgitt. 2007. "The Technology of Eighteenth- and Nineteenth-Century Red Lake Pigments." *National Gallery Technical Bulletin* 28: 69–95.

Klein, A.-M., et al. 2007. "Importance of Pollinators in Changing Landscapes for World Crops." *Proceedings of the Royal Society B* 274: 303–13.

Klose, N. 1963. "Sericulture in the United States." *Agricultural History* 27: 225-34.

Knaut, A. L. 1997. "Yellow Fever and the Late Colonial Public Health Response in the Port of Veracruz." *Hispanic American Historical Review* 77: 619–44.

Kohler, R. 1994. *Lords of the Fly:* Drosophila *Genetics and the Experimental Life.* Chicago: University of Chicago Press.

Kolbert, E. 2014. *The Sixth Extinction: An Unnatural History.* New York: Henry Holt.

Konuma, H. "Foreward." 2010. In *Forest Insects as Food: Humans Bite Back,* edited by P. B. Durst, et al. Bangkok: Food and Agriculture Organization of the United Nations, Regional Office for Asia and the Pacific, iii.

Krainik, C., M. Krainick, and C. Walvoord. 1988. *Union Cases: A Collector's Guide to the Art of America's First Plastics.* Grantsburg, WI: Centennial Photo Service.

Krämer, H. M. 2008. "'Not Befitting Our Divine Country': Eating Meat in Japanese Discourses of Self and Other from the Seventeenth Century to the Present." *Food and Foodways* 16: 33-62.

Kremen, C., R. L. Bugg, N. Nicola, S. A. Smith, R. W. Thorp, and N. M. Williams. 2002. "Native Bees, Native Plants and Crop Pollination in California." *Fremontia* 30: 41-49.

Kritsky, G. 2015. *The Tears of Re: Beekeeping in Ancient Egypt.* New York: Oxford University Press.

———. 1991. "Darwin's Madagascan Hawk Moth Prediction." *American Entomologist* 37: 206-10.

Kuhn, D. 1984. "Tracing a Chinese Legend: In Search of the Identity of the 'First Sericulturalist.'" *T'oung Pao* 70: 213-45.

Kunitz, S. 2005. *The Wild Braid: A Poet Reflects on a Century in the Garden.* New York: W. W. Norton.

Kyo, C. 2012. *The Search for the Beautiful Woman: A Cultural History of Japanese and Chinese Beauty.* Translated by K. I. Selden. Lanham, MD: Rowman & Littlefield.

La Point, R. 2012. *Oshkosh: Preserving the Past.* Indianapolis, IN: Dog Ear Publishing.

Laërtius, D. 1853. *Lives and Opinions of Eminent Philosophers.* Translated by C. D. Yonge. London: H. G. Bohn.

Lampe, K. 1995. "Rice Research: Food for 4 Billion People." *GeoJournal* 35: 253-61.

Langmuir, A. C. 1915. "Shellac." In *Industrial Chemistry,* edited by A. Rogers. 2nd ed. New York: D. Van Nostrand Co.

Lappé, F. M. 1971. *Diet for a Small Planet.* New York: Ballantine.

Latour, B. 1993. *We Have Never Been Modern.* Translated by C. Porter. Cambridge, MA: Harvard University Press.

Lawry, J. V. 2006. *The Incredible Shrinking Bee: Insects as Models for Microelectromechanical Devices.* London: Imperial College Press.

Leal-Egaña, A., and T. Scheibel. 2010. "Silk-Based Materials for Biomedical Applications." *Biotechnology and Applied Biochemistry* 55: 155-67.

Lear, L. 1989. *Rachel Carson: Witness for Nature.* New York: Henry Holt.

Le Corbusier [C.-E. Jeanneret]. 1927 (1923). *Towards a New Architecture.* Translated by F. Etchells. New York: Dover Publications.

Le Coz, C.-J., et al. 2002. "Allergic Contact Dermatitis from Shellac in Mascara." *Contact Dermatitis* 46: 149-52.

Lee, R. 1951. "American Cochineal in European Commerce, 1526-1625." *Journal of Modern History* 23: 205-24.

Leggett, W. F. 1944. *Ancient and Medieval Dyes.* Brooklyn: Chemical Publishing Co.

Lehane, M. 2005. *The Biology of Blood-Sucking in Insects.* 2nd ed. New York: Cambridge University Press.

Leong, M., et al. 2017. "The Habitats Humans Provide: Factors Affecting the Diversity and Composition of Arthropods in Houses." *Nature: Scientific Reports* 7: 1-11.

Leslie, E. 1840. *Directions for Cookery, in Its Various Branches.* Philadelphia: E. L. Carey & Hart.

Le Vine, L. 2017. "Watch Angelina Jolie and Her Children Cook and Eat Bugs." *Vanity Fair*. https://www.vanityfair.com/style/2017/02/watch-angelina-jolie-eat-bugs.

Lévi-Strauss, C. 1973. *From Honey to Ashes: Introduction to a Science of Mythology*. Translated by J. Weightman and D. Weightman. New York: Octagon.

———. 1962. *Totemism*. Translated by R. Needham. Boston: Beacon.

Lewis, C. M., and W. S. Morton. 2004. *China: Its History and Culture*. 4th ed. New York: McGraw-Hill.

Li, L. M. 1981. *China's Silk Trade: Traditional Industry in the Modern World, 1842–1937*. Cambridge, MA: Harvard University Press.

Liang, Z. S., et al. 2012. "Molecular Determinants of Scouting Behavior in Honey Bees." *Science* 335: 1225-28.

Liebhold, A., V. Mastro, and P. W. Schaefer. 1989. "Learning from the Legacy of Léopold Trouvelot." *Bulletin of the Entomological Society of America* 35: 20–22.

Lier, R.A.J. van. 1971. *Frontier Society: A Social Analysis of the History of Surinam*. Translated by M.J.L. van Ypren. The Hague: Martinus Nijhoff.

Lindsay, S. 2002. *Mount Clutter*. New York: Grove.

Lintner, J. A. 1882. *First Annual Report on the Injurious and Other Insects of the State of New York*. Albany, New York: Weed, Parsons.

Liu, Y. 2015. "Poisonous Medicine in Ancient China." In *History of Toxicology and Environmental Health: Toxicology in Antiquity*, vol. 2, edited by P. Wexler. Boston: Elsevier, 89–97.

Lochtefeld, J. G. 2002. *The Illustrated Encyclopedia of Hinduism: A–M*. New York: Rosen.

Lockwood, J. A. 2013. *Infested Mind: Why Humans Fear, Loathe, and Love Insects*. New York: Oxford University Press.

———. 2009. *Six-Legged Soldiers: Using Insects as Weapons of War*. New York: Oxford University Press.

———. 2004. *Locust: The Devastating Rise and Mysterious Disappearance of the Insect That Shaped the American Frontier*. New York: Basic Books.

Logan, W.P.D. 1953. "Mortality in the London Fog Incident, 1952." *Lancet* 261: 336–38.

Lopez, R. S. 1952. "China Silk in Europe in the Yuan Period." *Journal of the American Oriental Society* 72: 72-76.

López Binnqüist, R. C. 2003. "The Endurance of Mexican Amate Paper: Exploring Additional Dimensions to the Sustainable Development Concept." PhD thesis, University of Twente (Enschede, Netherlands).

Lorenz, E. N. 2000. "Predictability: Does the Flap of a Butterfly's Wings in Brazil Set Off a Tornado in Texas?" In *The Chaos Avant-garde: Memories of the Early Days of Chaos Theory*, edited by R. Abraham and Y. Ueda. River Edge, NJ: World Scientific, 91–94.

Lovejoy, A. O. 1936. *The Great Chain of Being: A Study of the History of an Idea*. Cambridge, MA: Harvard University Press.

Lowengard, S. 2006. *The Creation of Color in Eighteenth-Century Europe*. New York: Columbia University Press.

Lundy, M. E., and M. P. Parrella. 2015. "Crickets Are Not a Free Lunch: Protein Capture from Scalable Organic Side-Streams via High-Density Populations of *Acheta domesticus.*" *PLoS ONE* 10. DOI:10.1371/journal.pone.0118785.

L'Unione Sarda. 2008. "Most Dangerous Cheese." http://www.unica.it/pub/print.jsp?id=6122&iso=574&is=7#casumarzu.

Ma, D. 1999. "The Great Silk Exchange." In *Pacific Centuries: Pacific and Pacific Rim History Since the Sixteenth Century,* edited by D. O. Flynn, L. Frost, and A.J.H. Latham. New York: Routledge, 38–69.

Ma, K., Y. Qiu, Y. Fu, and Q-Q Ni. 2017. "Improved shellac mediated nanoscale application drug release effect in a gastric-site drug delivery system." *RSC Advances* 7: 53401–53406.

Ma, W., R. E. Kahn, and J. A. Richt. 2009. "The Pig as a Mixing Vessel for Influenza Viruses: Human and Veterinary Implications." *Journal of Molecular and Genetic Medicine* 3: 158–66.

Maat, H. 2001. *Science Cultivating Practice: A History of Agricultural Science in the Netherlands and its Colonies, 1863–1986.* Boston: Kluwer Academic.

MacArthur, W. P. 1927. "Old Time Typhus In Britain." *Transactions of the Royal Society of Tropical Medicine and Hygiene* 20: 487–503.

MacBride, E. W. 1937. "Mendel, Morgan and Genetics." *Nature* 140: 348–50.

Mackay, M. 1861. "Some Remarks upon Shellac, with an Especial Reference to Its Present Commerical Position." *American Journal of Pharmacy and the Sciences* 9: 440–45.

MacKinnon, J. B. 2013. *The Once and Future World: Finding Wilderness in the Nature We've Made.* Boston: Houghton Mifflin Harcourt.

MacNeal, D. 2017. *Bugged: The Insects Who Rule the World and the People Obsessed with Them.* New York: St. Martin's.

Madley, B. 2016. *American Genocide: The United States and the California Indian Catastrophe, 1846–1873.* New Haven, CT: Yale University Press.

Makay, J. 1861. "Some Remarks upon Shellac, with an Especial Reference to Its Present Commercial Position." *American Journal of Pharmacy* 33: 440–45.

Makhado, R. A., M. J. Potgieter, and W. J. Luus-Powell. 2018. "Colophospermum Mopane Leaf Production and Phenology in Southern Africa's Savanna Ecosystem: A Review." *Insights of Forest Research* 2: 84–90.

Manchester City Council. 2019. "A History of Manchester Town Hall." https://www.manchester.gov.uk/info/500211/town_hall_complex/1986/a_history_of_manchester_town_hall.

Mandeville, B. 1714. *Fable of the Bees; or, Private Vices, Publick Benefits.* London: Printed for J. Roberts.

Mann, C. 2011. *1493: Uncovering the World Columbus Created.* New York: Alfred A. Knopf.

Mannheim, S. 2002. *Walt Disney and the Quest for Community.* Burlington, VT: Ashgate.

Marks, R. 1997. *Tigers, Rice, Silk, and Silt: Environment and Economy in Late Imperial South China.* New York: Cambridge University Press.

Marston, J. 1986. *The Selected Plays of John Marston.* Cambridge: Cambridge University Press.

Martin, D. 2014. *Edible: An Adventure in the World of Eating Insects and the Last Great Hope to Save the Planet.* Boston: Houghton Mifflin Harcourt.

Marx, C. 2002. *Grace Hopper: The First Woman to Program the First Computer in the United States.* New York: Rosen.

Mather, E., and J. F. Hart. 1956. "The Geography of Manure." *Land Economics* 32: 25–38.

Mawer, S. 2006. *Gregor Mendel: Planting the Seeds of Genetics.* New York: Abrams.

McCall Smith, A. 1998. *The No. 1 Ladies' Detective Agency.* New York: Pantheon.

McClellan, J. E., III. 2010 (1992). *Colonialism and Science: Saint Domingue and the Old Regime.* 2nd ed. Chicago: University of Chicago Press.

McCreery, D. 2006. "Indigo Commodity Chains in the Spanish and British Empires, 1560–1860." In *From Silver to Cocaine: Latin American Commodity Chains and the Building of the World Economy, 1500–2000,* edited by S. Topik, C. Marichal, and Z. Frank. Durham, NC: Duke University Press, 53–75.

McFadyen, R. E. 1976. "Thalidomide in America: A Brush with Tragedy." *Clio Medica* 11:79–93.

McGrew, W. C. 2014. "The 'Other Faunivory' Revisited: Insectivory in Human and Non-human Primates and the Evolution of Human Diet." *Journal of Human Evolution* 71: 4–11.

McKenna, M. 2017. *Big Chicken: The Incredible Story of How Antibiotics Created Modern Agriculture and Changed the Way the World Eats.* Washington, DC: National Geographic.

McKibben, B. 2006 (1989). *The End of Nature.* New York: Random House.

McLaughlin, Raoul. 2016. *The Roman Empire and the Silk Routes: The Ancient World Economy and The Empires of Parthia, Central Asia and Han China.* Havertown, UK: Pen and Sword.

McLeod, C. 1987. *Hoe duur was de suiker.* Paramaribo: Vaco.

McNeill, J. R. 2010. *Mosquito Empires: Ecology and War in the Greater Caribbean, 1620–1914.* New York: Cambridge University Press.

McWilliams, J. E. 2008. *American Pests: The Losing War on Insects from Colonial Times to DDT.* New York: Columbia University Press.

Mehta, P. S., et al. 1990. "Bhopal Tragedy's Health Effects: A Review of Methyl Isocyanate Toxicity." *Journal of the American Medical Association* 264: 2781-87.

Meikle, J. L. 1995. *American Plastic: A Cultural History.* New Brunswick, NJ: Rutgers University Press.

Menzel, P., and F. D'Aluisio. 1998. *Man Eating Bugs: The Art and Science of Eating Insects.* Berkeley: Ten Speed Press.

Merchant, C. 1980. *The Death of Nature: Women, Ecology, and the Scientific Revolution.* San Francisco: Harper and Row.

Merian, M. S. 1975 (1705). *Metamorphosis insectorum Surinamensium,* edited by Helmut Decker. Amsterdam: Gerard Valck.

Merlin, C., R. J. Gegear, and S. M. Reppert. 2009. "Antennal Circadian Clocks Coordinate Sun Compass Orientation in Migratory Monarch Butterflies." *Science* 325: 1700–04.

Merrifield, M. P. 1849. *Original Treatises, Dating from the XIIth to XVIIIth Centuries, on the Arts of Painting.* 2 vols. London: John Murray.

Miall, L. C., and A. Denny. 1886. *The Structure and Life-history of the Cockroach (*Periplaneta orientalis*): An Introduction to the Study of Insects*. London: Lovell Reeve.

Mickens, R. E., ed. 2002. *Edward Bouchet: The First African-American Doctorate*. River Edge, NJ: World Scientific.

Millard, A. J. 2005. *America on Record: A History of Recorded Sound*. 2nd ed. New York: Cambridge University Press.

Miller, J. E. 1930. "Will Monster Insects Rule the World?" *Modern Mechanix Magazine* 5: 68–73 and 202.

Miller, N. F., and K. L. Gleason. 1994. "Fertilizer in the Identification and Analysis of Cultivated Soil." In *The Archaeology of Garden and Field,* edited by N. F. Miller and K. L. Gleason. Philadelphia: University of Pennsylvania Press, 25–43.

Mills, K., and W. B. Taylor, eds. 2006. *Colonial Spanish America: A Documentary History*. Lanham, MD: SR Books.

Millward, J. A. 2013. *The Silk Road: A Very Short Introduction*. New York: Oxford University Press.

Milne A. A. 1926. *Winnie-the-Pooh*. London: Methuen.

Mintz, S. 1985. *Sweetness and Power: The Place of Sugar in Modern History*. New York: Viking.

Misof, B., et al. 2014. "Phylogenomics resolves the timing and pattern of insect evolution." *Science* 346: 763–67.

Misra, C. S. 1928. "The Cultivation of Lac in the Plains of India (*Laccifer lacca,* Kerr)." *Bulletin of the Agricultural Research Institute, Pusa* 185: 1–15.

Mitchell, T. 2002. *Rule of Experts: Egypt, Techno-Politics, Modernity*. Berkeley: University of California Press.

Mitsuhashi, J. 2003. "Traditional Entomophagy and Medicinal Use of Insects in Japan." In *Les 'Insectes' dans la Tradition Orale,* edited by É. Motte-Florac and J. M. C. Thomas. Leuven, Belgium: Peeters, 357–65.

Moffett, M. W. 2010. *Adventures Among Ants: A Global Safari with a Cast of Trillions*. Berkeley: University of California Press.

Mohanta, J., D. G. Dey, and N. Mohanty. 2012. "Performance of Lac Insect, *Kerria lacca* Kerr" in Conventional and Non-Conventional Cultivation Around Similipal Biosphere Reserve, Odisha, India." *Bioscan* 7: 237–40.

Moore, J. 2001. *An Introduction to the Invertebrates*. New York: Cambridge University Press.

Moreau de Saint Méry, M.L.É. 1798. *Description topographique, physique, civille, politique et historique de la partie française de l'isle Saint-Domingue*. 2 vols. Paris: Chez Dupont.

Morgan, E. S. 1962. *The Gentle Puritan: A Life of Ezra Stiles, 1727–1795*. Chapel Hill: University of North Carolina Press.

Morgan, T. H. 1910. "Sex-Limited Inheritance in *Drosophila*." *Science* 32: 120–22.

Morris, B. 2004. *Insects and Human Life*. New York: Berg.

Mozzarelli, A. and S. Bettati. 2011.*Chemistry and Biochemistry of Oxygen Therapeutics from Transfusion to Artificial Blood*. Hoboken, NJ: John Wiley & Sons.

Muir, J. 1954. *The Wilderness World of John Muir,* edited by E. W. Teale. Boston: Houghton Mifflin.

Mukasonga, S. 2016. *Cockroaches*. Translated by J. Stump. New York: Archipelago.

Mukhopadhyay, B., and M. S. Muthana, eds. 1962. *A Monograph on Lac*. Bihar: Indian Lac Research Institute.

Müller, A., J. Evans, C.L.R. Payne, and R. Roberts. 2016. "Entomophagy and Power." *Journal of Insects as Food and Feed* 2: 121–36.

Müller-Maatsch, J., and C. Gras. 2016. "The 'Carmine Problem' and Potential Alternatives." In *Handbook on Natural Pigments in Food and Beverages: Industrial Applications for Improving Food Color*, edited by R. Carle and R. M. Schweiggert. Duxford, UK: Woodhead, 385–428.

Munz, T. 2016. *The Dancing Bees: Karl von Frisch and the Discovery of the Honeybee Language*. Chicago: University of Chicago Press.

———. 2005. "The Bee Battles: Karl von Frisch, Adrian Wenner and the Honey Bee Dance Language Controversy." *Journal of the History of Biology* 38: 535–70.

Murphy, M. 2008. "Chemical Regimes of Living." *Environmental History* 13: 659–703.

Mussey, R. 1981. *Transparent Furniture Finishes in New England, 1700–1820*. Ottawa: Canadian Conservation Institute.

Muthesius, A. 2003. "Silk in the Medieval World." In *The Cambridge History of Western Textiles*, 2 vols., edited by D. Jenkins. New York: Cambridge University Press, 1: 325–54.

Myerly, S. H. 1996. *British Military Spectacle: From the Napoleonic Wars Through the Crimea*. Cambridge, MA: Harvard University Press.

Myers, K. 1946. "Current Report on the Record Industry." *Notes* 3: 413.

MythBusters. 2008. "Cockroaches Survive Nuclear Explosion." https://go.discovery .com/tv-shows/mythbusters/mythbusters-database/cockroaches-survive-nuclear -explosion/.

Nash, L. 2008. "Purity and Danger: Historical Reflections on the Regulation of Environmental Pollutants." *Environmental History* 13: 651–58.

Nation, J. L. 2016. *Insect Physiology and Biochemistry*. 3rd ed. Boca Raton, FL: CRC Press.

Ndiaye, P. A. 2007. *Nylon and Bombs: DuPont and the March of Modern America*. Translated by E. Forster. Baltimore: Johns Hopkins University Press.

Negi, S. S. 1996. *Forests for Socio-economic and Rural Development in India*. New Delhi: MD Publications.

Neri, J. 2011. *The Insect and the Image: Visualizing Nature in Early Modern Europe, 1500–1700*. Minneapolis: University of Minnesota Press.

Netz, C., and S. S. Renner. 2017. "Long-Spurred *Angraecum* Orchids and Long-Tongued Sphingid Moths on Madagascar: A Time Frame for Darwin's Predicted *Xanthopan/ Angraecum* Coevolution." *Biological Journal of the Linnean Society* 122: 469–78.

Nicholson, S. 1995 (1994). *Ella Fitzgerald: A Biography of the First Lady of Jazz*. New York: Da Capo.

Nobel Assembly at Karolinska Institutet. 2017. Press Release: "The Nobel Prize in Physiology or Medicine 2017." https://www.nobelprize.org/prizes/medicine/2017 /press-release/.

Noble, D. 1979. "The Chemistry of Risk: Synthesizing the Corporate Ideology of the 1980s." *Seven Days* 3: 23–26.

Norberg, R. Å. 1972. "Evolution of Flight in Insects." *Zoologica Scripta* 1: 247–50.

Nunn, J. F. 1996. *Ancient Egyptian Medicine*. Norman: University of Oklahoma Press.

O'Bannon, D. 2003. "Something Perfectly Disgusting." Disc 2 of the *Alien Quadrilogy* DVD set. 4 films. Los Angeles: Twentieth Century Fox.

Office of the United States Chief of Counsel for Prosecution of Axis Criminality. 1946. *Nazi Conspiracy and Aggression*. 8 vols. Washington, DC: U.S. Government Printing Office.

Ó Gráda, C. 2015. *Eating People Is Wrong, and Other Essays on Famine, Its Past, and Its Future*. Princeton, NJ: Princeton University Press.

Oliver, M. 1986. *Dream Work*. New York: Atlantic Monthly Press.

Oliver, R. 1975–86. "The East African Interior." In *The Cambridge History of Africa*. 8 vols., edited by J. D. Fage and R. Oliver. New York: Cambridge University Press, 3: 621-69.

Ollerton, J., R. Winfree, and S. Tarrant. 2011. "How Many Flowering Plants Are Pollinated by Animals?" *Oikos* 120: 321–26.

Orta, G. da. 1895(1563). *Colóquios dos simples e drogas da Índia*. 2 vols. Lisbon: Imprensa Nacional.

Owen, D. 2006. *Sheetrock & Shellac: A Thinking Person's Guide to the Art and Science of Home Improvement*. New York: Simon & Schuster.

Padilla, C., and B. Anderson, eds. 2015. *Red Like No Other: How Cochineal Colored the World*. New York: Skira/Rizzoli; Santa Fe, NM: Museum of International Folk Art.

Pandey, U. B., and C. D. Nichols. 2011. "Human Disease Models in *Drosophila melanogaster* and the Role of the Fly in Therapeutic Drug Discovery." *Pharmacological Reviews* 63: 411-36.

Parikka, J. 2010. *Insect Media: An Archaeology of Animals and Technology*. Minneapolis: University of Minnesota Press.

Parry, J. H. 1966. *The Spanish Seaborne Empire*. New York: Alfred A. Knopf.

Patch, S. S. 1976. *Blue Mystery: The Story of the Hope Diamond*. Washington, DC: Smithsonian Institution Press.

Patterson, G. 2009. *The Mosquito Crusades: A History of the American Anti-Mosquito Movement from the Reed Commission to the First Earth Day*. New Brunswick, NJ: Rutgers University Press.

Payne, C.L.R., P. Scarborough, M. Rayner, and K. Nonaka. 2016. "Are Edible Insects More or Less 'Healthy' Than Commonly Consumed Meats? A Comparison Using Two Nutrient Profiling Models Developed to Combat Over- and Undernutrition." *European Journal of Clinical Nutrition* 70: 285–91.

Peck, L. L. 2005. *Consuming Splendor: Society and Culture in Seventeenth-Century England*. New York: Cambridge University Press.

Pepys, S. 2004. (1921.) *Diary of Samuel Pepys: Selected Passages,* edited by R. Le Gallienne. Mineola, NY: Dover.

Pérez-Rigueiro, J., C. Viney, J. Llorca, and M. Elices. 1998. "Silkworm Silk as an Engineering Material." *Journal of Applied Polymer Science* 70: 2439–47.

Perlstein, R. 2008. *Nixonland: The Rise of a President and the Fracturing of America*. New York: Scribner.

Petrusich, A. 2014. *Do Not Sell at Any Price: The Wild, Obsessive Hunt for the World's Rarest 78 rpm Records.* New York: Scribner.

Petty, S. 2018. *The Long Road Up from Marble Falls.* Pittsburgh: Dorance.

Petty, W. 1702. "An Apparatus to the History of the Common Practices of Dyeing, by Sir William Petty." In *The History of the Royal-Society of London for the Improving of Natural Knowledge,* edited by T. Sprat and A. Cowley. London: Printed for Richard Chiswell, 796–97.

Phillips, D. M. 2014. *Art and Architecture of Insects.* Lebanon, NH: ForeEdge.

Phipps, E. 2010. *Cochineal Red: The Art History of a Color.* New York: Metropolitan Museum of Art.

Pires, A. M., and J. A. Branco. 2010. "A Statistical Model to Explain the Mendel-Fisher Controversy." *Statistical Science* 25: 545-65.

Pliny. 1601. *The Historie of the World: Commonly Called the Natural Historie of C. Plinius Secundus.* Translated by Philemon Holland. London: Adam Islip.

———. 1855-57. *The Natural History.* Translated by John Bostock and H. T. Riley. 6 vols. London: H. G. Bohn.

Plutarch. 1916. *Lives.* Vol. 3, *Pericles and Fabius Maximus, Nicius and Crassus.* Translated by B. Perrin. Cambridge, MA: Harvard University Press.

———. 1875. *Plutarch's Lives.* Edited by Arthur Hugh Clough. Translated by J. Dryden. 5 vols. Boston: Little, Brown.

Pollens, S. 2010. *Stradivari.* New York: Cambridge University Press.

Pomeranz, K. 2000. *The Great Divergence: China, Europe, and the Making of the Modern World Economy.* Princeton, NJ: Princeton University Press.

Pomeranz, K., and S. Topik, 2006. *The World That Trade Created: Society, Culture, and the World Economy, 1400 to the Present.* Armonk, NY: M. E. Sharpe.

Price, D. A. 2009. *The Pixar Touch: The Making of a Company.* New York: Vintage.

Procopius. 1928. *History of the Wars, Books VII.36–VII.* Translated by H. B. Dewing. Cambridge, MA: Harvard University Press.

Proctor, M., P. Yeo, and A. Lack. 1996. *The Natural History of Pollination.* Portland, OR: Timber.

Prudham, W. S. 2005. *Knock on Wood: Nature as Commodity in Douglas Fir Country.* New York: Routledge.

Quezada-Euán, J.J.G., G. Nates-Parra, M. M. Maués, V. L. Imperatriz-Fonseca, and D. W. Roubik. 2018. "Economic and Cultural Values of Stingless Bees (Hymenoptera: Meliponini) Among Ethnic Groups of Tropical America." *Sociobiology* 65: 534–57.

Raffles, H. 2010. *Insectopedia.* New York: Pantheon.

———. 2007. "Jews, Lice, and History." *Public Culture* 19: 521-66.

Ramos-Elorduy, J., and P. Menzel. 1998. *Creepy Crawly Cuisine: The Gourmet Guide to Edible Insects.* Translated by N. Esteban. Rochester, VT: Park Street.

Rani, G. S. 2006. *Women in Sericulture.* New Delhi: Discovery.

Ransome, H. M. 1937. *The Sacred Bee in Ancient Times and Folklore.* Mineola, NY: Dover.

Rees, M. 1999. "Exploring Our Universe and Others." *Scientific American* 281: 78–83.

Reineccius, G. 2006. *Flavor Chemistry and Technology.* Boca Raton, FL: Taylor & Francis.

Reitsma, E. 2008. *Maria Sibylla Merian & Daughters: Women of Art and Science*. Los Angeles: J. Paul Getty Museum.

Renault, M. 2019. "Searching in Vein: A History of Artificial Blood." *Popular Science*. https://www.popsci.com/artificial-blood-history-science/.

Revkin, A. 1990. *The Burning Season: The Murder of Chico Mendes and the Fight for the Amazon Rainforest*. Boston: Houghton Mifflin.

Rijksdienst voor het Cultureel Erfgoed Ministerie van Onderwijs, Cultuur en Wetenschap. 2011. "The Iron Gall Ink Website." https://irongallink.org/.

Riley, C. V. 1871. *Sixth Annual Report on the Noxious, Beneficial and Other Insects of the State of Missouri*. Jefferson City, MO: Hegan & Carter.

Roberts, E. F. 1932. "The Clinical Application of Blow-Fly Larvae." *Scientific Monthly* 34: 531-36.

Rodríguez, L. C., and H. M. Niemeyer. 2001. "Cochineal Production: A Reviving Precolumbian Industry." *Athena Review* 2: 76–78.

Rodríguez Marín, F. 1883. *Cantos Populares Españoles Recogidos, Ordenados e Ilustrados por Francisco Rodríguez Marín*. Sevilla: Francisco Álvarez y Ca.

Romero, M. 1898. *Geographical and Statistical Notes on Mexico*. New York: G. P. Putnam's Sons.

Rosin, J., and M. Eastman. 1953. *The Road to Abundance*. New York: McGraw-Hill.

Rosselli, T. 1644. *De' secreti universali di Don Timoteo Rosselli*. Venice: Barezzi.

Rothenberg, D. 2013. *Bug Music: How Insects Gave Us Rhythm and Noise*. New York: St. Martin's.

Roxburgh, W. 1791. "Chermes Lacca, by William Roxburgh, M.D. of Samulcotta. Communicated by Patrick Russell, M.D.F.R.S." *Philosophical Transactions of the Royal Society of London* 81: 228–35.

Rücker, E., and W. T. Stearn. 1982. *Marian Sibylla Merian in Surinam*. London: Pion.

Rumold, C. U., and M. S. Aldenderfer. 2016. "Late Archaic-Early Formative Period Microbotanical Evidence for Potato at Jiskairumoko in the Titicaca Basin of Southern Peru." *Proceedings of the National Academy of Sciences* 113: 13672–77.

Russell, E. 2001. *War and Nature: Fighting Humans and Insects with Chemicals from World War I to "Silent Spring."* Cambridge: Cambridge University Press.

Sahagún, B. de. 1829–30 (1540–85). *Historia general de las cosas de la Nueva España*. 3 vols. Mexico: Imprenta del Ciudadano Alexandro Valdés.

Sainath, P. 1996. *Everybody Loves a Good Drought: Stories from India's Poorest Districts*. New York: Penguin.

Saint-Pierre, C., and O. Bingrong. 1994. "Lac Host-Trees and the Balance of Agroecosystems in South Yunnan, China." *Economic Botany* 48: 21–28.

Salaman, R. 1949. *The History and Social Influence of the Potato*. New York: Cambridge University Press.

Salazar, G. R. 1982. *Producción y comercialización de la grana cochinilla de Oaxaca y condición social de lots indígenas en la época de la colonia*. Oaxaca, MX: Talleres de Imprenta "RIOS."

Sallam, M. N. 1999. *Insect Damage: Damage on Post-harvest—Report of International*

Centre of Insect Physiology and Ecology. Rome: Food and Agriculture Organization of the United Nations, 1–34.

Saltzman, M. 1986. "Analysis of Dyes in Museum Textiles; or, You Can't Tell a Dye by Its Color." In *Textile Conservation Symposium in Honor of Pat Reevese,* edited by C. McLean and P. Connell. Los Angeles: Conservation Center, Los Angeles County Museum of Art, 27–39.

Sánchez-Bayo, F., and K.A.G. Wyckhuys. 2019. "Worldwide Decline of the Entomofauna: A Review of Its Drivers." *Biological Conservation* 232: 8–27.

Sarin, M. 1999. "'Should I Use My Hands as Fuel?' Gender Conflicts in Joint Forest Management." In *Institutions, Relations, and Outcomes: A Framework and Case Studies for Gender-Aware Planning,* edited by Naila Kabeer and Ramya Subrahmanian. New Delhi: Kali for Women, 231-65.

Sarkar, P. C. 2002. "Applications of Lac: Past, Present and Emerging Trends." In *Recent Advances in Lac Culture,* edited by K. K. Kumar, R. Ramani, and K. K. Sharma. Ranchi: Indian Lac Research Institute, 224–30.

Schiebinger, L. 2004. *Plants and Empire: Colonial Bioprospecting in the Atlantic World.* Cambridge, MA: Harvard University Press.

———. 1989. *The Mind Has No Sex? Women in the Origins of Modern Science.* Cambridge, MA: Harvard University Press.

Schiefenhövel, W., and P. Blum. 2007. "Insects: Forgotten and Rediscovered as Food; Entomophagy Among the Eipo, Highlands of West New Guinea and in Other Traditional Societies." In *Consuming the Inedible: Neglected Dimensions of Food Choice,* edited by J. M. MacClancy, J. Henry, and H. Macbeth. New York: Berghahn, 163–76.

Schoeser, M. 2007. *Silk.* New Haven, CT: Yale University Press.

Schreiber, B. 2006. *Stop the Show! A History of Insane Incidents and Absurd Accidents in the Theater.* New York: Thunder's Mouth.

Schuh, R. T., and J. A. Slater. 1995. *True Bugs of the World (Hemiptera: Heteroptera): Classification and Natural History.* Ithaca, NY: Comstock.

Schul, J. 2000. "Carmine." In *Natural Food Colorants: Science and Technology,* edited by G. J. Lauro and F. J. Francis. New York: Marcel Dekker, 1–10.

Schur, N. W. 2013. *British English A to Zed: A Definitive Guide to the Queen's English.* New York: Skyhorse.

Schurz, W. L. 1939. *The Manila Galleon: The Romantic History of the Spanish Galleons Trading Between Manila and Acapulco.* New York: E. P. Dutton.

Schwabe, C. W. 1979. *Unmentionable Cuisine.* Charlottesville: University of Virginia Press.

Schweid, R. 1999. *The Cockroach Papers: A Compendium of History and Lore.* New York: Basic Books.

Scott, J. A. 1986. *The Butterflies of North America: A Natural History and Field Guide.* Stanford, CA: Stanford University Press.

Scott, J. C. 1998. *Seeing Like a State: How Certain Schemes to Improve the Human Condition Have Failed.* New Haven, CT: Yale University Press.

Scoville, W. C. 1952. "The Huguenots and the Diffusion of Technology—I." *Journal of Political Economy* 60, 2: 94–311.

Seeley, T. D. 2010. *Honeybee Democracy.* Princeton, NJ: Princeton University Press.

Seijas, Tatiana. 2014. *Asian Slaves in Colonial Mexico: From Chinos to Indians.* New York: Cambridge University Press.

Sen, A. 1981. *Poverty and Famines: An Essay on Entitlement and Deprivation.* New York: Oxford University Press.

Shao, Z., and F. Vollrath. 2002. "Materials: Surprising Strength of Silkworm Silk." *Nature* 418: 741.

Shapiro, F. R. 1987. "Etymology of the Computer Bug: History and Folklore." *American Speech* 62: 376–78.

Sharma, K. K. 2017. "Lac Crop Harvesting and Processing." In *Industrial Entomology,* edited by Omkar. Singapore: Springer, 181-96.

Sharma, K. K., A. K. Jaiswal, and K. K. Kumar. 2006. "Role of Lac Culture in Biodiversity Conservation: Issues at Stake and Conservation Strategy." *Current Science* 91: 894–98.

Sharma, K. K., and K. K. Kumar. 2003. "Lac Insects and Their Host-Plants." In *Potentials of Living Resources,* edited by G. Tripathi and A. Kumar. New Delhi: Discovery, 75–104.

Shaw, S. R. 2014. *Planet of the Bugs: Evolution and the Rise of Insects.* Chicago: University of Chicago Press.

Shicke, C. A. 1974. *Revolution in Sound: A Biography of the Recording Industry.* Boston: Little, Brown and Co.

Shimizu, A. 2011. "Eating Edo, Sensing Japan: Food Branding and Market Culture in Late Tokugawa Japan, 1780–1868." PhD thesis, University of Illinois at Urbana-Champaign.

Shine, I., and S. Wrobel. 1976. *Thomas Hunt Morgan: Pioneer of Genetics.* Lexington: University Press of Kentucky.

Shipek, F. C. 1981. "A Native American Adaptation to Drought: The Kumeyaay as Seen in the San Diego Mission Records, 1770–1798." *Ethnohistory* 28: 295–312.

Siegel, V. 2009. "I Kid You Not." *Disease Models & Mechanisms* 2: 5–6.

Singh, R. V. 2013. *Lac: The Wonder of Nature: A Forest Produce of Insect* Kerria lacca Kerr. Saarbrücken, Germany: LAP LAMBERT Academic.

Sleigh, C. 2003. *Ant.* London: Reaktion.

Sloane, E. 1952. *Eric Sloane's Weather Book.* New York: Hawthorn.

Smith, D. 2007. "'Le temps du plastique': The Critique of Synthetic Materials in 1950s France." *Modern & Contemporary France* 15: 135–51.

Smith, J. 1910. *Travels and Works of Captain John Smith: President of Virginia and Admiral of New England, 1580-1631.* 2 vols., edited by E. Arber. Edinburgh: John Grant.

———. 1624. *A Generall History of Virginia, New-England, and the Summer Isles.* 5 vols. London: Printed by John Dawson and John Haviland for Michael Sparkes.

Snell, G. D., and S. Reed. 1993. "William Ernest Castle, Pioneer Mammalian Geneticist." *Genetics* 133: 751–53.

So, A. 1986. *The South China Silk District: Local Historical Transformation and World-System Theory.* Albany: State University of New York Press.

Solo, R. 1955. "The New Threat of Synthetic to Natural Rubber." *Southern Economic Journal* 22: 55-64.

Song, M., et al. 2003. "Insect Vectors and Rodents Arriving in China Aboard International Transport." *Journal of Travel Medicine* 10: 241–44.

Spary, E. C. 2014. *Feeding France: New Sciences of Food: 1760–1815* New York: Cambridge University Press.

Spear, R. J. 2005. *The Great Gypsy Moth War: The History of the First Campaign in Massachusetts to Eradicate the Gypsy Moth, 1890–1901.* Amherst: University of Massachusetts Press.

Speight, M. R., A. D. Watt, and M. D. Hunter. 1999. *Ecology of Insects.* Malden, MA: Blackwell Science.

Squires, J. E. 2002. "Artificial Blood." *Science* 295: 1002–05.

Stalker, J., and G. Parker. 1688. *A Treatise of Japaning and Varnishing: Being a Compleat Discovery of Those Arts.* Oxford: Printed by the authors.

Staller, J. E. 2010. "Ethnohistoric Sources on Foodways, Feasts, and Festivals in Mesoamerica." In *Pre-Columbian Foodways: Interdisciplinary Approaches to Food, Culture, and Markets in Ancient Mesoamerica,* edited by J. E. Staller and M. D. Carrasco. New York: Springer, 23–70.

State of Queensland, Department of Agriculture and Fisheries. 2016. "The Prickly Pear Story." https://www.daf.qld.gov.au/__data/assets/pdf_file/0014/55301/IPA-Prickly -Pear-Story-PP62.pdf.

Steinfeld, H., et al. 2006. *Livestock's Long Shadow: Environmental Issues and Options.* Rome: Food and Agriculture Organization of the United Nations.

Stephens, S. A. 2003. *Seeing Double: Intercultural Poetics in Ptolemaic Alexandria.* Berkeley: University of California Press.

Stephens, T., and R. Brynner. 2001. *Dark Remedy: The Impact of Thalidomide and Its Revival as a Vital Medicine.* New York: Basic Books.

Stevenson, R. P. 2007. *Insect Dreams.* New York: Rain Mountain.

Stoll, S. 2002. *Larding the Lean Earth: Soil and Society in Nineteenth-Century America.* New York: Hill and Wang.

Stork, N. E., J. McBroom, C. Gely, and A. J. Hamilton. 2015. "New Approaches Narrow Global Species Estimates for Beetles, Insects, and Terrestrial Arthropods." *Proceedings of the National Academy of Sciences* 112: 7519–23.

Strausfeld, N. J., and F. Hirth. 2013. "Deep Homology of Arthropod Central Complex and Vertebrate Basal Ganglia." *Science* 340: 157–61.

Stravinsky, I. 1936. *Stravinsky: An Autobiography.* New York: Simon & Schuster.

Striffler, B. F. 2005. "Life History of Goliath Birdeaters—*Theraphosa apophysis* and *Theraphosa blondi* (Araneae, Theraphosidae, Theraphosinae). *Journal of the British Tarantula Society* 21: 26–33.

Stummer, S., et al. 2010. "Application of Shellac for the Development of Probiotic Formulations." *Food Research International* 43: 1312–20.

Sturtevant, A. H. 2001. "Reminiscences of T. H. Morgan." *Genetics* 159: 1–5.

Sula, M. 2013. "South Korea." In *Street Food Around the World: An Encyclopedia of Food and Culture,* edited by B. Kraig and C. T. Sen. Santa Barbara, CA: ABC-CLIO, 316–22.

Sun, W., et al. 2012. "Phylogeny and Evolutionary History of the Silkworm." *Science China Life Sciences* 55: 483–96.

Suter, A. F. 1911."Technical Notes on Lac: A Paper Read by A. F. Suter Before the Paint and Varnish Society of London." *Paint, Oil and Drug Review* 51: 36–38.

Sutter, P. 2007. "Nature's Agents or Agents of Empire? Entomological Workers and Environmental Change During the Construction of the Panama Canal." *Isis* 98: 724–54.

Tavernier, J.-B. 1925. *Travels in India*. Translated by V. Ball. 2 vols. 2nd ed. London: Oxford University Press.

Taylor, A. 2014. "Bhopal: The World's Worst Industrial Disaster, 30 Years Later." *Atlantic*. https://www.theatlantic.com/photo/2014/12/bhopal-the-worlds-worst-industrial -disaster-30-years-later/100864/.

Taylor, K. 2019. "Eating Insects Will Soon Go Mainstream as Bug Protein Is Set to Explode into an $8 Billion Business." *Business Insider*. https://www.businessinsider .com/eating-insects-set-to-become-8-billion-business-barclays-2019-6.

Tedlock, J., ed. and trans., 1996. *Popol Vuh: The Mayan Book of the Dawn of Life*. New York: Simon & Schuster.

Thiéry de Menonville, N.-J. 1787. *Traité de la culture du nopal et de l'éducation de la cochenille dans les colonies françaises de l'Amérique, précédé d'un voyage à Guaxaca*. 2 vols. Cap-Français: Chez la veuve Herbault, Libraire de Monseigneur le Général & du Cercle des Philadelphes.

Thirsk, J. 1997. *Alternative Agriculture: A History from the Black Death to the Present Day*. New York: Oxford University Press.

Thomas, M. C., et al. 2019. "Mediterranean Fruit Fly, *Ceratitis capitate* (Wiedmann) (Insecta: Diptera: Tephritidae) *University of Florida Institute of Food and Agricultural Sciences Extension*. https://edis.ifas.ufl.edu/pdffiles/IN/IN37100.pdf.

Thompson, E. 1995. "Machines, Music, and the Quest for Fidelity: Marketing the Edison Phonograph in America, 1877–1925." *Musical Quarterly* 79: 131-71.

Thoreau, H. D. 1873 (1849). *A Week on the Concord and Merrimack Rivers*. Boston: James R. Osgood.

Thorpe, W. H. 1954. "Life and Senses of the Honey Bee." *Nature* 174: 897.

Todd, K. 2007. *Chrysalis: Maria Sibylla Merian and the Secrets of Metamorphosis*. Orlando, FL: Harcourt.

Toussaint-Samat, M. 2009. *A History of Food*. Translated by Anthea Bell. 2nd ed. Malden, MA: Wiley-Blackwell.

Travis, A. S. 2007. "Anilines: Historical Background." In *The Chemistry of Anilines,* edited by Z. Rappoport. Hoboken, NJ: John Wiley & Sons.

Trouvelot, É. L. 1882. *The Trouvelot Astronomical Drawings Manual*. New York: Charles Scribner's Sons.

———. 1867. "The American Silkworm." *American Naturalist* 1: 30–38.

Tsutsui, W. M. 2007. "Looking Straight at Them! Understanding the Big Bug Movies of the 1950s." *Environmental History* 12: 237-53.

Turner, C. H. 1892. "A Few Characteristics of the Avian Brain." *Science* 19: 16–17.

Turner, R. L. 2008 (1962–66). *A Comparative Dictionary of the Indo-Aryan Languages.* Delhi: Motilal Banarsidass.

Ujváry, I. 1999. "Nicotine and Other Insecticidal Alkaloids." In *Nicotinoid Insecticides and the Nicotinic Acetylcholine Receptor,* edited by I. Yamamoto and J. E. Casida. Tokyo: Springer-Verlag, 29–69.

UMass Extension. 2015. "Distinguish Between Eastern Tent and Gypsy Moth Caterpillars." https://ag.umass.edu/sites/ag.umass.edu/files/fact-sheets/pdf/tent_and_gypsy _moth_caterpillars.pdf.

United Nations Department of Economic and Social Affairs. 2015. "World Population Projected to Reach 9.7 Billion by 2050." http://www.un.org/en/development/desa /news/population/2015-report.html.

United Nations News Center. 2015. "UN Environment Chief Warns of 'Tsunami' of E-waste at Conference on Chemical Treaties." https://www.un.org/sustainable development/blog/2015/05/un-environment-chief-warns-of-tsunami-of-e-waste-at -conference-on-chemical-treaties/.

United States Department of Agriculture. 1869. *Report of the Commissioner of Agriculture for the Year 1868.* Washington, DC: U.S. Government Printing Office.

United States Department of Agriculture Economic Research Service. 2018. "Sugar and Sweeteners." https://www.ers.usda.gov/topics/crops/sugar-sweeteners/.

United States Food and Drug Administration. 2018. *Defect Levels Handbook.* https:// www.fda.gov/food/guidanceregulation/guidancedocumentsregulatoryinformation /sanitationtransportation/ucm056174.htm.

Usher, M. B., and M. Edwards. 1984. "A Dipteran from South of the Antarctic Circle: *Belgica antarctica* (Chironomidae) with a Description of Its Larva." *Biological Journal of the Linnean Society* 23: 19–31.

Vainker, S. 2004. *Chinese Silk: A Cultural History.* London: British Museum Press.

van Huis, A., et al. 2013. *Edible Insects: Future Prospects for Food and Feed Security.* Rome: Food and Agriculture Organization of the United Nations.

Van Lier, R.A.J. 1971. *Frontier Society: A Social Analysis of the History of Surinam.* The Hague: Martinus Nijhoff.

Van Linschoten, J. H. 1885. *The Voyage of John Huygen van Linschoten to the East Indies,* edited by A. C. Burnell and P. A. Tiele. London: Whiting.

Varshney, R. K. 1970. *Lac Literature: A Bibliography of Lac Insects & Shellac.* Calcutta: Shellac Export Promotion Council.

Verosub, K. L., and J. Lippman. 2008. "Global Impacts of the 1600 Eruption of Peru's Huaynaputina Volcano." *EOS, Transaction of the American Geophysical Union* 89: 141–48.

Vogel, S. A. 2008. "From 'The Dose Makes the Poison' to 'The Timing Makes the Poison': Conceptualizing Risk in the Synthetic Age." *Environmental History* 13: 667–73.

Voloshin, M. 2002. "The Preservation and Storage of Historical 78 rpm Recorded Discs." *Music Reference Services Quarterly* 8: 39–43.

Voltaire. 1876–78. *Oeuvres complètes de Voltaire.* 13 vols. Paris: Firmin-Didot.

Von Frisch, K. R. 1967. *The Dance Language and Orientation of Bees.* Translated by L. Chadwick. Cambridge, MA: Harvard University Press.

———. 1954 (1927). *The Dancing Bees: An Account of the Life and Senses of the Honey Bee.* Translated by Dora Ilse. London: Methuen.

———. 1936. *Du und das Leben: Eine moderne Biologie für Jedermann.* Berlin: Ullstein.

Voosen, Paul. 2018. "Outer Space May Have Just Gotten a Bit Closer." *Science.* https://www.sciencemag.org/news/2018/07/outer-space-may-have-just-gotten-bit-closer.

Waley, P. 2000. "What's a River Without Fish? Symbol, Space and Ecosystem in the Waterways of Japan." In *Animal Spaces, Beastly Places: New Geographies of Human-Animal Relations,* edited by C. Philo and C. Wilbert. New York: Routledge, 159–81.

Wallace, A. R. 1867. "Creation by Law." *Quarterly Journal of Science* 4: 471–88.

Wallace, R. 1952. "First It Said 'Mary': The Phonograph Is Celebrating Its 75th Year." *Life,* 87–102.

Wang, A., et al. 2018. "A Suspect Screening Method for Characterizing Multiple Chemical Exposures Among a Demographically Diverse Population of Pregnant Women in San Francisco." *Environmental Health Perspectives* 126. https://doi.org/10.1289/EHP2920.

Wangler, M. F., S. Yamamoto, and H. J. Bellen. 2015. "Fruit Flies in Biomedical Research." *Genetics* 199: 639–53.

Ward, J. E., ed. 2008. *The Book of Odes* (*Shijing*). Translated by J. Legge. Morrisville, NC: Lulu Books.

Wargo, J. 1998. *Our Children's Toxic Legacy: How Science and Law Fail to Protect Us from Pesticides.* New Haven, CT: Yale University Press.

Washington, G. 2003. *Washington on Washington,* edited by P. M. Zall. Lexington: University Press of Kentucky.

Watt, G. 1908. *The Commercial Products of India: Being an Abridgement of "The Dictionary of the Economic Products of India."* London: John Murray.

———. 1905. "The Lac Industry of India." *Pharmaceutical Journal* 75: 650–52.

Waugh, F. W. 1916. "Iroquois Foods and Food Preparation." In *Canadian Department of Mines, Geological Survey,* Mem. 86, no. 12, *Anthropological Series.* Ottawa: Government Printing Bureau, 138–39.

Webb, M. 2000. *Lacquer Technology and Conservation: A Comprehensive Guide to the Technology and Conservation of Asian and European Lacquer.* Woburn, MA: Butterworth-Heinemann.

Weber, M. 1946 (1918). "Science as a Vocation." In *From Max Weber: Essays in Sociology,* edited by H. H. Gerth and C. W. Mills. New York: Oxford University Press, 129–56.

Webster, F. M. 1897. "The Periodical *Cicada septendecim,* or So-called Seventeen Year Locust, in Ohio." *Ohio Agricultural Experiment Station* 87: 37-68.

Wehner, R. 2016. "Early Ant Trajectories: Spatial Behaviour Before Behaviourism." *Journal of Comparative Physiology A* 202: 247–66.

Weiner, J. 1999. *Time, Love, Memory: A Great Biologist and His Quest for the Origins of Behavior.* New York: Alfred A. Knopf.

Weiss, M. R. 1991. "Floral Colour Changes as Cues for Pollinators." *Nature* 354: 227-29.

Westwood, J. O. 1883. "On the Probable Number of Species of Insects in the Creation; Together with Descriptions of Several Minute Hymenoptera." *Magazine of Natural*

History, and Journal of Zoology, Botany, Mineralogy, Geology, and Meteorology 6: 116–123.

Wexler, P. 2018. *Toxicology in Antiquity.* 2nd ed. London: Academic.

Wheeler, W. M. 1992. "Social Life Among the Insects." *Scientific Monthly* 15: 385–404.

White House, Office of the Press Secretary. 2010. https://obamawhitehouse.archives.gov /the-press-office/2010/11/03/press-conference-president.

Whitfield, S. 2018. *Silk, Slaves, and Stupas: Material Culture of the Silk Road.* Berkeley: University of California Press.

Whitman, W. 2007 (1855). *Leaves of Grass.* Mineola, NY: Dover.

Wigglesworth, V. B. 1942. *The Principles of Insect Physiology.* 2nd ed. London: Methuen.

Wild Colors from Nature website (accessed on January, 30 2013). http://www.wildflavors .com/?page=cochineal_carmine.

Wilde, O. 1894 (1893). *A Woman of No Importance.* London: John Lane.

———. 1891. *The Picture of Dorian Gray.* London: Ward, Lock.

Wilkes, J., and J. Adlard, eds. 1810. *Encyclopaedia Londinensis; or, Universal Dictionary of Arts, Sciences, and Literature.* 24 vols. London: J. Adlard Printer.

Williams, L. O. 1970. "Jalap or Veracruz Jalap and Its Allies." *Economic Botany* 24: 399–401.

Wilson, D., and A. Rhodes. 2016. "Dream of Wild Health: As They Plant a Meadow for Pollinators, Native American Teenagers Are Building Their Relationship to the Earth." *Minnesota Conservation Volunteer.* https://www.dnr.state.mn.us/mcv magazine/issues/2016/jul-aug/dream-of-wild-health.html.

Wilson, E. O. 1990. "First Word." *Omni* 12: 6.

———. 1984. *Biophilia.* Cambridge, MA: Harvard University Press.

Winegard, T. C. 2019. *The Mosquito: A Human History of Our Deadliest Predator.* New York: Dutton.

Wise, W. 1968. *Killer Smog: The World's Worst Air Pollution Disaster.* Chicago: Rand McNally.

Witmer, P. 2018. "Exactly How Nutritious Was Justin Timberlake's Bug Buffet?" *Noisey VICE.* https://noisey.vice.com/en_ca/article/3k5yv5/exactly-how-nutritious-was -justin-timberlakes-bug-buffet.

Wöhler, F. 1828. "Ueber künstliche Bildung des Harnstoffs." *Annalen der Physik und Chemie.* 88: 253-56.

Wood, F. 2002. *The Silk Road: Two Thousand Years in the Heart of Asia.* Berkeley: University of California Press.

Woodgate, J. L., J. C. Makinson, K. S. Lim, A. M. Reynolds, and L. Chittka. 2017. "Continuous Radar Tracking Illustrates the Development of Multi-destination Routes of Bumblebees." *Scientific Reports* 7: 1–15.

World Health Organization, 2020. "Global Health Observatory (GHO) Data." https:// www.who.int/gho/malaria/epidemic/deaths/en/.

———. 2016. "Zika Situation Report." http://www.who.int/emergencies/zika-virus /situation-report/16-june-2016/en/.

Worster, D. 1977. *Nature's Economy: A History of Ecological Ideas.* New York: Cambridge University Press.

Wright, S. E. 2015. *Tying Heritage Featherwing Streamers.* Mechanicsburg, PA: Stackpole.

Wrolstad, R. E., and C. A. Culver. 2012. "Alternatives to Those Artificial FD&C Food Colorants." *Annual Review of Food Science and Technology* 3: 59–77.

Xue, Y. 2005. " 'Treasure Nightsoil as If It Were Gold': Economic and Ecological Links Between Urban and Rural Areas in Late Imperial Jiangnan." *Late Imperial China* 26: 41–71.

Yale University. 2017. "Yale to Change Calhoun College's Name to Honor Grace Murray Hopper." *YaleNews.* http://news.yale.edu/2017/02/11/yale-change-calhoun-college-s-name-honor-grace-murray-hopper-0.

Yang, J., Y. Yang, W. Wu, J. Zhao, and L. Jiang. 2014. "Evidence of Polyethylene Biodegradation by Bacterial Strains from the Guts of Plastic-Eating Waxworms." *Environmental Science & Technology* 48: 13776–84.

Yen, A. L. 2009. "Entomophagy and Insect Conservation: Some Thoughts for Digestion." *Journal of Insect Conservation* 13: 667–70.

Yimin, H. 1995. "Sichuan Province Reforms Under Governor-General Xiliang, 1903–1907." In *China, 1895–1912: State-Sponsored Reforms and China's Late-Qing Revolution,* edited and translated by D. R. Reynolds. Armonk, NY: M. E. Sharpe, 136–56.

Yu, Y. 1967. *Trade and Expansion in Han China: A Study in the Structure of Sino-Barbarian Economic Relations.* Berkeley: University of California Press.

Yule, Col. H., and A. C. Burnell. 1903. *Hobson-Jobson: A Glossary of Colloquial Anglo-Indian Words and Phrases, and of Kindred Terms, Etymological, Historical, Geographical and Discursive.* London: J. Murray.

Zhang, L., et al. 2018. "A Nonrestrictive, Weight Loss Diet Focused on Fiber and Lean Protein Increase." *Nutrition* 54: 12–18.

Zion Market Research. 2018. "Insecticides Market to Head North With An Estimated Value of USD 3.48 Billion in 2021." https://www.zionmarketresearch.com/news/global-insecticides-market.

Zinsser, H. 1935. *Rats, Lice and* History. Boston: Little, Brown.

Zuk, M. 2013. *Paleofantasy: What Evolution Really Tells Us about Sex, Diet, and How We Live.* New York: W. W. Norton.

图片来源